全国高等院校应用型创新规划教材·计算机系列

汇编语言程序设计

王晓虹　编著

清华大学出版社
北　京

内 容 简 介

本书以经典的 Intel 8086/8088CPU 指令系统与 Microsoft 宏汇编为背景，系统地介绍了汇编语言程序设计的基本理论和方法。

本书共十二章，前九章主要内容包括：宏汇编语言程序设计的基础知识、指令系统、常用伪指令、汇编语言语法规则和程序设计方法、子程序与多模块编程、宏功能程序设计。后三章主要介绍了 8086、8088 汇编语言的应用，包括输入输出程序设计、中断的基本概念及其开发应用技巧、文件操作编程方法等内容。

为方便自学，在重点章节后面增加了理解与练习，通过例题分析，加强对汇编语言的理解与掌握。本书可作为高校计算机本科专业的教材及相关专业本科生的教材，也可作为教师、非计算机专业的研究生及计算机应用技术人员的参考书。

本书封面贴有清华大学出版社防伪标签，无标签者不得销售。
版权所有，侵权必究。举报：010-62782989，beiqinquan@tup.tsinghua.edu.cn。

图书在版编目(CIP)数据

汇编语言程序设计/王晓虹编著. —北京：清华大学出版社，2019（2023.8 重印）
(全国高等院校应用型创新规划教材・计算机系列)
ISBN 978-7-302-51346-9

Ⅰ. ①汇… Ⅱ. ①王… Ⅲ. ①汇编语言—程序设计—高等学校—教材 Ⅳ. ①TP313

中国版本图书馆 CIP 数据核字(2018)第 229116 号

责任编辑：陈冬梅
装帧设计：杨玉兰
责任校对：周剑云
责任印制：沈　露

出版发行：清华大学出版社
网　　址：http://www.tup.com.cn, http://www.wqbook.com
地　　址：北京清华大学学研大厦 A 座　　邮　编：100084
社 总 机：010-83470000　　邮　购：010-62786544
投稿与读者服务：010-62776969, c-service@tup.tsinghua.edu.cn
质量反馈：010-62772015, zhiliang@tup.tsinghua.edu.cn
课件下载：http://www.tup.com.cn, 010-62791865

印 装 者：北京国马印刷厂
经　　销：全国新华书店
开　　本：185mm×260mm　　印　张：16　　字　数：389 千字
版　　次：2019 年 1 月第 1 版　　印　次：2023 年 8 月第 6 次印刷
定　　价：48.00 元

产品编号：076149-01

前　　言

  汇编语言程序设计是计算机及相关专业必修的一门主要专业基础课程。同其他高级语言相比，汇编语言是面向机器的低级语言。由于汇编语言可以直接对硬件资源进行编程，因此具有更高的执行效率，更能充分发挥计算机硬件的功能和特性。汇编语言对掌握相关硬件的程序设计方法、从事相关软件开发和应用起着重要的作用。

  本书共十二章内容。第一章～第九章以 Intel 8086/8088 系列微机为背景，系统地介绍了汇编语言的基本概念、CPU 中寄存器组织与存储器分段管理的技术、汇编语言指令系统的语法及相关应用、汇编语言程序设计的基本方法。第十章～第十二章介绍了汇编语言的应用，包括输入输出及其程序设计方法，中断的基本概念及其开发应用技巧，文件操作编程方法等内容。

  本书在涵盖汇编语言基本内容的基础上，突出精讲多练，鼓励学生自主学习，在保证知识的连续性、完整性的同时，对传统的教材内容进行了较大的改动，力求内容精练、突出重点、注重应用。为鼓励学生自主学习和增加对学习内容的选择性，一般在重点章后面增加了理解与练习。理解与练习是对重点、难点问题通过举例和例题分析，能在概念上和应用技巧上进一步加深理解和掌握。

  全书内容由辽宁石油化工大学的王晓虹、毕于深执笔，其中全书内容由王晓虹、毕于深组织和审核。

  本书中的疏漏和不妥之处敬请批评指正。

编　者
2018 年 1 月于辽宁石油化工大学

目 录

第一章 绪论 1
　第一节 微型计算机系统的组成 1
　　一、微型计算机硬件的基本结构 1
　　二、微机软件系统 2
　第二节 计算机语言 3
　　一、机器语言 3
　　二、汇编语言 4
　　三、高级语言 4
　第三节 汇编语言的应用范围 5
第二章 汇编语言的基础知识 6
　第一节 数据类型 6
　　一、数制及相互转换 6
　　二、计算机中数和字符的表示 8
　　三、数据类型 11
　第二节 Intel 8086/8088 CPU 结构与可
　　　　 编程寄存器 13
　　一、8086/8088 CPU 功能结构 13
　　二、CPU 内部寄存器组 14
　第三节 存储器 18
　　一、存储器的组成 18
　　二、存储器的段结构 18
　　三、逻辑地址与物理地址 20
　　四、堆栈 21
　第四节 理解与练习 22
　　一、内存数据存取规则 22
　　二、计算机中的数据 22
　　三、溢出的概念 22
第三章 寻址方式与指令系统 24
　第一节 寻址方式 24
　　一、隐含寻址 25
　　二、立即寻址 25
　　三、寄存器寻址 25
　　四、存储器操作数的寻址方式 25
　　五、段基值的隐含约定 27
　　六、隐含段的改变 28
　第二节 指令系统 29
　　一、指令系统概述 29
　　二、传送类指令 30
　　三、算术运算类指令 34
　　四、位操作指令 39
　　五、转移类指令 40
　　六、串操作指令 43
　　七、处理器控制类指令 45
　第三节 理解与练习 46
　　一、关于十进制调整指令 46
　　二、乘除法指令的理解 49
　　三、逻辑运算与移位指令的应用 51
　　四、指令对标志位的影响 53
第四章 汇编语言 54
　第一节 汇编语言语句的种类及格式 55
　　一、语句种类 55
　　二、语句格式 55
　第二节 汇编语言的数据 56
　　一、常数 56
　　二、变量 58
　　三、标号 61
　　四、段名和过程名 61
　第三节 汇编语言的符号 61
　　一、等值语句 62

二、等号语句 62
第四节　汇编语言运算符 62
　　一、算术运算符 63
　　二、逻辑运算符 64
　　三、关系运算符 65
　　四、属性值返回运算符 65
　　五、属性修改运算符 68
　　六、运算符的优先级 70
第五节　程序中段的定义 71
　　一、段定义伪指令 71
　　二、段指定伪指令 73
第六节　常用伪指令 74
　　一、汇编地址计数器和定位
　　　　伪指令 74
　　二、源程序结束伪指令 75
　　三、模块命名伪指令 75
　　四、基数控制伪指令 76
第七节　理解与练习 76
　　一、ASSUME 伪指令的理解 76
　　二、关于段寄存器的初始化 77
　　三、例题分析 79

第五章　顺序结构程序设计 82

第一节　程序设计方法概述 83
　　一、程序设计的步骤 83
　　二、程序的基本控制结构 85
　　三、程序设计方法 86
第二节　汇编语言源程序的基本格式和
　　　　编程步骤 87
第三节　顺序结构程序设计举例 89
第四节　系统功能调用 92
　　一、系统功能调用方法 92
　　二、常用系统功能调用 92
第五节　汇编语言程序的调试 96
第六节　理解与练习 97
　　一、输入输出数据处理 97
　　二、使用功能调用进行输出显示时
　　　　屏幕格式的控制 98
　　三、程序的汇编、连接及调试 99

第六章　分支结构程序设计 108

第一节　灵活运用转移指令 109
　　一、无条件转移指令 109
　　二、条件转移指令 110
第二节　分支结构程序设计 111
　　一、分支结构 111
　　二、分支结构程序设计举例 112
第三节　多分支结构程序设计 114
　　一、地址跳转表法 115
　　二、指令跳转表法 116

第七章　循环结构程序设计 118

第一节　循环程序的控制方法 119
　　一、循环程序的结构 119
　　二、循环控制方法 120
第二节　单重循环程序设计 121
　　一、循环次数已知的单重循环 121
　　二、循环次数未知的单重循环 123
第三节　多重循环程序设计 125
　　一、多重循环程序设计的含义 125
　　二、多重循环程序设计举例 129

第八章　子程序与多模块编程 133

第一节　子程序概念 134
　　一、子程序的定义 134
　　二、子程序的调用和返回 134
第二节　子程序设计方法 138
　　一、现场的保护和恢复 138
　　二、主程序与子程序之间参数传递
　　　　方法 139
　　三、子程序说明文件 144

四、子程序设计及其调用举例 144
第三节　嵌套与递归子程序 146
　　一、子程序嵌套 146
　　二、递归子程序 149
第四节　多模块编程 151
　　一、模块的划分 151
　　二、程序的连接 152

第九章　宏功能程序设计 157

第一节　宏的概念 158
第二节　宏定义和宏调用 159
　　一、宏定义 159
　　二、宏调用 160
第三节　参数的使用 161
　　一、宏定义与宏调用中参数的
　　　　使用 161
　　二、宏操作符 164
　　三、宏中标号的处理 166
第四节　宏嵌套 168
　　一、宏定义中嵌套宏定义 168
　　二、宏定义中嵌套宏调用 169
第五节　重复汇编和条件汇编 170
　　一、重复汇编伪指令 170
　　二、条件汇编伪指令 172
第六节　宏库的使用 174
　　一、宏库的建立 174
　　二、宏库的使用 175

第十章　输入输出程序设计 177

第一节　输入输出的概念 177
　　一、外部设备与接口电路 178
　　二、I/O 接口及编程结构 178
第二节　I/O 指令 179
第三节　I/O 传送方式 180
　　一、程序控制方式 180

　　二、中断控制方式 181
　　三、直接存储器存取方式 182
第四节　I/O 程序举例 183

第十一章　中断 185

第一节　中断的概念 185
第二节　PC 中断系统 186
　　一、外部中断 186
　　二、内部中断 187
　　三、软中断 188
第三节　中断管理和运行机制 188
　　一、中断向量表 189
　　二、中断优先级 189
　　三、中断响应过程 190
　　四、中断指令 190
第四节　中断的开发与应用 191
　　一、开发用户自己的中断 191
　　二、修改或替换系统中断 193
　　三、在应用程序中调用系统中断 ... 197

第十二章　文件操作编程 198

第一节　文件操作的有关概念 198
　　一、文件名字串和文件句柄 198
　　二、文件指针与读写缓冲区 199
　　三、文件属性 199
第二节　常用的文件操作系统功能
　　　　调用 200
　　一、建立文件 200
　　二、打开文件 201
　　三、关闭文件 201
　　四、读文件或设备 202
　　五、写文件或设备 202
　　六、改变文件指针 202
第三节　文件操作编程 202
第四节　课外阅读 206

一、打开文件和关闭文件的作用....206
二、系统内部句柄的分配和管理....206

附录 208
附录 A　出错信息 208
附录 B　8086/8088 指令系统 213
附录 C　BIOS 调用说明 224
附录 D　INT 21H 系统功能调用说明 236
附录 E　IBM PC 的键盘输入码和 CRT
　　　　显示码 245

参考文献 248

第一章 绪 论

学习要点及目标

- 了解微型计算机系统的组成。
- 了解汇编语言的概念、特点及应用范围。
- 掌握机器语言、汇编语言、高级语言的特点。
- 了解学习汇编语言的意义。

绪论.mp4

核心概念

微型计算机系统　机器语言　汇编语言　高级语言

简述机器语言、汇编语言、高级语言的特点。

机器语言、汇编语言是面向机器的语言,即低级语言。高级语言是面向程序设计人员的。若直接对计算机硬件进行操作,通常采用汇编语言编程,以提高运行效率。

计算机语言一般包括机器语言、汇编语言、高级语言。

汇编语言作为面向机器的语言,用汇编语言设计程序,可以充分利用和发挥计算机硬件的特性和优势。因此,汇编语言在计算机应用中占有重要的地位。

第一节　微型计算机系统的组成

微型计算机系统包括硬件和软件两部分。

一、微型计算机硬件的基本结构

微型计算机的硬件系统主要由微处理器(CPU)、存储器(RAM,ROM)、I/O 接口、I/O 设备、系统总线等构成。总线结构是微机体系结构的特点之一,微处理器、存储器、I/O 接口电路等通过系统总线连接起来,构成了主机部分,I/O 设备通过 I/O 接口实现与主机的信息交换。

1. 微处理器

微处理器是一片集成电路。它是微机系统的核心部件，其主要功能是实现算术逻辑运算以及对全机进行控制。微处理器主要包括运算器和控制器。其中，运算器又称算术逻辑部件，可以完成各种算术运算、逻辑运算以及移位、传输等操作。控制器又称控制部件，它向计算机的各部件发出相应的控制信号，使 CPU 内、外各部件间协调工作，是全机的指挥控制中心。

2. 存储器

存储器是计算机的存储和记忆装置，用来存储程序或数据，由存储单元构成。存储器包括只读存储器 ROM 和随机读写存储器 RAM。ROM 中固化着基本输入输出设备驱动程序和微机启动自检程序等，称为 BIOS 系统程序，它是操作系统软件的组成部分。RAM 又称为内存储器(内存)，它是由多片集成电路组成的一个个内存条，可方便地在主板上插拔。RAM 用来存放程序和数据，任何要执行的程序和要处理的数据必须先装入 RAM 才能工作。

3. I/O 接口

I/O 接口是计算机与 I/O 设备之间信息交换的桥梁。I/O 接口是由多种集成电路芯片及其他电子器件组成的电路。它是主机与外设、外设与外设之间的硬件接口，不同的外设通过配套的接口电路实现数据缓冲、传送、信号转换等。

4. 总线

总线(BUS)是一组公共数据线、地址线和控制信号线。它把系统中的各个设备及部件连接起来，构成微机的硬件系统。总线在工作时，数据及各种信息传送是分时操作的。计算机采用总线结构，各部件均挂接在系统总线上，使得系统结构简单，易于维护，并为系统功能的扩充或升级提供了很大的灵活性。

5. 外部设备

外部设备一般包括外部存储器(软盘、硬盘)及实现人与计算机交换信息的输入输出装置(如键盘、显示器、打印机等)。外部设备必须通过 I/O 接口才能与系统总线相连。

二、微机软件系统

微机软件系统分为系统软件和用户软件两个层次。

系统软件是由计算机生产厂家提供给用户的一组程序，它又可分为两类：一类是面向机器系统，是操作的系统程序，负责对系统的软、硬件资源进行有效的管理，建立计算机的工作环境；另一类是面向用户的软件，对用户编制的程序进行编辑、编译、连接，加工成计算机能直接执行的目标程序。微机软件系统的构成如图 1-1 所示。

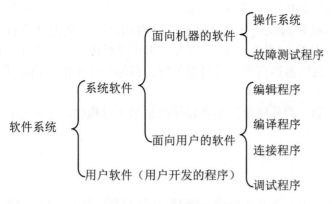

图 1-1 微机软件系统的构成

第二节 计算机语言

当人们使用计算机来完成某些任务时，就必须告诉它怎样具体地处理这些任务。同计算机进行这种交流的工具是什么呢？就是计算机语言。人们利用计算机语言告诉计算机某个问题应如何处理，先做什么，后做什么，即人们用计算机语言安排好处理步骤，每一步都是用计算机语言描述的。这种用计算机语言描述的处理步骤，称为程序。计算机执行程序时，就按照处理步骤完成人所规定的任务。

计算机语言可分为 3 类：机器语言、汇编语言和通用语言。前两类是面向机器的，一般称为低级语言；后一类是面向程序设计人员的，一般称为高级语言。

一、机器语言

虽然可以使用各种语言编写程序，但计算机却只能识别在设计机器时事先规定好的机器指令。机器指令即指挥计算机完成某一基本操作的命令。它们均由 0 和 1 二进制代码串组成。机器指令的一般格式为：

操作码字段	地址码字段

操作码字段指出该指令执行何种操作，地址码字段指出被操作的数据(操作数)和操作结果的存放位置。

例如，将地址为 0000 0100B 的字节存储单元中的内容加 3，若用 Intel 8086/8088 机器指令来完成该操作，则相应的机器指令为：

10000011
00000110
00000100
00000011

这条指令共 4 个字节，其中前两个字节的二进制代码是操作码，表示要进行"加"操作，并指明了以何种方式取得两个加数；第三个字节的二进制代码指出了第一个加数存放在偏移地址为 00000100B 的内存单元，最后一个字节二进制代码指出第二个加数 3。

机器指令也常被称为硬指令，它是面向机器的，即不同的计算机规定了自己所特有的、一定数量的基本指令(指令系统)。用机器指令进行描述的语言叫作机器语言，用机器语言编写的程序称为机器语言程序或目标程序。目标程序中的二进制机器指令代码称为目标代码。

使用任何语言编写的程序最终都要转换成机器语言程序，才能被计算机识别、理解并执行。

二、汇编语言

由于机器指令是用二进制表示的，编写、阅读和调试程序都相当困难。于是，人们想出了用助记符表示机器指令的操作码，用变量代替操作数的存放地址，还可以在指令前冠以标号，用来代表该指令的存放地址等。这种用符号书写的、与机器指令一一对应的、并遵循一定语法规则的符号语言就是汇编语言。用汇编语言编写的程序称为汇编语言源程序。例如前面的例子，用汇编语言来书写就成为：

```
MOV  SI, 0004H
ADD  BYTE PTR [SI], 3
```

由于汇编语言是为了方便用户而设计的一种符号语言，因此，用它编写出的源程序并不能直接被计算机识别，必须将它翻译成机器语言程序即目标程序才能被计算机执行。这个翻译工作是由系统软件提供的一个语言加工程序完成的。这个把汇编语言源程序翻译成目标程序的程序称为汇编程序，汇编程序进行翻译的过程叫汇编。这里，汇编程序相当于一个翻译器，它加工的对象是汇编语言源程序，加工的结果是目标程序，如图 1-2 所示。

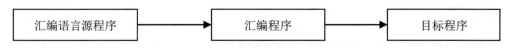

图 1-2　汇编语言源程序翻译成目标程序

为了能让汇编程序正确完成翻译工作，必须告诉它源程序从什么位置开始存放，汇编到什么位置结束，数据应放在什么位置，数据类型是什么，等等。这就要求源程序中有一套告诉汇编程序如何进行汇编的命令，这种汇编命令称为伪指令。由此可见，指令助记符、语句标号、数据变量、伪指令及它们的使用规则构成了整个汇编语言的内容。

与机器语言相比，汇编语言易于理解和记忆，所编写的源程序容易阅读和调试。汇编语言的魅力还在于程序占用内存少，执行速度快，并且可直接对硬件编程，能充分发挥计算机的硬件功能。

三、高级语言

高级语言是用接近自然语言的符号对计算机操作步骤进行描述的计算机语言，如 Pascal、C 语言等。目前计算机高级语言有数百种之多。高级语言的特点是程序容易编址和调试，科学计算和事件处理能力强，且与机器硬件无关，通用性强；但生成的目标代码长度长，占用内存多，执行速度较慢。

上述的高级语言是面向过程的程序设计语言。随着计算机软件技术的发展，出现了面向对象的可视化程序设计语言，如 Java、C++、Delphi 等，这种语言是将数据(属性)及数据的处理过程(方法)封装起来，用对象加以描述。程序设计者通过实现对象，完成软件的开发，但数据处理过程的具体实现采用的仍是面向过程的方法。

第三节　汇编语言的应用范围

汇编语言是计算机所能提供的最快、最有效的语言，也是能够利用计算机所有硬件特性的唯一语言。汇编语言主要应用在实时性要求高、对硬件设备进行控制的场合，如过程控制、媒体接口、通信等用高级语言难以实现的操作，必须使用汇编语言。

目前系统软件的研制虽然已有不少采用高级语言，但给出的目标程序往往还是采用汇编语言的形式，而且还有不少系统软件，必须使用汇编语言编写。汇编语言程序是系统软件的核心成分之一。因此，对于开发、应用计算机的技术人员来说，必须掌握汇编语言，才能分析、修改和扩充计算机系统软件，增加计算机功能。

汇编语言程序设计是从事计算机研究的基础，是计算机研究和应用技术人员必须掌握的一门技术。由于汇编语言与计算机硬件特性有关，因此，要学习汇编语言，就必须首先了解机器硬件资源的结构和使用情况、数据类型及表示方法等。

绪论.ppt

第二章 汇编语言的基础知识

学习要点及目标

- 掌握数据类型及表示方法。
- 掌握微处理器的功能结构及其可编程寄存器。
- 理解存储器分段的原理和方法,掌握存储器逻辑地址与物理地址的概念和转换方法。
- 理解堆栈的概念、结构和压栈弹栈的过程。

核心概念

溢出　物理地址　逻辑地址　存储器分段　堆栈

进行下列二进制数的运算后,标志 OF、ZF、SF、CF 的值各是多少?
　　10011010B+11001101B
进行二进制运算后,结果为 01100111B,OF=1,ZF=0,SF=0,CF=1。

在计算机内部采用二进制进行运算,引导案例对运算结果影响标志位的状态进行了分析。

使用汇编语言编程,直接涉及对 CPU 内部寄存器的操作、存储器的定义和分配,以及对数据类型的转换等问题。因此,本章从程序设计的角度,介绍数据类型及表示方法、微处理器功能结构及其可编程寄存器组,以及存储器等内容。

第一节　数据类型

一、数制及相互转换

8086/8088 宏汇编语言源程序中允许使用二进制数、八进制数、十进制数和十六进制数。在书写不同数制的数时,常在一个数的尾部用一个字母来表示该数的数制。二进制数用字母 B(Binary)，八进制数用字母 O(Octal)，十进制数用字母 D(Decimal)，十六进制数用字母 H(Hexadecimal)。其中，十进制数的尾部字母 D 可缺省。汇编程序在对源程序进行汇编时，能自动将不同数制的数转换成二进制数。

不同进制数之间的对应关系如表 2-1 所示。

数据类型.mp4

表 2-1 不同进制数之间的对应关系

十进制数	0	1	2	3	4	5	6	7	8	9	10	11	12	13	14	15
二进制数	0000	0001	0010	0011	0100	0101	0110	0111	1000	1001	1010	1011	1100	1101	1110	1111
十六进制数	0	1	2	3	4	5	6	7	8	9	A	B	C	D	E	F
八进制数	0	1	2	3	4	5	6	7	10	11	12	13	14	15	16	17

在编写或阅读程序时，常需要将一种进制数转换为另一种进制数。熟练掌握不同进制数之间的转换，是进行汇编语言程序设计的基础。

1. N 进制数转换为十进制数

转换方法：按权相加。

【例 2.1】 求 10011.101B 的十进制值。

$10011.101B = 1 \times 2^4 + 1 \times 2^1 + 1 \times 2^0 + 1 \times 2^{-1} + 1 \times 2^{-3}$

$\qquad = 16 + 2 + 1 + 0.5 + 0.125$

$\qquad = 19.625D$

八进制、十六进制与十进制之间的转换，除基数不同外，方法一样。

2. 十进制数转换为 N 进制数

转换方法：整数部分，除基(N)取余；小数部分，乘基(N)取整。

【例 2.2】 求十进制数 325.8125 的二进制表示。

整数部分：

```
除基数 2        余数
2 | 325 ……… 1    最低位
2 | 162 ……… 0
2 |  81 ……… 1
2 |  40 ……… 0
2 |  20 ……… 0
2 |  10 ……… 0
2 |   5 ……… 1
2 |   2 ……… 0
2 |   1 ……… 1    最高位
      0
```

得：325D=101000101B

小数部分：

乘基数 2	整数
0.8125*2=1.625	…………1
0.625*2=1.25	…………1
0.25*2=0.5	…………0
0.5*2=1	…………1

得：0.8125D=0.1101B

于是：325.8125D=101000101.1101B

3. 二进制数转换为八进制数或十六进制数

转换方法：由于八进制数、十六进制数和二进制数的基数成倍数关系，转换较为简单，方法是将二进制数从小数点开始分别向左右每 3 位分成一组(转换成八进制数时)或每 4 位分成一组(转换成十六进制时)，不足 3 位(或 4 位)的补 0，然后写出对应的八进制数或十六进制数即可。

【例 2.3】 将 10110.11B 转换成十六进制数。

$$10110.11B \rightarrow \underbrace{0001}_{1}\ \underbrace{0110}_{6}.\underbrace{1100}_{C} = 16 \cdot CH$$

4. 八进制数或十六进制数转换为二进制数

转换方法：将每位八进制数写成对应的 3 位二进制数，每位十六进制数写成对应的 4 位二进制数即可。

二、计算机中数和字符的表示

(一)计算机中数的表示方法

计算机处理的数据通常是带符号数，即有正数和负数的区别，如+1101，+0.1101，-1101，-0.1101。在计算机中，正数与负数如何表示呢？为便于计算机识别与处理，通常用数的最高位来表示数的符号，0 表示正数，1 表示负数。日常用"+"或"-"表示符号的数叫真值，而在二进制数的最高位设置符号位，把符号加以数值化，这样的数叫机器数。例如：

真值	机器数
+1101	01101
-1101	11101

带符号数的机器数可以用原码、反码、补码 3 种不同码制来表示，由于补码表示法在加减运算中的优点，现在多数计算机都是采用补码表示法。微机系列机也是采用补码表示法。为此下面将对原码和补码分别进行介绍。

1. 原码表示法

原码是一种比较直观的机器数表示法。用二进制数的最高位表示符号(0 表示正数，1 表示负数)，数的有效值用二进制绝对值表示(与真值相同)。例如，原码表示的整数 01101010 和 11101010，分别对应的真值是+1101010 和-1101010。

在原码表示法中，8 位带符号二进制数能表示的最大数和最小数分别是 01111111 和 11111111，即-127 和+127。数 0 有两种形式：00000000 和 10000000，它们分别对应于+0 和-0。

原码表示法的机器数作加减法运算时不太方便。例如，要进行(-5)+7 的运算，看起来是作加法，但是两异号数相加实际是进行减法，即作 7-5 的运算。同理，两异号数相减时，实际是进行加法计算。所以对原码表示法的机器数进行加减运算时，不仅需要根据程序中指令规定的操作种类(加或减)，还要根据两数的符号确定实际的加减操作。加减操作后，要按照一定的规则确定运算结果的符号，例如两异号数相加，运算结果的符号应与绝对值较大的数同号，两异号数相减，运算结果的符号应与绝对值较大的被减数同号。

2. 补码表示法

由于原码加减运算时不太方便，因此设想让符号位也作为数的一部分参与运算，使其运算操作简化，无须做过多的判断和处理。补码表示法就具有这一特点。

(1) 补码的定义。

带符号数 X 的补码表示法$[X]_{补}$可定义如下：

$$[X]_{补} = M + X$$

上述定义中，模数 M 根据机器数的位数而定，如 $M=2^8$，n=8 时。这个 2^8 正好是机器数(无符号数)产生进位而自动舍去的数。

若 X 是正数(即 X≥0)，按照上述定义，模数 M 和一个正数相加，作为溢出量便自动舍去。因此，正数的补码正好同原码相同。例如，真值 X=+00111011B(即+59D)，其补码表示：

$$[+59]_{补}=2^8+00111011=100000000+00111011$$
$$=1|00111011$$

其中第 1 位自动舍去。

若 X 为负数(即 X<0)，例如真值 X= -00111011B(即-59D)，其补码表示：

$$[-59]_{补}=2^8+(-00111011)=100000000-00111011$$
$$=11000101$$

从上述两个例子可以看出：用补码表示的机器数，符号位仍然表示数的符号(0 为正数，1 为负数)；对于正数，补码和原码一样，与真值的有效数等同；但对于负数，补码经过变换后，已是另一编码形式，它与真值的有效数已不能等同视之。

(2) 补码表示法中数的范围。

在补码表示法中，当 n=8 时，最大的正数仍是$[127]_{补}$ = 01111111，而数 0 只有一个，即 $[0]_{补}$=00000000，没有 +0 与-0 的区别。$[-127]_{补}$=10000001，而 10000000 却是$[-128]_{补}$，11111111 是$[-1]_{补}$。所以当 n=8 时，用补码表示数的范围是-128～+127，如表 2-2 所示。不难推导出，当 n=16 时，用补码表示数的范围是 -32768～+32767。

表 2-2 补码表示的数(n=8)

十进制数	十六进制数	二进制数
+127	7F	01111111
+126	7E	01111110
⋮	⋮	⋮
+3	03	00000011
+2	02	00000010
+1	01	00000001
0	00	00000000
−1	FF	11111111
−2	FE	11111110
−3	FD	11111101
⋮	⋮	⋮
−127	81	10000001
−128	80	10000000

(3) 由原码变换为补码。

由于正数的原码和补码的机器数一样,所以这里主要是讨论负数的变换。把一个负数的原码变换为补码的方法是:首先保持符号位不变(因为符号位已表示为负数),然后将有效数各位变反,最低位加 1 即可。例如:

$$[-59]_{原}=10111011$$

符号位不变,其余各位变反:11000100

最低位加 1:11000101

所以, $[-59]_{补}=11000101$

再看一个例子:

设 X=−25 = −19H = −0011001B

则 X 的 8 位补码表示为:$[X]_{补}=11100111B = E7H$

X 的 16 位补码表示为:$[X]_{补}=1111111111100111B = FFE7H$

从这个例子可以看出 X 的 16 位补码实际上是其 8 位补码的符号扩展。由此得出一个重要结论:一个二进制补码数的符号位(最高位)向左扩展若干位后,仍是该数的补码。

(二)二进制编码

1. 十进制数的二进制编码(BCD 码)

8086/8088 指令支持十进制数的运算,那么十进制数在机器内部也必须用二进制表示,即用十进制数的二进制编码表示。常用的是 BCD 码。BCD 码与十进制数的对应关系如表 2-3 所示。

表 2-3　BCD 码与十进制数的对应关系

BCD 码	十进制数
0000	0
0001	1
0010	2
0011	3
0100	4
0101	5
0110	6
0111	7
1000	8
1001	9

例如，十进制数 368 写成 BCD 码为：

0011 0110 1000

2. 字符编码

在计算机中，数码、英文字母、标点符号及其他符号统称为字符。字符在计算机中也都是用二进制表示的。现在计算机中通常采用的字符编码是 ASCII 码(American Standard Code for Information Interchange)。标准的 ASCII 码在一个字节中用七位二进制表示字符编码，用一位(最高位)表示奇偶校验位(Parity bit)，如图 2-1 所示。

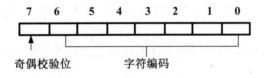

图 2-1　ASCII 字符编码

标准 ASCII 码共有 128 个字符(见附录 E)，可分为两类：非打印 ASCII 码和可打印 ASCII 码。

(1) 非打印 ASCII 码：这类编码属于控制性代码，共 33 个。例如：BEL(响铃，07H)，DEL(删除，7EH)，CR(回车，0DH)，LF(换行，0AH)等。

(2) 可打印 ASCII 码：共有 95 个。例如：数字 0~9 的编码为 30H~39H；大写字母 A~Z 的编码为 41H~5AH；小写字母 a~z 的编码为 61H~7AH；空格(space)的编码为 20H。

三、数据类型

1. 无符号二进制数

字节数据：取值范围为 0~255。

字数据：取值范围为 0~65535。

双字数据：取值范围为 0~4294967295。

2. 有符号二进制数(补码)

字节数据：一位符号，7 位量值，范围为-128～+127。
字数据：一位符号，15 位量值，范围为-32768～+32767。
双字数据：一位符号，31 位量值，范围为-2147483648～+2147483647。

3. 无符号十进制数(BCD)

十进制数(即 BCD 码)有压缩(组合)和非压缩(非组合)两种，如图 2-2 所示。

BCD 的特点是用 4 位二进制数表示 1 位十进制数，每 4 位二进制数之间的进位是十进制数的形式。

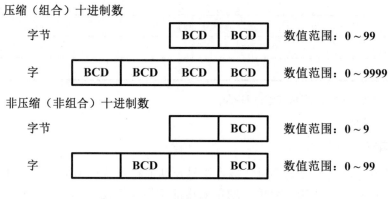

图 2-2　无符号十进制数

4. 浮点数

不同的汇编程序对浮点数的约定可能有些不同，但其基本结构是类似的，都是由阶码和尾数两个部分组成。

例如，8086/8088 宏汇编程序以用 DD 伪指令定义的浮点数(单精度实数)约定，如图 2-3 所示。

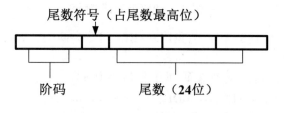

图 2-3　浮点数表示

在存储浮点数时，阶码在高地址一端，尾数以二进制原码形式存放，占三个字节，它的最高位总是有效数字，因此，它被隐藏起来，取而代之的是尾数的符号。浮点数在运算时要把最高位的有效数字恢复才能进行运算。

阶码表示 2 的指数值。它决定了小数点在有效数字(尾数)中的位置。阶码占一个字节，采用过余码形式，即用 80H 表示阶码 0，大于 80H 表示正阶码，小于 80H 表示负阶码。例如，阶码为 3 时用 83H 表示，阶码为-3 时用 7DH 表示。

四个字节浮点数的范围是：

正数：$2^{127} \times (1-2^{-24}) \sim 2^{-127} \times 2^{-1}$。

负数：$2^{127} \times (-(1-2^{-24})) \sim 2^{-128} \times (-2)^{-1}$。

零：阶码和尾数同时为 0。

5. 字符串

字符串是一种顺序邻接的数据单位。由于计算机处理的信息涉及各种字符，这些字符都必须用二进制形式来表示，因此，字符也是数据。在 Intel 处理器中，字符用 ASCII 码表示，每个字符占一个字节，字符数据的使用给人和计算机交互带来了很大方便。

例如，当从键盘上输入字串 123ABC 时，它们立即被转换成与之对应的 ASCII 码 31H、32H、33H、41H、42H、43H。又如，当用户需要在显示器上显示或在打印机上打印程序运行结果 4270 时，只要将它逐一转换成对应的 ASCII 码存放在内存中，然后送给显示器(或打印机)即可。在高级语言中，这一转换工作往往由系统完成，而不需要用户处理。但在汇编语言中，这一工作只能由用户编程来完成。为了区别数值数据，程序中的字符都要以单引号或双引号括起来。

第二节　Intel 8086/8088 CPU 的结构与可编程寄存器

一、8086/8088 CPU 的功能结构

Intel 公司于 1978 年推出了标准 16 位微处理器 8086。由于它的内部、外部数据的总线宽度都为 16 位，产品推向市场后，当时 8 位接口芯片出现兼容问题，于是又生产了标准 16 位微处理器 8088，将外部数据总线改为 8 位，以解决与外围电路的兼容问题。8086 与 8088 CPU 的结构与原理除上述差别外，从软件设计角度几乎没有什么差别。因此，本书对 8086 与 8088 不加以区分。

处理器功能结构.mp4

Intel 8086/8088 CPU 的功能结构如图 2-4 所示。CPU 采用指令流水线结构，把访问存储器(含取指令、存取数据操作等)与执行指令分成两个独立单元：总线接口单元 BIU(Bus Interface Unit)和执行单元 EU(Execute Unit)。

执行单元 EU 的功能是从 BIU 的指令队列中取出指令代码，然后执行指令所规定的全部功能。如果在执行指令过程中，需要向存储器或 I/O 端口传送数据，EU 向 BIU 发出访问命令，并提供访问的地址和数据。

总线接口单元 BIU 负责 CPU 与存储器及 I/O 端口的信息传送。具体功能是根据段寄存器 CS 和指令指针 IP 形成 20 位物理地址，从存储器中取出指令，并暂存在指令队列中，等待 EU 取走执行。如 EU 发出访问存储器或 I/O 端口的命令时，BIU 根据 EU 提供的地址和数据，进入外部总线周期，存取数据。

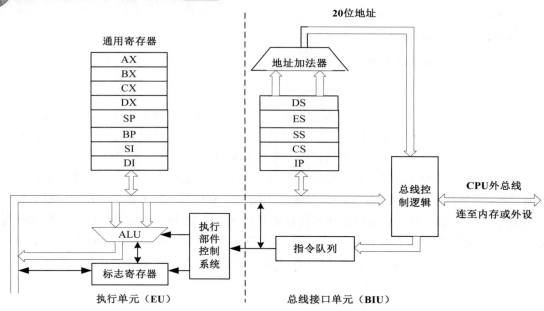

图 2-4　Intel 8086/8088 CPU 的功能结构

由此可知，EU 和 BIU 是既分工又合作的两个独立单元。它们的操作是并行的，分别完成不同的任务，因而大大加快了指令执行速度。

二、CPU 内部寄存器组

对于汇编语言指令，被操作的数据或运算的中间结果可以放在 CPU 内部的寄存器中，也可以放在存储器(内存)中。尤其是 CPU 内部的寄存器，在指令中使用的频度最大，因为访问寄存器要比访问存储器更快捷，汇编语言程序设计者掌握 CPU 中各寄存器的用途是非常重要的。

Intel 8086/8088 CPU 内部共有 14 个 16 位寄存器，如图 2-5 所示。根据其作用可分为通用寄存器、段寄存器、指令指针、标志寄存器等。

(一)通用寄存器

通用寄存器共有 8 个，它们的作用是存放参加操作的数据或程序运算的结果，它们的特点是具有良好的通用性。在大多数情况下，这些寄存器可以互换地进行各种操作。例如，在程序的一条指令中把一个数据保存在 BX 中或是其他任意一个通用寄存器中是没有区别的。但有少数指令又规定了某些寄存器具有特定的用法。例如，在循环指令(loop)中，循环次数必须放在 CX 中；两个字节相乘的指令中，其中一个数必须放入 AL 中，而结果积隐含在 AX 中。因此，习惯上把 CX 叫作计数器，把 AX 叫作累加器，这就是每个寄存器用途名称的由来。

8 个通用寄存器根据使用的情况可分为如下 3 种。

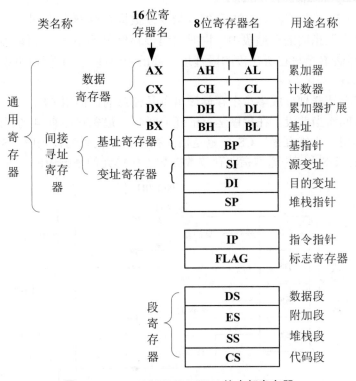

图 2-5 Inter 8086/8088 CPU 的内部寄存器

1．数据寄存器

它包含 AX、BX、CX、DX 4 个寄存器，其特点是它们中的每一个，既可作为十六位寄存器来使用，也可作为两个 8 位寄存器单独使用。因此，这 4 个十六位寄存器也可以看成是 8 个独立的八位寄存器 AH、AL、BH、BL、CH、CL、DH、DL，这些寄存器的双重性使得程序很容易处理字节和字信息。

2．间接寻址寄存器

间接寻址寄存器由 2 个基址寄存器 BX、BP 和 2 个变址寄存器 SI、DI 构成，它们都是 16 位寄存器。它们的特点是可以用来存放程序中要访问的内存单元的偏移地址(使用方法见第三章)，也可以作为通用寄存器使用，以存放操作数和运算结果，这一点和数据寄存器的作用是没有差别的。

3．指针寄存器

指针寄存器包含堆栈指针 SP 和基指针 BP，当它们作为存放地址的寄存器使用时，特定地指向内存中的堆栈段。SP 的特殊性还在于调用和返回指令以及中断指令等操作都会引起 SP 中地址的自动改变。当然 SP 和 BP 同样可以作为数据寄存器使用。

(二)段寄存器

Intel 8086/8088 CPU 将存储器划分成若干段(如图 2-6 所示)，把将要运行的程序各部分(代码、数据等)分别放在不同的存储段中。每个存储段用一个段寄存器来指示它的首地址

(即段地址)。当 CPU 访问某存储单元(如取指令或数据存取操作数)时，就必须明确该存储单元在哪个段寄存器指向的存储段中，同时给出该存储单元在这个存储段内的偏移地址(即偏移量)。一个存储单元与它所在段的段基址之间的距离(以字节数计)叫该存储单元的偏移地址，也叫偏移量。

一个程序把存储器划分成多少个存储段可以是任意的，但用 CS、DS、ES、SS 段寄存器分别指明的段叫作当前段。在程序运行的任何时刻，最多只能有 4 个当前段。4 个段寄存器有各自的作用，不能互换。CS 一定是指向存放指令代码的代码段，SS 指向被开辟为堆栈区的堆栈段，DS 和 ES 通常指向存放数据和工作单元的数据段。

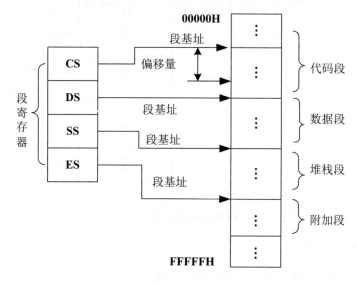

图 2-6 用段寄存器指明存储段

(三)指令指针 IP

IP 是程序不能访问的寄存器，它与其他计算机和微处理器中的程序计数器的作用类同，是指令的地址指针。在程序运行期间，CPU 自动修改 IP 的值，使它始终保持为正在执行指令的下一条指令代码的起始字节的偏移量。

用户编制的程序不能直接访问 IP，即不能用指令去取出 IP 的值或给 IP 设置给定值。但是某些指令的执行可以自动修改 IP 的内容。例如执行转移指令 JMP、JNE 等，把目的地址的偏移量送入 IP；执行调用子程序指令 CALL 时，IP 原有内容自动压入堆栈，把子程序入口地址偏移量自动送入 IP。当从子程序返回主程序时，返回指令 RET 又自动从堆栈中弹回原有 IP 的内容送回 IP。

(四)标志寄存器

8086 / 8088 CPU 设置了 1 个十六位标志寄存器，用来反映微处理器在程序运行时的状态。标志寄存器中定义了 9 个标志位，其中 6 个标志位(CF、PF、AF、ZF、SF、OF)作为状态标志，状态标志随指令的执行动态改变着，记载每一条指令刚执行完后的某些特征。另外 3 个标志位(TF、IF、DF)作为控制标志，在执行某些指令时起控制作用。图 2-7 中除指明控制标志位外，其余均为状态标志位。

图 2-7 标志寄存器

1. 状态标志

(1) 进位标志 CF(Carry Flag)。

当进行算术运算时,如最高位(对字操作是第 15 位,对字节操作是第 7 位)产生进位(加法运算)或借位(减法运算),则 CF 置 1,否则置 0。CF 也可在移位类指令中使用,用它保存从最高位(左移时)或最低位(右移时)移出的代码(0 或 1)。

(2) 奇偶标志 PF(Parity Flag)。

若操作结果低八位中含有 1 的个数为偶数时,则 PF 置 1,否则 PF 置 0。PF 只检查操作结果的低八位,与该指令操作数的长度无关。

(3) 辅助进位标志 AF(Auxiliary Carry Flag)。

当进行算术运算时,若低半字节向高半字节产生进位(加法)或借法(减法)时,则 AF 置 1,否则置 0。AF 只反映运算结果的低八位,与操作数长度无关,它是用于十进制运算的调整。

(4) 零标志 ZF(Zero Flag)。

若运算结果各位全为 0 时,则 ZF 置 1,否则置 0。

(5) 符号标志 SF(Sign Flag)。

把运算结果视为带符号数。当运算结果为负数时,则 SF 置 1,为正数时,则置 0。所以,SF 与运算结果的最高位(符号位)相一致。

(6) 溢出标志 OF(Overflow Flag)。

当运算的结果超过机器用补码所能表示数的范围时,则 OF 置 1,否则置 0。产生溢出一定是同号数相加或异号数相减的情况。

2. 控制标志

以下 3 个标志为控制标志。

(1) 陷阱标志(或单步标志)TF(Trap Flag)。

当 TF=1 时,在执行完一条指令后就停下来(产生单步中断),然后由单步中断处理程序把 TF 置 0。TF 供调试程序用,如在调试程序 debug 中,可以使用单步命令,在每条指令执行后就停下来进行检查。

(2) 中断标志 IF(Interrupt Flag)。

当 IF=1 时,允许响应可屏蔽中断。当 IF=0 时,则不允许响应可屏蔽中断。可用开中断指令 STI 和关中断指令 CLI 设置 IF 的状态。

(3) 方向标志 DF(Direction Flag)。

DF 为串操作指令规定增减方向。当 DF=0 时，串操作指令自动地使变址寄存器(SI 和 DI)递增(即串操作是从低地址到高地址方向进行的)。当 DF=1 时，则自动地使变址寄存器递减(即串操作是从高地址到低地址方向进行的)。DF 的状态可用 STD 和 CLD 指令设置。

第三节 存 储 器

存储器是用来存放程序和数据的。计算机的存储系统由内存(主存储器)和外存(辅助存储器)组成。内存设在主机内部，用来暂时存放当前运行的程序和使用的数据，其特点是存取速度快，但比外存容量小，且掉电后信息全部消失。外存设在主机外部(磁盘、光盘等)，属于计算机外部设备，用来存放当前不参与运行的程序和数据。其特点是能永久存放信息，存储容量大，但存取速度较低。

存储器.mp4

本书所讲的存储器均指内存。

一、存储器的组成

存储器的基本单位是位，它能存储一位二进制数的 0 或 1。每 8 位组成一个字节，每相邻的 2 个字节还可组成一个字，每相邻的 4 个字节又可组成双字，依此类推。

存储器存取的最小单位是一个字节信息，叫作一个存储单元，存储器是由若干个存储单元组成的。存储器的容量就是存储单元的个数。

为了访问不同的存储单元，每一单元都被指定一个编号，这个编号叫作该存储单元的物理地址。8086/8088 CPU 有 20 条地址线，因此具有 1MB 的寻址能力(2^{20}=1MB)，最低地址编号为 00000H，最高地址编号为 0FFFFFH，如图 2-8 所示。

对存储器的一次访问可以读写一个字节或一个字，甚至可以访问一个双字。

存储器单元	二进制数地址	十六进制数地址
	0000 0000 0000 0000 0000	00000H
	0000 0000 0000 0000 0001	00001H
	0000 0000 0000 0000 0010	00002H
	⋮	⋮
	1111 1111 1111 1111 1110	FFFFEH
	1111 1111 1111 1111 1111	FFFFFH

图 2-8 存储单元地址表示

二、存储器的段结构

8086/8088 CPU 有 20 条地址总线传输地址，即使用 20 位的物理地址编号，直接寻址范围为 1MB，而 CPU 内部的运算器和寄存器都是 16 位结构，只能表示和处理 16 位地址，16 位地址范围最大只能是 64KB。为了能寻址 1MB 范围的存储空间，所以采用了存储器的分段技术。

所谓存储器分段技术，就是把 1MB 的存储空间划分成任意的一些段，每个段是一个可独立寻址的逻辑单位，其最大长度不超过 64KB，这样段内的地址就可以用 16 位表示。每个段的起始地址叫段基址，且规定，各段的起始地址都从能被 16 整除的地址开始。也就是说，段基址的最低 4 位总是 0，段基址的高 16 位放入段寄存器中。

在 8086/8088 的程序中，需要设立几个段，每个段有多少个字节以及每个段有什么用途完全由用户自己确定。每个段中存储的代码或数据，可以存放在段内的任意单元中。

在程序中设置的段叫逻辑段，各个逻辑段在物理存储器中可以是邻接的、间隔的、部分重叠的和完全重叠的 4 种情况，如图 2-9 所示。所以一个物理存储单元可映像到一个或多个逻辑段中。例如，图 2-9 中的 DATA_BYTE 单元可映像到段 2、段 3 和段 4 中。

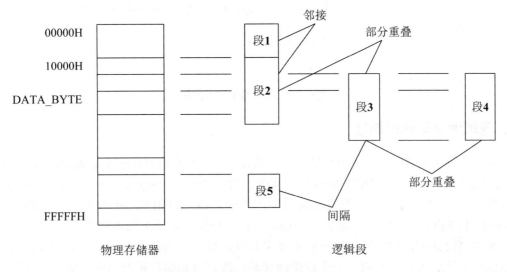

图 2-9 物理存储器中的段结构

存储器虽然可以划分成若干个段，但是在任何时刻，一个程序只能访问 4 个段中的内容，这 4 个段分别是代码段(Code Segment)、数据段(Data Segment)、堆栈段(Stack Segment)和附加段(Extra Segment)。它们分别由对应的 4 个段寄存器 CS、DS、SS、ES 指向。这 4 个段寄存器分别保存 4 个段的段基址 16 位二进制数，即段基值。由 4 个段寄存器指向的那些段叫当前段。所以，当前段至多可容纳 64KB 的代码、64KB 的堆栈和 128KB 的数据(分别由 DS、ES 指向的当前段)。如果应用规模较大，可以在程序中通过修改相应段寄存器的内容而访问其他段。如图 2-10 所示，由于 4 个段寄存器有段 B、F、I、K 的段基值，所以段 B、段 F、段 I、段 K 是当前段。如果程序需要访问其他段(如段 J)中的数据，那么可用程序办法修改 DS 或 ES 的内容为 J 的段基值，改变当前段。

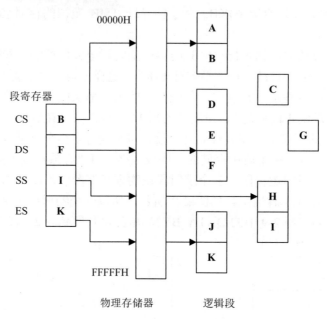

图 2-10　存储器中的当前段

三、逻辑地址与物理地址

在 8086/8088 微机中，每个存储单元有两种地址：物理地址(Physical Address)和逻辑地址(Logical Address)。在 1MB 的存储空间中，每一个存储单元(即一个字节单元)的物理地址是唯一的，就是这个单元的地址编码。物理地址由二进制的 20 位组成，它的范围是 00000H～FFFFFH。CPU 与存储器之间的任何信息交换，都使用物理地址。

在程序设计中，使用逻辑地址而不使用物理地址，这不仅有利于程序的开发，且对存储器的动态管理也是有利的。一个逻辑地址是由段基值和偏移量两部分组成的，且都是无符号 16 位二进制数。表达形式为"段基值:偏移量"，如 2010H:0100H，或 DS:10A2H。

段基值是一个段起始单元地址(段基址)的高 16 位，它存放在某一个段寄存器中。偏移量(偏移地址)表示某存储单元与它所在段的段基址之间的字节距离。当偏移量为 0 时，就是这个段的起始单元。当偏移量为 0FFFFH 时，就是这个段的最后一个字节单元。由于逻辑段可以重叠，因此，同一个物理地址可以得到不同的逻辑地址。例如，两个逻辑地址 2010H:1000H 和 2000H:1100H 对应同一物理地址 21100H，即它们指向同一存储单元。

由于段基值由段寄存器指出，因此，在程序中要对某个存储单元的数据进行存取时，只需要给出偏移量。程序中给出偏移量常用符号或某种寻址表达式，然后由计算机计算出偏移量。这种由计算机根据寻址表达式计算出的偏移地址叫有效地址，用 EA 表示。

每当 CPU 访问存储器时，总线接口单元 BIU 会把逻辑地址转换成物理地址。转换方法是：首先把逻辑地址中的段基值(在段寄存器中)左移 4 位，形成 20 位的段起始地址(段基址)，然后再加上 16 位的偏移量，产生 20 位的物理地址，转换过程如图 2-11 所示。

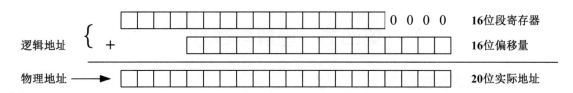

图 2-11 逻辑地址到物理地址的转换

四、堆栈

堆栈是用程序在内存中定义的一个段(段值由 SS 指示)。这个段是按照"后进先出"的规则进行数据存取的特殊存储区域,主要用于暂存数据以及在过程调用或中断处理时暂存断点信息。

堆栈是一端固定、另一端浮动的存储区。所有信息的存取都在浮动的一端进行。这个存储区最大地址的字存储单元为堆栈底部,叫栈底(Bottom)。在堆栈中存放的数据从这里开始,逐渐向地址小的方向"堆积"。在任何时刻,存放最后一个信息的存储单元(即已存放信息的最小地址单元)为堆栈顶部,叫栈顶(Top)。栈顶是随着存放信息的多少而变的,它是这个存储区的浮动"端头",而栈底是固定不变的,它是固定"端头",如图 2-12 所示。

由于堆栈顶部是浮动的,为了指示现在堆栈中存放数据的位置,设置了一个堆栈指针 SP(Stack Pointer)指向堆栈的顶部。这样,堆栈中数据的进出都由 SP 来"指挥"。

在堆栈中存取数据的规则是"先进后出"。就是说最先进入堆栈的数据(在栈顶底部),最后才能取出。相反,最后送入堆栈的数据(在堆栈顶部),最先取出。

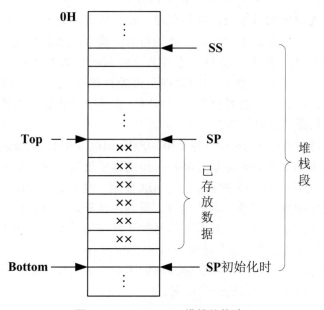

图 2-12 8086/8088 堆栈的构造

第四节　理解与练习

一、内存数据的存取规则

对内存的访问一次可以是一个字节或一个字，甚至可以是一个双字。而因一个字占用两个存储单元，就有两个地址对应，因而规定：一个字须存放在 2 个相邻存储单元中，字数据的低位字节存储在低地址的存储单元中，高位字节存储在高地址的存储单元中，其字地址是 2 个存储单元地址中较低的一个。推理可得，一个双字须存放在 4 个相邻的存储单元中，双字数据从低位字节到高位字节顺序存放在从低地址到高地址的存储单元中，而双字的存储地址是 4 个存储单元地址中最低的一个。

如图 2-13 所示，如果把 01000H 和 01001H 两个相邻单元组成一个字单元，那么这个字单元的地址是 01000H，内容是 5678H。如果把 01000H 单元开始的连续 4 个存储单元组成一个双字，那么 01000H 双字单元的内容就是 12345678H。现在，把一个字串 'AB' 存入 01004H 字单元的情景是字母 'A' 在高字节单元，而 'B' 在低字节单元(实际存放的是它们的 ASCII 编码)。

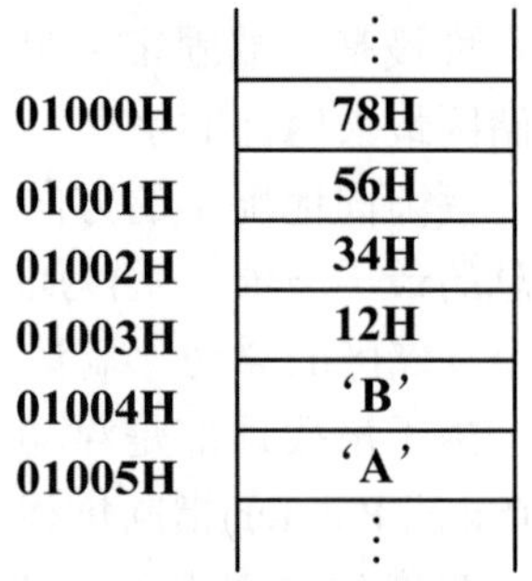

01000H	78H
01001H	56H
01002H	34H
01003H	12H
01004H	'B'
01005H	'A'

图 2-13　存储器的数据存放

二、计算机中的数据

在计算机中，处理器的基本功能就是获取、加工信息，这些信息包括数值、符号、声音、图像等。然而，在信息被处理之前，必须将其转换成二进制形式，才能被计算机存储和加工处理。一经转换，所有的信息，不管其来源和所代表的内容是什么，都被视为数据。对程序而言，它将代表具体内容的数据交由处理器加工处理，并对处理结果进行解释。而对计算机而言，在对这些数据进行操作时，并不会考虑包含在数据中的信息含义，对于计算机，它们只是二进制位串。

例如，在计算机中有一个 16 位数据 0101 0000 0100 0011，如果程序定义它是无符号二进制数，则它代表的十进制数值是 20547；如果程序把它定义为组合十进制数，则它表示的十进制数值是 5043；如果程序定义它是 ASCII 码，则它表示字串 'PC'。

再例如，处理器做两个字节数据的运算，得到的结果是 1111 1111，这个结果代表的数值是多少，要看参加运算的两个数是无符号数还是带符号数，若为无符号数，这个结果的数值是 255，若为带符号数，这个结果为-1。

由此可见，在程序设计时，应该正确地理解所定义的数据类型，了解它在计算机中的表示形式，才能正确解释计算机的处理结果。

三、溢出的概念

两个带符号数进行运算，结果超出了数据的表示范围(8 位带符号数的表示范围是-128～+127，16 位带符号数的表示范围是-32768～+32767 时，称为溢出。溢出时，标志位

OF 被置位。

两个无符号数进行运算，当结果超出数据表示范围时，由于产生正常的进位，因此可以得到正确的结果。而当两个带符号数进行运算，若结果超出数据表示范围，就会产生错误的结果。例如：

```
      1000 0011
   +  1000 0100
   ─────────────
    1 0000 0111
```

上述式子，如果两个加数为无符号数，则为 131+132=263，得到的结果正确。如果它们是带符号数则为(-125)+(-124)，而得到的结果却是+7，显然是错误的。这是因为带符号数是用补码表示的，最高位为符号位，而运算时，机器并不能区分它们是无符号数还是带符号数，只是按二进制规则进行运算。对带符号数，符号位也被作为数值参与运算，因此产生的进位没有意义。产生溢出是因为(-125)+(-124)=(-249)已经超出了 8 位带符号数的表示范围。

再看一个例子。

```
      0100 0000
   +  0110 0000
   ─────────────
      1010 0000
```

如果两加数是无符号数，结果正确；如果是带符号数，则是两个正数相加，结果为负数，显然发生了溢出。事实上，64+96=160 已经超出了 8 位补码所能表示的范围。这个例子虽然没有进位，照样产生了溢出。由此我们得出，溢出和进位是两个不同的概念。对无符号数来说，可产生有效的进位，没有溢出的概念。对带符号数来说，产生进位没有意义，是否产生溢出，跟有无进位没有关系。

那么如何判断运算结果是否溢出呢？

- 溢出只有在同号数相加或异号数相减两种情况下才可能发生。
- 两个同符号数相加，当结果的符号与参加运算的数的符号不同时，则产生溢出。
- 两个异号数相减，当结果的符号与被减数的符号不同时，则产生溢出。

【例 2.4】 完成下列各式补码数的运算，判断结果是否溢出。

(1) 49H+9DH

(2) 41H-0ABH

(3) 0A95H+8CA2H

(4) 6531H+0BD26H

答案：(1) 0E6H，不溢出　(2) 96H，溢出　(3) 9737H，不溢出　(4) 2257H，不溢出

汇编语言基础知识.ppt

第三章 寻址方式与指令系统

学习要点及目标

- 了解汇编语言操作数的种类和性质、寻址的概念；掌握常用的寻址方法。
- 了解汇编语言的指令格式和指令系统的语法规则。
- 掌握基本的传送类指令、算术运算类指令、位操作指令、转移类指令和串操作指令的功能、语法规则和使用方法。

核心概念

寻址方式　有效地址　操作数　操作码

```
MOV   CL,8
PUSH  AX
AND   AX,0FFH
ADD   DX,AX
```

在上面的程序段中，黑色字体的内容为指令，这四条都是可执行指令。本章将对指令语句进行详细的介绍。

寻址方式与指令系统是汇编语言的基础。寻址方式是指令中提供操作数或操作数地址的方法。指令系统是计算机机器指令的集合。本章介绍寻址方式、指令的种类、指令的格式及功能、语法规则等。

第一节　寻　址　方　式

计算机的一条指令通常包含两部分：

| 操作码 | 操作数 |

其中，操作码规定了指令应完成的具体操作，在汇编语言中操作码用助记符表示，例如加法 ADD、传送 MOV，等等。操作数表示指令的操作对象，比如一条加法指令，操作数部分就要给出加数和被加数，它们可能存放在不同的地方，或许在某一寄存器中，或许在存储器的某一存储单元中，指令要通过某种方法表示操作数是哪一种，操

寻址方式.mp4

作数具体在哪里。指令中提供操作数或操作数地址的方法叫寻址方式。8086/8088 CPU 各种指令中所需的操作数主要有 3 类：寄存器操作数(操作数在 CPU 的通用寄存器中)，存储器操作数(操作数在内存的存储单元中)，立即数操作数(操作数是指令中给出的常数)。还有一类是输入/输出端口操作数(操作数在输入/输出的接口寄存器中)，仅用在 IN 和 OUT 指令中。

下面按操作数的类型介绍 8086/8088 CPU 的寻址方式：

一、隐含寻址

有的指令中没有明确的操作数字段，操作的对象隐含在指令代码中，这种指令的寻址方式称为隐含寻址或固定寻址。例如：

DAA

这是一条十进制加法调整指令，虽然无操作数字段，但隐含规定是对寄存器 AL 的内容进行操作。

二、立即寻址

如果操作数是一个常数，就无须寻找，这个常数就包含在指令代码中，立即可以得到这个操作数，因此把这种形式叫立即寻址。把一个常数操作数叫立即数，也是这个原因。

三、寄存器寻址

如果指令要操作的数据在 CPU 内部的寄存器中，指令就可以直接书写这个寄存器名字表示这个操作数，应用这种提供操作数的方法叫寄存器寻址。例如：

MOV AX,BX

这是一条传送指令，把寄存器 BX 中的内容传送至寄存器 AX。如果 BX=4258H，那么指令执行后 AX=4258H，而 BX 的值保持不变。

又如："ADD AX,1234H"是将 AX 的数与常数 1234H 相加，对于目标操作数(第一个操作数)是寄存器寻址，源操作数(第二个操作数)则为立即寻址。

四、存储器操作数的寻址方式

存储器操作数的寻址是一个如何在指令中给出该操作数在内存中存放的存储单元地址的问题。在程序中，一个存储单元的地址是采用逻辑地址形式表示的，即：

段基值:偏移量

其中，段基值在某个段寄存器中。不同操作类别的指令自动对应不同的段寄存器，这是隐含约定的。如不想改变这些约定，就无须在指令中给出段值。偏移量(又叫偏移地址或偏移值)表示存储单元与段起始地址之间的距离(字节数)，它需要在指令中通过某种形式的表达式给出，在对源程序进行汇编时，由汇编程序计算出表达式的值，这个由汇编程序计算出的操作数的偏移量叫作有效地址，用 EA 表示。

指令中给出存储器操作数地址的方法有两种。一种方法是直接给出操作数的偏移地址，这种方法叫直接寻址。这是最直接、简单的方法，但不便于访问成组的数据。另一种方法是将操作数的偏移量放入某个寄存器中,将其作为地址指针,这种方法叫寄存器间接寻址。若地址指针的内容在程序运行期间进行修改,就能使得用该寻址方式的同一指令,可以对不同存储单元进行操作。下面具体讲述这些寻址方式。

(一)直接寻址

这种寻址方式是在指令中直接给出存储器操作数的偏移地址。有效地址 EA 可直接由偏移地址得到。这种寻址方式主要用于存取简单变量。

在直接寻址方式的指令中的偏移量可以用常数或变量名表示。

(1) 用常数表示。例如:

```
MOV  AX,DS:[100H]
```

该指令是把当前数据段偏移 100H 的字存储单元内容送至 AX。用常数表示时,段寄存器必须指明,不能缺省。

(2) 用变量名表示。例如:

```
MOV  BX,VAR
MOV  AH,DA+2
```

第一条指令是把由变量名 VAR 所指的存储单元内容传送给 BX。第二条指令是把由变量名 DA 代表的地址偏移再加 2 的那个字节单元内容送给 AH。假设 VAR 的偏移量为 1000H,DA 的偏移量为 2000H,则上述两条指令等效为:

```
MOV  BX,DS:[1000H]
MOV  AH,DS:[2002H]
```

(二)寄存器间接寻址

寄存器间接寻址表示的偏移地址是由三个地址分量的某种组合形式给出的,这三个地址分量如下。

(1) 基址:由基址寄存器 BX 或基址指针 BP 提供的偏移地址。
(2) 变址:由源变址寄存器 SI 或目的变址寄存器 DI 提供的偏移地址。
(3) 位移量:是一个八位或十六位常数。有时在程序中以变量名或标号形式出现,待汇编后换算成它们的偏移值。

三个地址分量的不同组合形成以下几种寻址形式。

1. 基址寻址

基址寻址使用基址寄存器 BX 或 BP 做间址寄存器,有 3 种等价的格式,如表 3-1 所示。这种寻址方式是将基址寄存器 BX 或 BP 的内容与位移量(如果有的话)之和作为操作数的有效地址。

表 3-1 基址寻址格式

	格　式	例　子
格式 1	[基址寄存器]	MOV AX,[BX]
格式 2	[基址寄存器+位移量]	MOV AH,[BX+100H]
格式 2 的等价形式	位移量[基址寄存器]	MOV VAR[BP]

例如：

MOV AH, [BX+VAR]

这条指令的功能是将存放在内存数据段的某个存储单元中的字节数据传送到 AH 中，这个存储单元在数据段中的偏移地址由 BX 的内容和符号 VAR 代表的偏移量相加确定。

2. 变址寻址

变址寻址使用变址寄存器 SI 或 DI 做间址寄存器，其格式与基址寻址相同。

例如：

MOV AX,ARRY[SI]
MOV [DI],BX
MOV DX,[SI+Z]

3. 基址变址寻址

基址变址寻址是使用一个基址寄存器和一个变址寄存器组合来实现的。有两种形式，如表 3-2 所示。

表 3-2 基址变址寻址的格式

	格　式	例　子
格式 1	[基址寄存器+变址寄存器]	MOV [BX+SI], AL
格式 1 的等价形式	[基址寄存器][变址寄存器]	MOV DX, [BX][DI]
格式 2	[基址寄存器+变址寄存器+位移量]	MOV CL, [BX+SI+200H]
格式 2 的等价形式	位移量[基址寄存器][变址寄存器]	MOV ARRY[BP][SI], AX
	位移量[基址寄存器+变址寄存器]	MOV ARRY[BP+SI], AX
	[基址寄存器][变址寄存器+位移量]	MOV [BP][SI+100H], AX
	[基址寄存器+位移量][变址寄存器]	MOV [BP+100H][SI], AX

注意以下两点。

(1) 能够作为间址寄存器的只能是 BX、BP、SI、DI，其他任何寄存器都不具备间址功能。

(2) 用 BX、SI、DI 做间址寄存器寻找操作数时，隐含规定段基值由 DS 提供。当用 BP 做间址寄存器来寻找操作数时，隐含规定段基值由 SS 提供。这一点务必注意。

例如，假设 BX 和 BP 中的内容都是 1000H，指令"MOV AX, [BX]"是将数据段中偏移地址为 1000H 的存储单元内容传送给 AX，而指令"MOV AX, [BP]"是将堆栈中 1000H 存储单元的内容传送给 AX。传送的数据可能在完全不同的两处。

五、段基值的隐含约定

由上面的叙述可知，用不同的寻址方式访问存储器，段基址的来源是不同的。一般地，随着操作类型的不同，偏移地址的来源也是不一样的。表 3-3 给出了不同操作类型获得段基址和偏移地址的不同来源。取指令、堆栈操作和串操作的目的这 3 种操作类别，它们的段地址分别来自 CS、SS 和 ES，这种隐含约定是不允许改变(替代)的，其他的操作则允许改变。由于有了段的隐含约定，就使得要对某个存储单元的数据进行存取时，在程序语句中只需给出偏移地址，机器会根据段的隐含约定，正确地找到这个操作数。

表 3-3 逻辑地址的隐含约定

操作类别	段 基 值		偏移地址
	隐含来源	允许替代来源	
取指令	CS	无	IP
堆栈操作	SS	无	SP
串操作的源	DS	CS、ES、SS	SI
串操作的目的	ES	无	DI
以 BP 作基址寻址	SS	CS、DS、ES	根据寻址方式计算出来的有效地址
存取一般变量	DS	CS、ES、SS	根据寻址方式计算出来的有效地址

六、隐含段的改变

从表 3-3 中可以看到，有些操作可以改变段的隐含约定而用其他段替代，这对于要寻址的操作数未处于当前隐含段时的情况是非常有用的。有 3 种方法可以改变隐含段。

1. 段更换

程序将内存分段后的段基址放入段寄存器中。段寄存器的当前内容就是当前段，程序所涉及的内存单元的偏移量就是相对于当前隐含段的。可以通过更换段寄存器值的方法改变当前段，使之指向操作数所处的段。

例如，程序要处理的数据在当前代码段，那么，将当前代码段寄存器 CS 的内容放入数据段寄存器 DS 中，这样，当前数据段就指向了当前代码段，存取当前数据段中的操作数就是存取当前代码段中的内容。可使用下述指令实现：

```
PUSH  DS
PUSH  CS
POP   DS
```

2. 用 ASSUME 伪指令重新指定当前段

当需要改变访问的段时，可以用 ASSUME 伪指令重新指定段与段寄存器的联系。这样，汇编程序在汇编时就能产生正确的寻址(详见第四章)。

3. 段超越

段超越不是通过改变当前段寄存器的内容而是在指令寻址方式前加入段超越前缀的方法操作非隐含段的数据。

例如：

```
MOV   CL,[BP]        ;CL←SS:[BP]
MOV   AL,DS:[BP]     ;AL←DS:[BP]
MOV   DL,[SI]        ;DL←DS:[SI]
MOV   BL,CS:[SI]     ;BL←CS:[SI]
```

第二节 指令系统

8086/8088 共有 92 条指令，正确理解和掌握每一条指令的功能和格式，是学习汇编语言程序设计的基础。

一、指令系统概述

(一)指令分类

92 条指令构成了 8086/8088 指令系统，它们可分为六大类。
(1) 传送类指令 (Transfer instructions)。
(2) 算术运算类指令 (Arithmetic instructions)。
(3) 位操作类指令 (Bit manipulation instructions)。
(4) 串操作类指令 (String instructions)。
(5) 程序转移类指令 (Program transfer instructions)。
(6) 处理器控制类指令(Processor Control instructions)。

(二)指令格式

8086/8088 指令系统中的指令有 3 种格式。
(1) 双操作数指令：OPR　DEST，SRC
(2) 单操作数指令：OPR　DEST
(3) 无操作数指令：OPR

其中，OPR 是指令操作符，也称为指令助记符，它表示指令要执行何种操作。双操作数指令指定两个操作数，第一个为目的操作数，第二个为源操作数，两操作数之间要用逗号","分隔，它们的位置不能互换，操作的结果一般在目的操作数中。因此，目的操作数不能是常数，而只能是寄存器操作数或存储器操作数。语句执行后，目的操作数原来的内容将发生改变，而源操作数的内容不会改变。

单操作数指令只需要一个操作数，它或是源操作数(SRC)，或是目的操作数(DEST)。

对于无操作数指令，虽然指令本身未指明操作数是什么、在哪里，但指令却隐含规定了操作数及存放地点。

(三)指令规则

8086/8088 指令在使用时有较严格的规定，要正确地掌握和运用这些指令，首先要准确地掌握这些规则。8086/8088 汇编语言指令共同遵守如下规则。

(1) 规则 1：除通用数据传送指令(MOV、PUSH、POP)之外，段寄存器不允许作为操作数。
(2) 规则 2：段寄存器不能直接用立即数赋值。
(3) 规则 3：代码段寄存器 CS 和立即数不能作为目的操作数。
(4) 规则 4：指令中两个操作数不能同时为段寄存器。

(5) 规则5：指令中两个操作数不能同时为存储器操作数(串指令除处)。

(6) 规则6：指令中两个操作数的类型(字节类型或字类型等)必须一致。

(7) 规则7：指令中至少要有一个操作数的类型是明确的，否则须用操作符 PTR 临时指定操作数类型(见第四章)。

下面介绍 8086/8088 指令。

二、传送类指令

传送类指令共有 12 条，包括通用数据传送指令(MOV、PUSH、POP)、交换指令(XCHG)、查表指令(XLAT)、地址传送指令(LEA、LDS、LES)和标志传送指令(PUSHT、POPT、LAHF、SAHF)。它们可以将各种类型的操作数从源操作数传送到目的操作数，其传送途径见图 3-1。图中实线表示合法传送途径，虚线为非法传送途径。所有的传送类指令对标志位均无影响。

传送类指令.mp4

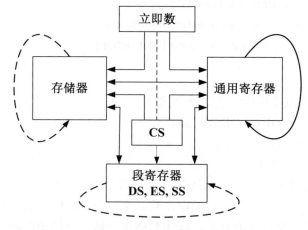

图 3-1　数据的传送途径

(一)通用数据传送指令

这种指令共有 3 条。

1. 传送指令(Mov)

格式：MOV　DEST，SRC

功能：把源操作数的内容传送给目的操作数，即 DEST←SRC。

说明：当 MOV 指令执行完后，源操作数和目的操作数都将有相同的内容，目的操作数原有的内容消失。MOV 指令既可以进行字节数据的传送，也可以进行字数据的传送。

例：

```
MOV  DL,23H         ;将常数 23H 传送给 DL
MOV  BX,50H         ;假设执行前 DX=1F66H,则执行后 DX=0050H
MOV  DA_BYTE,2AH    ;将常数 2AH 送入 DA_BYTE 表示的内存字节单元
MOV  AL,AH          ;将 AH 的内容传送给 AL
```

```
MOV  ES,AX           ;将 AX 的内容传送给 ES,字传送
MOV  [DI],AX         ;假设 DI=1000H,则 DS:[1000H]←AL,DS:[1001H]←AH
MOV  AX,CS           ;将 CS 的值传送给 AX
```

而下面的指令是非法的(参见指令规则):

```
MOV  AH,CX           ;违反规则 6
MOV  DS,2000H        ;违反规则 2
MOV  DA_BYTE,[BX]    ;违反规则 5
MOV  CS,BX           ;违反规则 3
MOV  [SI],50H        ;违反规则 7
MOV  DS,ES           ;违反规则 4
```

2. 进栈指令(Push Word Onto Stack)

格式：PUSH   SRC

操作：(1) 堆栈指针减 2 指向新的栈顶，SP←SP-2。

(2) 将给定的操作数放入 SP 指示的字单元中。

说明：进栈指令的操作数是一个 16 位的寄存器操作数或存储器操作数，不允许是立即数。

例：

```
PUSH  AX     ;SP ←SP-2,(SP)←AL,(SP+1)←AH
PUSH  [DI]   ;SP ←SP-2,(SP)←DS:[DI],(SP+1)←DS:[DI+1]
```

3. 出栈指令(Pop Word Off Stack Into Destination)

格式：POP   DEST

操作：(1) 将栈顶的字数据送入操作数 DEST 中，DEST←(SP+1，SP)。

(2) 堆栈指针加 2 指向新栈顶，SP←SP+2。

例：

```
POP  DS      ; DS←(SP+1,SP),SP←SP+2
POP  [BX]    ; [BX]←(SP),[BX+1]←(SP+1),SP←SP+2
```

通用数据传送指令的通用性在于它适合所有的操作数，比如可使用段寄存器作为操作数，而除了这 3 条通用数据传送指令之外，任何 8088 指令都不能在指令中出现段寄存器(见指令规则 1)。

(二)交换指令(Exchange)

格式：XCHG   DEST，SRC

操作：将两个操作数的内容互换，即(DEST)←→(SRC)。

例：

```
XCHG  AL,AH     ;AL←→ AH
XCHG  DL,[BX]   ;将 DL 内容与 BX 指示的存储单元内容互换
```

若进行两个内存单元 D1_BYTE 和 D2_BYTE 之间的数据交换，可用如下 3 条指令实现：

```
MOV   AL,D1_BYTE
XCHG  AL,D2_BYTE
XCHG  AL,D1_BYTE
```

下面的指令是非法的(参见指令规则)：

```
XCHG  DA_BYTE1,DA_BYTE2    ;违反规则 5
XCHG  AX,DS                ;违反规则 1
XCHG  BX,2000H             ;违反规则 3
XCHG  AL,DX                ;违反规则 6
```

(三)查表指令

格式：XLAT

功能：将数据段(DS)中偏移地址为 BX+AL 的内存字节单元的内容送入 AL 中，即 AL←(BX+AL)。

说明：XLAT 指令用于查表。表的开始地址即表头地址由 BX 给出。AL 中的原始值是要查找的表中元素的地址位移量。

例如：如图 3-2 所示，在内存符号地址 TABLE 开始有一个 0～9 的数的平方表。假如要查 5 的平方值，把被查数 5 放入 AL 中(这正好就是它本身的平方值在表中存放的位移量)，将表头地址送入 BX 中(MOV BX，OFFSET TABLE)，使用 XLAT 指令后在 AL 中就能得到 5 的平方值。

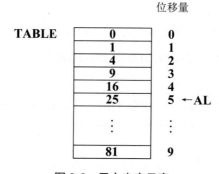

图 3-2　平方查表示意

(四)地址传送指令

这种指令共 3 条，它们不是传送存储器操作数的内容，而是传送它的地址(偏移量，段基值)。

1. 装入有效地址(Load Effective Address)

格式：LEA DEST，SRC

功能：把源操作数的偏移量(即有效地址 EA)送给目的操作数。本指令中 SRC 必须是一个存储器操作数，而 DEST 一定是 16 位通用寄存器。

例：
```
LEA  DX,200H[BX][SI]    ;DX← 200H+BX+SI
LEA  SI, VAR            ;变量 VAR 的偏移地址送 SI
LEA  BX,CS:[2000H]      ;指令执行后 BX=2000H
```

2. 装入地址指针(Load Address of Point)

地址指针的值是由 16 位段基值和 16 位偏移量两部分构成的，装入地址指针指令能用一条指令实现将存放在内存中的地址指针值的段基值送入段寄存器，同时将偏移量部分送入指令规定的寄存器中。

格式：(1) LDS　DEST，SRC
　　　(2) LES　DEST，SRC

功能：将双字长存储器操作数 SRC 的低地址字单元内容送入指定的寄存器 DEST 中，而将双字长存储器操作数 SRC 的高地址字单元内容送入 DS(LDS)或 ES(LES)。

说明：指令的目的操作数(DEST)要存放地址指针的偏移值部分，因此，必须是一个 16 位通用寄存器，而 SRC 一定是存储器操作数。

例如，设 SI 间址寄存器所指的内存单元存放的数据如图 3-3 所示，若有下面指令：
```
LDS BX,[SI]
```
则该指令执行后，DS 内容为 9010H，BX 内容为 302FH。

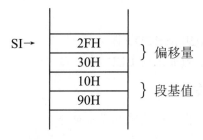

图 3-3　LDS 指令的传送

(五)标志传送指令(Flags Transfer)

8086/8088 设计了 4 条指令专门用于标志寄存器的存取操作。它们都是无操作数指令。

1. 取标志寄存器

格式：LAHF

功能：把标志寄存器的低 8 位传送给 AH 寄存器。

2. 存储标志寄存器

格式：SAHF

功能：把寄存器 AH 中的第 7、6、4、2、0 位的内容分别送入标志寄存器 SF、ZF、AF、PF 和 CF 各标志位。标志寄存器 OF、DF、IF 和 TF 各位均不受影响。

3. 标志进栈

格式：PUSHF

功能：首先把堆栈指针 SP 减 2，然后将 16 位标志寄存器的全部内容(含所有标志位)送入 SP 指向的堆栈顶部。标志寄存器中各标志位本身不受影响。

4. 标志出栈

格式：POPF

功能：首先将现行堆栈顶部(由 SP 决定)的一个字的内容送入标志寄存器，然后 SP+2。标志寄存器中各标志位的状态，由从堆栈中弹出字的相应位的内容所决定。

标志寄存器中只有少数几个标志位(如 CF、DF、IF)有专门的指令进行置 0 或置 1 操作，其余大部分标志位都没有指令直接对它们进行设置或修改。例如要修改 SF，那么可首先用 LAHF 指令把含有 SF 标志位的标志寄存器低 8 位送入 AH，然后对 AH 的第 7 位(对应 SF 位)进行修改或设置，再用 SAHF 指令送回标志寄存器。

三、算术运算类指令

8086/8088 的算术运算指令提供加、减、乘、除四类运算，可对 4 种数据进行处理。这 4 种数据如下。

(1) 无符号二进制数。
(2) 带符号二进制数。
(3) 无符号组合十进制数(组合 BCD 码)。
(4) 无符号非组合十进制数(非组合 BCD 码)。

算术运算类指令.mp4

(一)二进制加法运算指令

二进制加法指令有 3 条，指令的格式和功能如下。

1. 加法指令

格式：ADD　DEST，SCR

功能：将源操作数 SCR 和目的操作数 DEST 相加，结果存入 DEST 中，即 DEST←DEST+SCR。

说明：加法指令可以进行字节或字的加法，其结果放在目的操作数中，源操作数原有的内容不变(对任何指令都是如此)。

例：
```
ADD    AX,X
ADD    AL,0A4H
```

2. 带进位加指令

格式：ADC　DEST，SCR

功能：将源操作数 SCR、目的操作数 DEST 及进位标志 CF 位相加，结果存入 DEST 中，即 DEST←DEST+SCR+CF。

说明：ADC 指令主要用于大于 16 位(多字节)数的加法中。例如，有一个 32 位二进制数已存放在 AX(高 16 位)和 BX(低 16 位)中，现要加上常数 208A9F88H，可用下面两条指令来实现：

```
ADD    BX,9F88H
ADC    AX,208AH
```

其中，第一条指令把低 16 位常数 9F88H 加在 BX 中，若它们相加高 16 位有进位时，则把进位记录在 CF 中。在第二条指令完成高 16 位叠加时，用 ADC 指令同时把低 16 位的进位一起加上。

3. 加 1 指令

格式：INC   DEST

功能：将目的操作数 DEST 自身加 1，结果存入 DEST 中，即 DEST←DEST+1。

说明：INC 指令主要用于某些计数器的计数和地址指针值的修改。

例：
INC SI   ;SI←SI+1

注意：加法指令会按其执行结果设置 6 个状态标志的状态，但 INC 指令对进位标志 CF 无影响。

(二)二进制减法运算指令

1. 减法指令

格式：SUB   DEST，SRC

功能：将目的操作数 DEST 内容减去源操作数 SRC 内容，结果送入 DEST 中，即 DEST←DEST-SRC。

2. 带借位减法指令

格式：SBB   DEST，SRC

功能：将目的操作数 DEST 内容减去源操作数 SRC 内容及 CF 位，结果送入 DEST 中，即 DEST←DEST-SRC-CF。

说明：SBB 指令在使用上类似于 ADC 指令，主要用于大于 16 位的多精度数的减法，把低位部分相减的借位引入高位部分的减法中。

3. 减 1 指令

格式：DEC   DEST

功能：将目的操作数 DEST 内容减 1，结果送入 DEST 中，即 DEST←DEST-1。

说明：DEC 指令使用上类似于 INC 指令，主要用于计数和修改地址指针，但方向与 INC 指令相反。DEC 操作不影响进位标志 CF。

4. 比较指令

格式：CMP   DEST，SRC

功能：目的操作数 DEST 减去源操作数 SRC，即 DEST←DEST-SRC。

说明：CMP 指令将两个操作数相减，但相减的结果并不保留，两个操作数都保持原值不变，只是将相减结果的特征反映在各个状态标志位上。比如当 CMP 指令执行后，如果标志位 ZF=1，说明被比较的两数相等，可以在 CMP 指令后，用单标志判断转移指令或条件判断转移指令来确定比较的结果(大于、小于、等于)。

5. 取补指令

格式：NEG　DEST

功能：零减去目的操作数 DEST，结果存入目的操作数 DEST，即 DEST←0-DEST。

说明：NEG 指令是求操作数的负数，即改变操作数的符号，这对带符号数来说就是求其补码。因此 NEG 也叫取补指令。NEG 对标志位影响有特殊规定，如果被取补的操作数非 0，NEG 操作后，CF 置 1，否则 CF=0。

(三) 二进制乘法运算指令

1. 无符号数乘法指令

格式：MUL　SRC

功能：若 SRC 为字节长度，则 AX←AL×SRC；若 SRC 为字长度，则 DX：AX←AX×SRC。

说明：乘法指令格式中只出现源操作数，根据这个操作数的类型(字节类型或字类型)决定是 8 位乘还是 16 位乘。因此，SRC 不能是立即数(立即数无类型属性)，而目的操作数(被乘数)隐含约定为累加器 AL(8 位乘)或 AX(16 位乘)，运算的结果约定在 AX 中(8 位乘法的积)或 DX:AX 中(16 位乘法的积)，如图 3-4 所示。

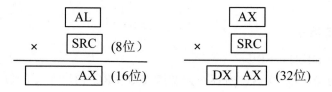

图 3-4　乘法指令操作示意

2. 带符号数乘法指令

格式：IMUL　SRC

功能：功能同 MUL 指令。

说明：乘法指令对标志的影响有特殊规定，它只影响标志位 CF 和 OF。对于 MUL，如果乘积的高半部(8 位乘时为 AH，16 位乘时为 DX)为零，CF=0，OF=0；否则 CF=1，OF=1(表示 AH 或 DX 中有乘积的有效数字)。对于 IMUL，若积的高半部是低半部的符号扩展，则 CF=0，OF=0；否则 CF 和 OF 均为 1。

(四) 二进制除法指令

二进制除法运算指令包括无符号数除法(DIV)和带符号数除法(IDIV)。对带符号数来说，还有两条符号扩展指令(CBW、CDQ)。

1. 无符号数除法指令

格式：DIV　SRC

功能：若 SRC 为字数据，则 AX/SRC，AL←商，AH←余数；若 SRC 为字数据，则 DX:AX/SRC，AX←商，DX←余数。

2．带符号数除法指令

格式：IDIV　SRC

功能：同 DIV 指令。

说明：同乘法指令类似，除法指令中的操作数 SRC 为除数，它不能是立即数。目的操作数(被除数)也有两种情况，当除数为 8 位时，被除数隐含在 AX 中，运算结果中的商约定在 AL 中，余数约定在 AH 中；当除数为 16 位时，被除数隐含在 DX:AX 中，运算结果中的商约定在 AX 中，余数在 DX 中，如图 3-5 所示。

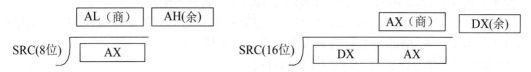

图 3-5　除法指令操作示意

注意：

(1) 除法指令对标志位的影响无意义。

(2) 除数必须足够大，使得商值小于等于 8 位或 16 位数表示的范围；否则，将产生除法错误。

3．字节扩展指令

格式：CBW

功能：对 AL 中的带符号数进行符号扩展。若 AL<0，AH=0FFH，否则 AH=0。

(五)十进制算术运算指令

大家知道，计算机只能处理二进制信息，但在实际的生产和生活中，人们习惯使用十进制数。因此，需要计算机处理的原始数据大部分是十进制数据。人们希望计算机能接收这些十进制数，并将处理的结果以十进制数的形式输出。这时从外部来看，好像计算机在进行十进制数运算一样。

每一位十进制数在计算机内部，通常是用 4 位二进制数表示的，它是十进制数的二进制编码。8086/8088 CPU 实现十进制运算的方法是仍将这些十进制数(BCD 码)看作二进制数，使用二进制加、减、乘、除指令进行运算，不过在运算后(或前)用调整指令进行调整以得到十进制(BCD 码)结果。故此，针对非组合和组合 BCD 码，8086/8088 提供了 6 条算术运算相应的 BCD 码调整指令。

1．非组合十进制调整指令

(1) 加法调整指令(ASCII Adjust for Addition)。

格式：AAA

功能：若 AL 中的低 4 位值大于 9 或 AF=1，则将 AL 加 6 和 AH 加 1，并将 AF 和 CF 置 1，然后将 AL 的高 4 位清 0；否则只进行清 AL 高 4 位操作。

受影响的状态标志位：AF、CF(OF、ZF 和 PF 的状态不确定)。

(2) 减法调整指令 (ASCII Adjust for Subtraction)。

格式：AAS

功能：如果 AL 中的低 4 位大于 9 或 AF=1，那么就将 AL 减 6 且 AH 减 1，并将 AF 和 CF 置 1，然后将 AL 的高 4 位清 0；否则只进行清 AL 高 4 位操作。

受影响的状态标志位：AF、CF(OF、SF、ZF 和 PF 的状态不确定)。

(3) 乘法调整指令(ASCII Adjust for Multiply)。

格式：AAM

功能：将 AL 中的内容除以 10，商送入 AH 中，余数送入 AL 中。

受影响的状态标志位：SF、ZF、PF(OF、AF、CF 状态不确定)

说明：AAM 指令将两个有效的非组合十进制数相乘后得到的乘积调整为一个有效的非组合十进制数，AAM 指令执行后被调整字节的高 4 位为 0。

(4) 除法调整指令(ASCII Adjust for Division)。

格式：AAD

功能：将 AH 中的内容乘以 10 后与 AL 相加，结果存到 AL 中，然后将 AH 清 0。

受影响的状态标志位：SF、ZF、PF(OF、AF、CF 状态不确定)。

说明：AAD 指令在两个有效的非组合十进制数做除法之前调整 AL 中的内容，以使除法得到的商数为一个有效的非组合十进制数。为了使跟在其后的 DIV 指令能产生一个正确的结果，AH 必须为 0。除法指令执行后，商存放在 AL 中，余数存放在 AH 中，它们的高 4 位都为 0。

2. 组合十进制调整指令

(1) 加法调整指令(Decimal Adjust for Addition)。

格式：DAA

功能：如果 AL 中的低 4 位大于 9 或 AF=1，那么就将 AL 加 6，并将 AF 置 1；如果 AL 的高 4 位大于 9 或 CF=1，则将 60H 加到 AL 中，并将 CF 置 1。

受影响的状态标志位：OF、SF、ZF、AF、PF、CF。

(2) 减法调整指令(Decimal Adjust for Subtraction)。

格式：DAS

功能：如果 AL 中的低 4 位大于 9 或 AF=1，那么就将 AL 减 6，并将 AF 置 1；如果 AL 的高 4 位大于 9 或 CF=1，则从 AL 中减去 60H，并将 CF 置 1。

受影响的状态标志位：SF、ZF、AF、PF、CF(OF 不确定)。

总结：

所谓十进制算术运算(BCD 码运算)指令，就是在二进制算术运算指令之后加上一个相应的调整指令(除法指令是先调整后跟除法指令)，因此，可以将十进制算术运算指令看成一个由两条指令构成的复合指令，例如，组合十进制加法指令为：

$$\begin{cases} \text{ADD AL, SRC} \\ \text{DAA} \end{cases} \text{或} \begin{cases} \text{ADC AL, SRC} \\ \text{DAA} \end{cases}$$

注意：调整指令仅对累加器 AL 的内容进行调整，因此，在进行十进制算术运算时，目的操作数必须使用累加器。

四、位操作指令

位操作指令是指按位进行操作的指令,包括逻辑运算指令、移位和循环移位指令两种。

(一)逻辑运算指令(logical)

共有 5 条逻辑运算指令,它们的指令格式和功能如下。

位操作指令.mp4

1. 逻辑"与"指令

格式:AND　　DEST,SRC

功能:DEST←DEST∧SRC;CF=0,OF=0。

2. 逻辑"或"指令

格式:OR　　DEST,SRC

功能:DEST←DEST∨SRC;CF=0,OF=0。

3. 逻辑"异或"指令

格式:XOR　　DEST,SRC

功能:DEST←DEST⊕SRC;CF=0。OF=0。

4. 逻辑"非"指令

格式:NOT　　DEST

功能:DEST←DEST。

5. 测试指令

格式:TEST　　DEST,SRC

功能:DEST∧SRC。

总结:

(1) 逻辑操作指令对标志位的影响有特殊规定。

① NOT 指令对标志位没有影响。

② 执行除 NOT 指令之外的逻辑指令后,OF 和 CF 两个标志都被清 0,而 AF 状态不确定,其他标志反映操作结果的状态。

(2) TEST 指令对两个操作数进行"与"操作,但不保留"与"的结果,只是通过标志状态的判断,得出测试结果。主要用于测试一个操作数(目的操作数)某一位或几位的状态。

(3) 逻辑指令主要用于字节或字中某些位的组合、分离或位设置等。

例:
```
    XOR  CX,CX      ;CX 清 0,同时清进位标志
    AND  AX,AX      ;自身相与值不变,该语句常用于清进位标志
    AND  AL,0FH     ;分离出 AL 中低 4 位,高 4 位被清 0
    AND  AL,0F0H    ;分离出 AL 中高 4 位,低 4 位被清 0
    OR   DL,80H     ;DL 中最高位置 1
    TEST AL,80H     ;测试 AL 最高位是 0 还是 1
```

(二)移位和循环移位指令

移位和循环移位指令共有 8 条,它们的指令格式和操作如表 3-4 所示。

表 3-4 移位和循环移位指令

移位指令			循环移位指令		
指令类型	指令格式	操作	指令类型	指令格式	操作
逻辑左移(SHL)	SHL dest,cnt	CF ← dest ← 0	循环左移(ROL)	ROL dest,cnt	CF ← dest ←
逻辑右移(SHR)	SHR dest,cnt	dest → CF, 0 →	循环右移(ROR)	ROR dest,cnt	dest → CF
算术左移(SAL)	SAL dest,cnt	CF ← dest ← 0	带进位循环左移(RCL)	RCL dest,cnt	CF ← dest ←
算术右移(SAR)	SAR dest,cnt	dest → CF	带进位循环右移(RCR)	RCR dest,cnt	dest → CF, 0 →

说明:

(1) 目的操作数 dest 可以是通用寄存器或存储器操作数,cnt 为移位次数,可以是 1,或由 CL 指出(移位次数大于 1 时必须用 CL 给出移位次数),位移结束后 CL 值不变。

(2) CF 的值总是最后一次被移入的值。

(3) 移位指令影响标志位 CF、OF、SF、ZF。而循环移位指令仅影响 CF 和 OF 位。

(4) 对 OF 影响的规定是:在移动 1 位的情况下,如果移位后操作数的最高位改变了,OF 就被置 1,否则 OF 被置 0。若移位次数大于 1,那么 OF 不确定。

五、转移类指令

在 8086/8088 汇编语言程序中,指令执行的顺序由代码段寄存器 CS 和指令指针 IP 所确定,在正常情况下,程序总是顺序执行的。CPU 每执行完一条指令,就自动修改 IP 的值使之指向下一条指令。转移指令可以实现程序流向的控制和转移,这是通过改变 CS 和 IP 值实现的。若转移在同一段内进行(段内转移),就只需要修改 IP 值;若是在两个段之间进行转移(段间转移),则 CS 和 IP 都需要修改。

转移类指令.mp4

根据转移的范围将转移分为 3 类。

(1) 远转移(段间转移):转移的目标地址为 32 位。可以实现一个段到任意其他代码段的转移。

(2) 近转移(段内转移):转移的目标地址为 16 位。转移的距离限定在当前段内,最大

64KB。

(3) 短转移：转移的目标地址为 8 位。转移范围限定在从转移指令的下一条指令算起的 -128～+127 个字节的地址空间以内。

转移类指令包括无条件转移指令、条件转移指令、循环控制指令、调用/返回指令、中断指令等。本节只介绍前 3 种，后两种在相关章节中叙述。

(一)无条件转移指令

无条件转移指令仅有一条，它可以实现远转移、近转移或短转移。

格式：JMP   targ

功能：(1) 段内转移：IP←目标的偏移地址。

(2) 段间转移：IP←目标的偏移地址，CS←目标所处代码段基址。

说明：JMP 指令使程序无条件地转移到目标 targ 指明的地址处执行。根据 targ 的类型会自动产生一个远转移、近转移或短转移指令。指令中的 targ 可以是标号、寄存器或存储器操作数，JMP 对标志位无影响。

例：
```
JMP  label              ;标号 label 若在当前段内,将产生一个近转移(生成 3 字节
                        ;指令代码) 或短转移(生成 2 字节指令代码),如果 label 是其他
                        ;段的程序标号,则产生一个远转移(生成 5 字节指令代码)
JMP  AX                 ;IP ←AX,AX 中内容是目标地址的偏移量
JMP  word ptr[SI]       ;IP ←(SI,SI+1),SI 指出的连续两个内存单元的内容是
                        ;目标偏移量,产生近转移或短转移
JMP  dword ptr[BX][DI]  ;IP←(BX+DI,BX+DI+1),CS←(BX+DI+2,BX+DI+3),产生
                        ;一个远转移
```

(二)条件转移指令

条件转移指令根据 CPU 中状态标志位当前的状态决定程序执行的流程，既可能产生程序转移，也可能不产生程序转移。条件转移指令以对不同的状态标志位的测试为条件，如果条件成立，则控制转移到指令中所给出的转移目标，如果条件不成立，程序将顺序执行。

条件转移指令共有 18 条，它们都是两个字节长的指令，其中一个字节为操作码，另一个字节为转移目标的偏移量(本指令的下条指令与目标的相对字节距离)。由于相对转移目标仅 8 位长，因此，所有的条件转移指令都仅能实现短转移。

条件转移指令见表 3-5，这些指令对标志位无影响。条件转移指令中的 targ 是要转向的指令语句标号，经汇编产生一个相对位移量，是一个 8 位带符号数。

条件转移指令一般用在算术运算、逻辑运算，或某些比较、测试指令之后，根据这些指令操作后的结果(反映在各状态标志上)判断转移。

(三)循环控制指令

在转移类指令中，有 3 条循环控制指令，用来支持循环结构程序设计。它们和条件转移指令相同，仅能实现短转移。这 3 条指令均约定用 CX 作为循环次数计数器，因此，这种指令只能用在循环次数已知的循环程序中。在执行循环控制指令时，自动对 CX 进行减 1 操作，并自动判断 CX 是否减为 0，这样，用循环控制指令比用条件转移指令来控制循环

更简洁、方便。

表 3-5 条件转移指令

种 类		名 称	指令格式	转换条件	
单标志判断		有进位或借位	JC targ	CF=1	
		无进位或借位	JNC targ	CF=0	
		等于0/相等	JZ/JE targ	ZF=1	
		不等于0/不相等	JNZ/JNE targ	ZF=0	
		有溢出	JO targ	OF=1	
		无溢出	JNO targ	OF=0	
		有偶数个1	JP/JPE targ	PF=1	
		有奇数个1	JNP/JPO targ	PF=0	
		是负数	JS targ	SF=1	
		是正数	JNS targ	SF=0	
两数之间关系判断	无符号数	大于/不小于等于	JA/JNBE targ	CF=0 AND ZF=0	X>Y
		大于等于/不小于	JAE/JNB targ	CF=0 OR ZF=1	X≥Y
		小于/不大于等于	JB/JNAE targ	CF=1 AND ZF=0	X<Y
		小于等于/不大于	JBE/JNA targ	CF=1 OR ZF=1	X≤Y
	有符号数	大于/不小于等于	JG/JNLE targ	SF=OF AND ZF=0	X>Y
		大于等于/不小于	JGE/JNL targ	SF=OF OR ZF=1	X≥Y
		小于/不大于等于	JL/JNGE targ	SF≠OF AND ZF=0	X<Y
		小于等于/不大于	JLE/JNG targ	SF≠OF OR ZF=1	X≤Y

1. 无条件循环控制指令

格式：LOOP   targ

功能：若CX-1≠0则转移，否则退出循环。相当于两条指令：

```
DEC  CX
JNZ  targ
```

该指令使循环体无条件循环CX中指定的次数。

2. 相等循环控制指令

格式：LOOPZ   targ 或 LOOPE   targ

功能：若CX-1≠0(规定的循环次数没完)且 ZF=1 (比较相等)则转移，否则退出循环。

3. 不等循环控制指令

格式：LOOPNZ   targ 或 LOOPNE   targ

功能：若CX-1≠0(规定的循环次数没完)且 ZF=0 (比较不等)则转移，否则退出循环。
另外还有一条JCXZ指令也可用于循环控制。

格式：JCXZ　　targ
功能：若 CX=0 则转移，否则执行后续指令。

六、串操作指令

用字节或字组成的一组数据称为数据串。组成数据串的字节或字称为数据串元素。如字符串'abcdef'是一个字节数据串，串中每一个字符的 ASCII 码构成了该数据串的元素。

对数据串的传送、比较、搜索、存取等操作是非常典型、常用的操作。为此，汇编语言设计了 5 条专门用于上述操作的串指令。并且设计了 3 个重复前缀，它们加在串操作指令前，使得用一条指令就可完成一个循环程序的功能，而且不用考虑指针如何移动、循环如何控制等问题，极大地方便了程序设计。

串操作指令.mp4

(一)串操作指令的隐含规定

5 条串操作指令隐含地使用了相同的寄存器、标志位和符号。隐含规定如下。

(1) 源串指针：DS:SI，目的串指针：ES:DI。

(2) 重复次数计数器：CX(加重复前缀时)。

(3) 操作方向：DF=0，正向(SI、DI 自动增量修改)；DF=1，负向(SI、DI 自动减量修改)。操作方向可用 CLD 和 STD 指令设置。

(4) 指令 SCAS、LODS、STOS 约定累加器为一个操作数。

(二)串操作指令的格式与功能

串操作指令可以实现字节和字串的操作，指令分别如下。

1. 串传送指令

(1) MOVSB　　；将源串一字节传送到目的串，并自动修改指针值。
　　　　　　　；[ES:DI]←[DS:SI]，SI←SI±1，DI←DI±1

(2) MOVSW　　；将源串一字传送到目的串，并自动修改指针值。
　　　　　　　；[ES:DI]←[DS:SI]，SI←SI±2，DI←DI±2

2. 串比较指令

(1) CMPSB　　；源串一字节与目的串一字节相减比较，并自动修改指针值。
　　　　　　　；[DS:SI]-[ES:DI]，SI←SI±1，DI←DI±1

(2) CMPSW　　；源串一字与目的串一字相减比较，并自动修改指针值。
　　　　　　　；[DS:SI]-[ES:DI]，SI←SI±2，DI←DI±2

3. 串搜索指令

(1) SCASB　　；将 AL 内容与目的串内容进行比较，并自动修改指针值。
　　　　　　　；AL-[ES:DI]，　DI←DI±1

(2) SCASW　　；AX-[ES:DI]，　DI←DI±2

4. 从源串中取数指令

(1) LODSB   ；AL←[DS:SI]， SI←SI±1
(2) LODSW   ；AX←[DS:SI]， SI←SI±2

5. 往目的串中存数指令

(1) STOSB   ；[ES:DI]←AL，DI←DI±1
(2) STOSW   ；[ES:DI]←AX，DI←DI±2

注意：

(1) 修改地址指针时加减由 DF 状态决定。DF=0 时增量修改，DF=1 时减量修改。
(2) 5 条串操作指令都有另一种带操作数的格式：

MOVS   dest，src
CMPS   dest，src
SCAS   dest
LODS   src
STOS   dest

因上述格式不常用，所以在指令格式中未列出。

(三)串操作的重复前缀

串操作指令与普通指令相比，只是多了一个自动修改地址指针的功能。加入重复前缀，才使得串操作指令得以重复执行。

1. 无条件重复前缀指令

格式：REP

功能：使 REP 后的指令无条件重复 CX 值指定的次数。用于 MOVS、STOS 指令前。

2. 相等重复前缀指令

格式：REPZ/REPE

功能：当 CX≠0(规定的重复次数没完)同时 ZF=1(比较相等)时，重复执行该前缀后的指令，否则，终止(CX 已为 0)或中止(CX≠0，但 ZF=0)重复。该前缀只能用于 CMPS 和 SCAS 前，在两个数据串中找出不同的元素。

3. 不相等重复前缀指令

格式：REPNZ/REPNE

功能：当 CX≠0(规定的重复次数没完)同时 ZF=0(比较不相等)时，重复执行该前缀后的指令；否则，终止(CX 已为 0)或中止(CX≠0，但 ZF=1)重复。该前缀只能用于 CMPS 和 SCAS 前，在两个数据串中找出相同的元素。

注意：

(1) CX 是否为 0 的判断(即重复操作是否完成的检测)是在串操作之前进行的，因此，若 CX 的初值为 0，则串操作一次也不会执行。

(2) 对比较和搜索的串操作结束，有两种可能：一种是重复了规定的次数(CX 已为

0),也没有找到要找的元素;另一种是中途或最后找到了要找的元素。这两种情况可通过对标志 ZF 的判断确定:如果 ZF 的状态和重复的条件相同(不相等重复时 ZF=0,相等重复时 ZF=1),则为第一种情况,否则为第二种情况。

(3) 操作结束后,SI、DI 中为下一个元素的偏移地址,其方向由 DF 确定。

下面通过例子体会一下串操作指令的应用。

【例 3.1】 将以 SBUF 为首址的 200 字节的数据块传送到 DBUF 开始的区域,可用以下程序段实现:

```
CLD
LEA  SI,SBUF
LEA  DI,DBUF
MOV  CX,200
REP  MOVSB
```

【例 3.2】 STRING 为一个 30 字节长的字符串,查找该串中最后一个字母'B',若找到将其地址存入 BX 中,否则将 0 送入 BX。

这个问题可以使用带不相等重复前缀的串搜索指令完成。要查找串中最后一个字母'B',可从后面开始反向查找。程序段如下:

```
MOV  CX,30
LEA  DI,STRING
ADD  DI,29        ;使 DI 指向串尾
MOV  AL,'B'
XOR  DX,DX        ;设未找到标志
STD               ;设反向操作
REPNZ SCASB
JNZ  L1           ;没找到转
INC  DI           ;找到,恢复该元素地址
MOV  DX,DI
L1: MOV  BX,DX
```

七、处理器控制类指令

这一类指令主要包括以下 3 种。

(一)标志位操作指令

它们均是无操作数指令,即它们的操作数隐含在标志寄存器中的某些标志位上。能直接操作(修改)的标志位有 CF、IF 和 DF。

(1) 清除进位标志指令:　　　　CLC　　;置 CF=0
(2) 进位标志置位指令:　　　　STC　　;置 CF=1
(3) 进位标志取反指令:　　　　CMC　　;CF 取反
(4) 清除方向标志指令:　　　　CLD　　;置 DF=0(正向)
(5) 方向标志置位指令:　　　　STD　　;置 DF=1(反向)
(6) 清除中断标志(关中断)指令:　CLI　　;置 IF=0
(7) 中断标志置位(开中断)指令:　STI　　;置 IF=1

处理器控制类指令.mp4

注意：上述 7 条指令功能是把对应的标志位置 0、置 1 或取反而不改变其他标志位。

(二)空操作指令

格式：NOP

功能：这条指令使 CPU 执行一次空操作，不影响任何寄存器、存储单元和标志位，仅占据 CPU 的 3 个时钟周期。在软件延时程序中，可用 NOP 指令作少量的延时调整。

(三)外部同步指令

这方面指令有 WAIT、ESC、LOCK、HLT 等。这些指令的执行涉及其他知识，故这里不讨论这些指令。在实际应用中，需要用这些指令时，可查阅有关资料。

第三节　理解与练习

一、关于十进制调整指令

在计算机中，十进制数使用 BCD 码来表示。计算机可以对 BCD 码进行加、减、乘、除运算。8086/8088 采用的方法是利用普通二进制的运算指令算出结果，然后用专门的指令对结果进行调整；或者反过来，先对数据进行调整，再用二进制数指令进行运算。

那么为什么用普通二进制数据运算指令对 BCD 码运算时，要进行调整呢？又怎样进行调整呢？

下面通过例子说明十进制调整的原理。

比如，8+7=15，用 BCD 码表示，运算结果为：

```
  00001000
+ 00000111
  ────────
  00001111      (0F)
```

即结果为 0FH。在 BCD 码中，只允许 0～9 这 10 个数字出现，0FH 不代表任何 BCD 码，因此要对它进行变换。

怎样变换呢？我们知道 BCD 码应该是逢 10 进 1，但计算机在这里是逢 16 进 1。因此，可以在个位上补一个 6，让其产生进位，而此进位作为十位数出现。即

```
  00001111
+ 00000110
  ────────
  00010101      (15)
```

可见在 BCD 码运算结果中，如果 1 位 BCD 码所对应的 4 位二进制码超过 9，那就应该补上一个 6 产生进位来进行调整。

又如，9+9=18，用组合的 BCD 码表示时，运算过程为：

```
  00001001
+ 00001001
  ────────
  00010010      (12)
```

结果为 12，这显然是错误的。为什么会得到错误的结果呢？原因就是计算机在运算

时，如遇到低 4 位往高 4 位产生进位，那么是按逢 16 进 1 的规则进行的。但 BCD 码要求逢 10 进 1，可见，当 BCD 码按二进制数运算时，只要产生了进位，就会"暗中"丢失一个 6。于是，应该在出现进位时，进行如下调整：

$$
\begin{array}{r}
00010010 \\
+\ 00000110 \\
\hline
00011110
\end{array}
\quad (18)
$$

由上述可知，BCD 码调整的规则是：当运算结果对应一位 BCD 的 4 位二进制数大于 9，或遇到低 4 位往高 4 位有进位，就必在低 4 位加 6 进行调整。计算机运算时，如果低 4 位往高 4 位有进位，则辅助进位 AF=1，所以，对这种情况进行调整时，只要把辅助进位作为判断依据就行了。

当对多个字节进行 BCD 码运算时，调整的原理是类似的。如果低位字节往高位字节产生进位，则 CF 为 1；而当 1 个字节中的低 4 位往高 4 位产生进位时，AF 为 1。十进制调整指令会根据 CF 和 AF 的值判断是否进行"加 6 调整"，并进行具体的调整操作。然后程序再对高位字节进行运算，并进行十进制调整。

上面就是对 BCD 码进行加、减和乘法运算时作十进制调整的原理和思想。对于 BCD 码的除法运算，十进制调整过程与此有所差别，将在后面再作说明。下面来具体说明 BCD 码的有关指令。

(一)BCD 码的加法十进制调整指令

对 BCD 码的加法进行十进制调整的指令有两条，即 AAA(ASCII Adjust for Addition)和 DAA (Decimal Adjust for Addition)。前者用于对两个非组合的 BCD 码相加后的结果进行调整，产生一个非组合的 BCD 码；后者用于对两个组合的 BCD 码相加结果进行调整，产生一个组合的 BCD 码。这两条指令使用时，都紧跟在加法指令之后，对 BCD 码加法运算结果进行调整。

用非组合的 BCD 码时，1 个字节只用低 4 位来表示 1 位 BCD 码，高 4 位为 0。比如用 00000111 表示 7，用 00000101 表示 5，这两个 BCD 码相加后，应为 12，即 AH 中为 0000001，而 AL 中为 00000010。但是，在调整之前，得到的结果为：

$$
\begin{array}{r}
00000111 \\
+\ 00000101 \\
\hline
00001100
\end{array}
$$

然后执行调整指令 AAA，因为低 4 位超过 9，所以调整时先往低 4 位加 6，以产生进位，即：

$$
\begin{array}{r}
00001100 \\
+\ 00000110 \\
\hline
00010010
\end{array}
$$

AL 的高 4 位为 1，使 AH+1→AH，即 AH 中为 00000001，然后，将 AL 中的内容与 0FH 相"与"，最后，AX 中得到非组合的 BGD 码 0000000100000010。

AAA 指令会影响标志位 AF 和 CF，但是 OF、PF、SF 和 ZF 在执行 AAA 指令后没有意义。

用组合的 BCD 时，1 个字节可以表示 2 位 BCD 码。两个组合的 BCD 数据相加后，用 DAA 指令进行调整，调整原理和 AAA 类似。DAA 指令会影响 AF、CF、PF、SF 和 ZF，而对 OF 来说，执行 DAA 指令后可为 0，也可为 1，但没有意义。

【例 3.3】 下面是一个对 2 个 8 字节长的组合的 BCD 码数据进行相加，设第一个数据在 1000H 开始的 8 个内存单元中，第二个数据在 2000H 开始的 8 个内存单元中，要求相加之后将结果放在 2000H 开始的内存区域。具体程序段如下：

```
        MOV   SI,  1000H    ;SI 指向第一个数据
        MOV   DI,  2000H    ;DI 指向第二个数据共有 8 个字节长
        MOV   CX,  8        ;8 个字节长
        CLC                 ;清除进位标志
LOOP1:  MOV   AL,[SI]       ;取第一个数据的 1 个字节
        ADC   AL,[DI]       ;加上第二个数据的相应字节
        DAA                 ;对相加结果进行十进制调整
        MOV   [DI], AL      ;存到指定的内存区域
        INC   SI            ;指向下一个字节
        INC   DI            ;指向下一个字节
        DEC   CX            ;计数器减 1
        JNZ   LOOP1         ;若未算完,则继续;否则作其他操作
```

(二)BCD 码的减法十进制调整指令

对 BCD 码数据进行减法运算后进行调整的指令也有两条，它们分别为 AAS(ASCII Adjust for Substraction)和 DAS(Decimal Adjust for Substraction)。前者对两个非组合的 BCD 码数据的相减结果进行调整，产生一个非组合的 BCD 码形式的差。后者对两个组合的 BCD 码数据的相减结果进行调整，得到一个组合的 BCD 码的差。

使用时，AAS 和 DAS 指令也是紧跟在减法指令的后面。AAS 和 AAA 的功能类似，对标志位的影响也和 AAA 指令相同，即影响 AF、CF，但 OF、PF、SF 和 ZF 在执行 AAS 指令后不确定。

DAS 指令则和 DAA 指令的功能类似，此指令也影响 AF、CF、PF、SF 和 ZF，但 OF 标志在执行 DAS 后没有意义。

(三)BCD 码的乘法十进制调整指令

对 BCD 码数据进行乘法运算时，要求乘数和被乘数都用非组合的 BCD 码来表示，否则得到的结果将无法调整。由于这个道理，8086 指令系统中只提供了对于非组合的 BCD 码相乘结果的十进制调整指令 AAM(ASCII Adjust for Multiply)。

AAM 指令也是紧跟在乘法指令 MUL 之后的，它对两个非组合的 BCD 码相乘结果进行调整，最后得到一个正确的非组合的 BCD 码结果。例如：AL=00011100B，执行 AMM 后 AH=00000010，AL=00001000，即得到一个非组合十进制数 28。

注意，BCD 码总是作为无符号数看待的，所以相乘时用 MUL 指令，而不用 IMUL 指令。

利用 AAM 指令，可以方便地将 AL 中小于 100 的二进制数直接转换成非组合十进制数。

【例 3.4】 将 AL 中的二进制结果(值小于 100)以十进制形式显示在屏幕上。程序如下：

```
AAM              ;AH 中得到十位上的非组合 BCD 数,AL 中得到个位上的非组合 BCD 数
MOV  BL,AL
OR   AH,30H      ;十位 BCD 变成 ASCII 码
MOV  DL,AH
MOV  AH,2
INT  21H         ;输出显示十位值
OR   BL,30H      ;个位 BCD 变成 ASCII 码
MOV  DL,BL
MOV  AH,2
INT  21H         ;输出显示个位值
```

(四)BCD 码的除法十进制调整指令

对 BCD 码进行除法十进制调整的指令为 AAD(ASCII Adjust for Division)。对 BCD 码进行除法运算时,也要求除数和被除数都用非组合的 BCD 码形式来表示,这是与对 BCD 码乘法的要求类似的地方。这里要特别注意一点,对 BCD 码除法运算的调整是在进行除法之前,通过对除数和被除数进行调整来实现的。

对除数和被除数的调整过程本身比较简单。比如,一个数据为 65,用非组合的 BCD 码表示,则 AH 中为 00000110,AL 中为 00000101,调整时执行 AAD 指令,这条指令将 AH 中的内容乘以 10,再加到 AL 中,这样,得到的结果为 41H。

二、乘除法指令的理解

为什么要对无符号数和有符号数提供两种不同的乘法指令呢?看一个简单的例子。

例:3×(-2)=-6,因机器中带符号数用补码表示,-2 被表示为 1110,因此有:

$$
\begin{array}{r}
0011 \\
\times\ 1110 \\
\hline
00101010
\end{array}
= 2AH\ 即\ 42
$$

再看一个式子:3×14=42(2AH),计算如下:

$$
\begin{array}{r}
0011 \\
\times\ 1110 \\
\hline
00101010
\end{array}
= 2AH\ 即\ 42
$$

两个不同的数相乘,却得到相同的结果。对 3×14 来说是正确的,但对于 3×(-2)却是错误的。如果用另一种方法来计算,即先将-2 去掉符号位,计算 3×2 后,再添上符号位,即取结果的补码。则为:

$$
\begin{array}{r}
0011 \\
0010 \\
\hline
00000110
\end{array}
$$

再取补码得:11111010 =FAH = -6。

这个结果对于 3×(-2)是正确的,但对于 3×14 是错误的。

可见，在执行乘法运算时，要想使无符号数相乘得正确的结果，则在做有符号数相乘时，就得不到正确结果；反之亦然。为了使两种情况下分别获得正确的结果，于是8086/8088 对无符号数相乘和有符号数相乘提供了不同的乘法指令 MUL 及 IMUL。实际上，3×14 例子中体现的就是 MUL 指令的执行过程，而 3×(-2)的例子中体现的就是 IMUL 指令的执行过程。

IMUL 指令的执行过程如下。

(1) 将参加乘法运算的数取补(NEG)，使负数变为正数。

(2) 进行二进制乘法运算。

(3) 将运算结果(积)再取补。

对于除法运算，也有同样的情况。因此，8086/8088 指令系统中也有对无符号数的除法指令和对有符号数的除法指令。

8086/8088 执行除法运算时，规定除数必须为被除数的一半字长，即被除数为 16 位，除数为 8 位，被除数为 32 位时，除数为 16 位。16 位的被除数放在 AX 中，当被除数为 32 位时，则放在 DX 和 AX 中，DX 中放高 16 位，AX 中放低 16 位，即把 DX 看成是 AX 的扩展。指令格式中给出的是除数的长度和形式，计算机根据给定的除数为 8 位还是 16 位来确定被除数为 16 位还是 32 位。

被除数为 16 位，除数为 8 位时，得到 8 位的商放在 AL 中，8 位的余数放在 AH 中。当被除数为 32 位，除数为 16 位时，得到 16 位的商放在 AX 中，16 位的余数放在 DX 中。

对除法指令，有几点需要指出。

(1) 除法运算后，标志位 AF、CF、OF、PF、SF 和 ZF 都是不确定的，也就是说，它们或为 0，或为 1，但都没有意义。

(2) 用 IDIV 指令时，如果是一个双字除以一个字，则商的范围为-32768~+32767，如果是一个字除以一个字节，则商的范围为-128~+127。如果超出了这个范围，那么，会作为除数为 0 的情况来处理，即产生 0 号中断(除法错)，而不是按照通常的想法使溢出标志 OF 置 1。因此要求除数必须足够大。

(3) 在对有符号数进行除法运算时，比如-30 除以+8，可以得到商为-4，余数为+2，也可以得到商为-3，余数为-6。这两种结果都是正确的，前一种情况的余数为正数，后一种情况的余数为负数。8086/8088 指令系统中规定余数的符号和被除数的符号相同，因此，对这个例子，会得到后一种结果。

(4) 除法运算时，要求用 16 位数除以 8 位数，或者用 32 位数除以 16 位数，当被除数只有 8 位时，必须将此 8 位数据放在 AL 中，并对高 8 位 AH 进行扩展。同样，当被除数只有 16 位，而除数也为 16 位时，必须将 16 位被除数放在 AX 中，并对高 16 位 DX 进行扩展。如果在这些情况下，没有对 AH 或 DX 进行扩展，那就会得到错误的结果。

对无符号数相除来说，AH 和 DX 的扩展很简单，只要将这两个寄存器清 0 就行了。对有符号数相除来说，AH 和 DX 的扩展就是低位字节或低位字的符号扩展，即把 AL 中的最高位扩展到 AH 的 8 位中，或者把 AX 中的最高位扩展到 DX 的 16 位中。

为此，8086/8088 指令系统提供了专用于对有符号数进行符号扩展的指令 CBW 和 CWD。

三、逻辑运算与移位指令的应用

在程序设计中，逻辑运算指令的使用频度较高，要灵活地使用好逻辑运算指令，首先要掌握各种逻辑运算的规律。

(一)自身相与或者相或不变

这个规律常有如下应用：

```
AND  AX,AX
OR   BX,BX
```

类似这样的指令常用于如下两种情况。

(1) 在多字节运算前清进位标志。

(2) 在不改变寄存器的值的情况下，为其后的转移判断指令设置标位状态，当然这种情况可以使用测试指令 TEST。

(二)自身异或清 0

如：

```
XOR CX,CX
```

该指令常在初始化时使某个寄存器清零，同时使进位标志 CF=0(也使 OF=0)。

(三)和 0 相与的位清 0，和 1 相与的位不变

这个规律常用在对某一个数据，使它的某些位清 0，使某些位不变的场合。如：

```
AND AL,0FH
```

该语句使 AL 高 4 位清 0，而低 4 位保持不变，再如，要使 AL 中 8 位数据的 D3、D4 位清 0，而其余位不变，可以使用语句：

```
AND AL,0E7H
```

这里 0E7H 叫作掩码。

(四)和 1 相或的位置 1，和 0 相或的位不变

这个规律常用来使一个数据的某些位置 1，其他位不变的场合。例如，将 AL 的 D3、D4 位置 1，其余位不变，可以使用语句"OR AL,18H"来完成。

和 1 异或的位取反，和 0 异或的位不变。这个规律常用在使一个数据的某些位取反，其他位不变的场合。例如，将 AL 中数据的 D3、D4 位取反，其余位不变，可以使用下述语句实现：

```
XOR AL,18H
```

【例 3.5】 编程将 AL 中的第 i，i+1 位写入 MEM 字节第 i，i +1 位，其他位的内容不变。

参考答案：

```
MOV    CL,i
MOV    BL,3H
SHL    BL,CL    ;形成掩码
AND    AL,BL
```

```
        NOT    BL
        AND    MEM,BL
        OR     MEM,AL
```

【例 3.6】 DX:AX 中的双字逻辑左移 1 位。

分析：移位指令只能对字节或字操作。对多字长数据的移位，就要多次使用移位指令。但每次移位，都要丢失 1 位被移出的数据。解决的办法是：第一次使用移位指令，其后使用带进位的循环指令。

参考程序：

```
        SHL    AX,1
        RCL    DX,1
```

【例 3.7】 把 DX:AX 中的双字逻辑左移 4 位。

参考程序：

```
        MOV    CL,4
L:      SHL    AX,1
        RCL    DX,1
        DEC    CL
        JNZ    L
```

【例 3.8】 编程将 AL 中的第 7 位和第 0 位，第 6 位和第 1 位，第 5 位和第 2 位，第 4 位和第 3 位互换。

参考程序：

```
        MOV    AH,0
        MOV    CX,8
L:      SHL    AL,1
        RCR    AH,1
        LOOP   L
        MOV    AL,AH
```

【例 3.9】 编程将 AL 中的两位压缩的 BCD 码分解成非压缩 BCD 码分别存入 DH 和 DL 中。

参考程序：

```
        MOV    BL,AL
        MOV    CL,4
        SHR    BL,CL      ;将高位 BCD 码移至低位
        MOV    DH,BL      ;存高位 BCD 码
        AND    AL,0FH     ;取低位 BCD 码
        MOV    DL,AL      ;存低位 BCD 码
```

另外，还有一种更简单的方法能实现以上功能：

```
        MOV    AH,0
        MOV    CL,16
        DIV    CL         ;AX/16,AL←商,AH←余数
        MOV    DH,AL      ;存高位 BCD 码
        MOV    DL,AH      ;存低位 BCD 码
```

四、指令对标志位的影响

掌握每一条指令对标志位的影响，对程序设计是非常重要的。现将指令执行后对标志位的影响做一下总结。

(一)指令对标志位的影响

除算术运算指令、逻辑运算指令、移位和循环移位指令影响标志位外，其他指令一般对标志位无影响。

有些指令对标志位的影响有特殊的规定，具体如下。

(1) 在算术运算指令中，除法指令不产生有效的标志；乘法指令仅影响 CF 和 OF，而其他状态标志位无效；加 1 指令 INC 和减 1 指令 DEC 不影响进位标志 CF，这一点需要特别注意。

(2) 逻辑运算指令除 NOT 外，都使进位标志 CF 和溢出标志 OF 为 0。

(3) 循环指令仅影响进位标志 CF 和溢出标志 OF。

(4) 串操作指令中仅 CMPS 和 SCAS 两条指令影响标志位，这两条指令可视为算术类指令。

(二)状态标志位的变化规律

(1) 符号标志 SF：总是和运行结果的最高位的状态一致。

(2) 零标志 ZF：运行结果为 0，ZF=1；否则 ZF=0。

(3) 奇偶标志 PF：结果的低 8 位有偶数个 1，PF=1；否则为 0。

(4) 溢出标志 OF：算术运算类指令执行后，当结果的最高位与参加运算的数据的最高位不一致时，OF=1，否则 OF=0。

特殊情况：
- 乘法指令，当乘积的高半部分不为 0 时 OF=1，否则为 0，对除法指令 OF 无效。
- 移位与循环指令执行后，最高位状态若改变 OF=1；否则为 0。
- 逻辑运算指令总是使 OF=0。

(5) 进位标志 CF：算术运算指令执行后，若产生进位或借位，CF=1；否则为 0。但 INC 与 DEC 不影响该标志。

特殊情况：
- 取补指令 NEG 使 CF=1，仅当对 0 取补时 CF=0。
- 乘法指令当乘积的高半部分不为 0 时，CF=1；否则为 0。这一点和 OF 相同，对除法指令 CF 无效。
- 逻辑运算指令总使 CF=0，但 NOT 指令例外，它不影响任何标志。
- 移位与循环指令执行后，CF 等于移入位的状态。

寻址方式与指令系统.ppt

第四章 汇 编 语 言

学习要点及目标

- 了解汇编语言指令语句和伪指令语句的格式、功能区别，了解汇编语言程序的结构、格式。
- 掌握常数、变量、标号、段名、过程名等汇编语言的数据表示方法、汇编语言符号的定义。
- 掌握汇编语言各种运算符的使用。
- 理解逻辑段的概念、逻辑段的定义和逻辑段的指定。
- 掌握常用的伪指令的格式和使用方法。

核心概念

指令语句 伪指令语句 宏指令语句

通过一个简单的程序例子来观察汇编语言程序的结构和语句的格式：

```
DSEG    SEGMENT                                  ;数据段开始
DATA1   DB      1AH,24H                          ;定义原始数据
DATA2   DW      0                                ;保存结果单元
DSEG    ENDS                                     ;数据段结束
SSEG    SEGMENT   STACK                          ;堆栈段开始
SKTOP   DB      40 DUP (0)                       ;定义堆栈空间
SSEG    ENDS                                     ;堆栈段结束
CSEG    SEGMENT                                  ;代码段开始
        ASSUME  CS:CSEG, DS:DSEG SS:SSEG         ;段指定
START:  MOV     AX ,DSEG                         ;初始化数据段基址
        MOV     DS ,AX
        MOV     AL , DATA1                       ;取第一个数据
        ADD     AL , DATA1+1                     ;与第二个数据相加
        MOV     BYTE PTR DATA2, AL               ;保存结果
        MOV     AH ,4CH                          ;程序结束退出
        INT     21H
CSEG    ENDS                                     ;代码段结束
        END     START                            ;源程序结束
```

从上面的程序例子可以看出，汇编语言源程序是若干汇编语言语句的有序集合。每个语句单独占一行，最后以行终止符(回车符)结束。该程序中用黑体表示的内容是伪指令。

如果第三章讲述的是 8086/8088 汇编语言的句法，那么本章讲述的就是汇编语言的语法。本章讲述的内容是理解和掌握汇编语言的基础，主要讲述语句的种类及格式；汇编语言中使用的数据、符号及运算符；程序的段结构及常用伪指令等。

第一节　汇编语言语句的种类及格式

一、语句种类

一个汇编语言源程序中可以有 3 种语句。

(1) 指令语句：汇编时产生一个可供机器执行的目标代码，因此又叫可执行语句。

(2) 伪指令语句：汇编时不产生目标代码。这种语句是说明如何对源程序进行汇编的命令语句，也叫非执行语句，上面程序例子中用黑体表示的语句是伪指令语句。

(3) 宏指令语句：是通过宏定义，用一个名字代表一段程序，这个名字就是宏指令，有关宏的指令语句将在第九章中讨论。

汇编指令格式与操作数.mp4

二、语句格式

从前面的汇编语言程序例子看出，每个语句最多由 4 个域组成，一般格式如下：

指令语句：　［标号:］　　操作符　　操作数　　［;注释］
伪指令语句：　［名字］　　伪指令符　　参数　　　［;注释］
　　　　　　　标识符域　　操作符域　　操作数域　　注释域

其中，标识符域和注释域是可选的，其有无视需要而定。而操作数域中，操作数或参数的有无及多少因指令或伪指令不同而异。

(一) 标识符号

指令语句中的标号和伪指令语句中的名字统称为标识符号，简称标识符。它们是程序语句中唯一可由编程者自己根据标识符组成规则定义的符号。

1. 标识符的组成规则

(1) 组成标识符的字符：大小写英文字母，数字 0~9，"？"，"、"，"@"，"$" 和下画线 "＿"。

(2) 标识符最大长度为 31 个字符。

(3) 数字不能打头。

(4) 不能使用系统专用保留字(Reserved Word)。保留字是 CPU 中各寄存器名、指令符、伪指令符以及表达式中的各种运算符等。

2. 标号

这是指令语句中的任选字段。如果一条语句中定义标号，必须以"："作为结束符。一个标号是一条指令的符号地址，它代表该指令的第一个字节地址。因此，一个程序段或子程序的入口处，通常设置一个标号。当程序需要转入该程序时，在转移指令或调用子程序指令中，可直接引用这个标号。

3. 名字

这是伪指令语句中的一个任选字段。名字后面不得使用冒号"："，这是它与指令语句突出的一个区别。不同的伪指令，名字可以是常量名、变量名、段名、过程名、结构名、记录名等。它们可以作为指令语句和伪指令语句的操作数，这时，名字就表示一个数值量或存储器地址。

(二) 操作符

指令操作符和伪指令符是语句中不可省略的主要成分。指令操作符就是指令的助记符，如 MOV、ADD、SHL 等，它表示该语句要求 CPU 完成的具体操作。伪指令符可以是数据定义伪指令、段定义伪指令、过程定义伪指令、程序连接伪指令等，它们是要求汇编程序在对源程序进行汇编时进行何种操作的命令。

(三) 操作数和参数

指令语句的操作数是指令操作的对象。不同的指令，要求的操作数个数不同，可以是一个、两个或无操作数。伪指令语句参数的个数也因不同的伪指令而异，这些参数可以是一个常数、字符串，以及一些专用符号等，它们是伪指令语句命令的类型及命令格式等说明参数。有时伪指令的参数可以省略。

(四) 注释字段

这是一个任选字段。注释字段必须以分号"；"开始，它可对程序或指令加以注解，提高程序的可读性。当需要作较多的文字说明时，注释可以独占一行或多行，但每行第一个有效字符必须是分号。注释字段的内容不影响程序和指令的功能，它也不出现在机器目标代码中。

第二节　汇编语言的数据

数据是指令和伪指令语句中操作数和参数的基本组成部分。一个数据包含它的数值和属性两部分，这两部分对一条语句汇编成机器目标代码都有直接关系。通常，汇编语言能识别的数据有：常数和标识符号(变量、标号、段名、过程名等)。此外，8086/8088 汇编语言还支持结构数据。

一、常数

常数是没有任何属性的纯数值。在汇编期间，它的值已能完全确定，且在程序运行中也不会发生变化。

(一)常数的类型

汇编语言源程序中允许使用的常数有以下类型。

(1) 二进制数：以字母 B 结尾的 0 和 1 组成的数字序列，如 01011101B。

(2) 八进制数：以字母 O 或 Q 结尾的 0~7 数字序列，如 723Q，377O。

(3) 十进制数：0~9 数字序列，可以用字母 D 结尾，也可以没有结尾字母，如 2000，2000D，110.11。

(4) 十六进制数：以字母 H 结尾的 0~9 和 A~F(或 a~f)的数字字母序列，如 3A40H，0FH。为了区别由 A~F(或 a~f)组成的一个十六进制数不是一个标识符，凡以字母 A~F(或 a~f)为起始的一个十六进制数，必须在前面冠以数字 0，否则汇编程序认作标识符。

(5) 实数：实数包含整数、小数和指数 3 个部分。这是计算机中的浮点表示法。实数一般以十进制数的形式给出，格式为：

±整数部分.小数部分 E±指数部分

其中，整数部分和小数部分形成这个数的值，称作尾数，它可以是带符号的数。指数部分由指数标识符 E 开始，它表示值的大小，如 5.391E-4。汇编程序在汇编源程序时，把实数转换为由 4 个字节、8 个字节或 10 个字节构成的二进制数形式存放。因此，必须用 DD、DQ 或 DT 来设置实数。

可以用十六进制数直接说明实数的二进制数编码形式，这个十六进制数必须以 0~9 为起始，且不带符号。最后要用实数标识符 R 表示。

(6) 字符串常数：用引号括起来的一个或多个字符。这些字符用它的 ASCII 码形式存储在内存中。如 A，在内存中就是 41H，AB 是 41H42H。

(二)常数的使用

在程序中，常数的使用有以下几种情况。

(1) 在指令语句中作源操作数(立即数)，它应与目的操作数的位数相一致，可以是 8 位或 16 位二进制数。如：

```
MOV    AX,0AB37H
ADD    DL,63H
```

(2) 在指令语句的基址寻址方式、变址寻址方式或基址变址寻址方式中作位移量。如：

```
MOV    AX,[SI+42H]
MOV    0ABH[BX],CX
ADC    DX,1234H[BP][DI]
```

(3) 在数据定义伪指令中作参数。如：

```
DB     12H         ;定义一个字节数据
DW     1234H       ;定义一个字数据
DD     12345678H   ;定义一个双字数据
DB     'ABCD'      ;定义 4 个字节的字符串数据
```

二、变量

变量代表存放在某些存储单元的数据，这些数据在程序运行期间随时可以修改。为了便于对变量的访问，它常常以变量名的形式出现在程序中。变量名是存放数据的存储单元的符号地址。

(一)变量的定义与预置

定义变量就是给变量分配存储单元，且为这个存储单元赋予一个名字——变量名，同时将这些存储单元预置初值。

定义变量是用数据定义伪指令 DB、DW、DD 等(有关定义 6 字节的 DF，定义 8 字节的 DQ，定义 10 字节的 DT 伪指令，读者需要时，可查阅有关资料)。用这种伪指令构成的语句格式是：

$$[\text{变量名}] \left\{ \begin{array}{l} \text{DB} \\ \text{DW} \\ \text{DD} \end{array} \right\} \text{表达式 1,表达式 2,}\cdots$$

其中 DB 为定义字节伪指令(Define Byte)，DW 为定义字伪指令(Define Word)，DD 为定义双字伪指令(Define Double Word)。表达式是给变量预置的初值，可以是下述情况之一。

(1) 数值表达式：数值允许用二进制、八进制、十进制、十六进制形式书写。

(2) ？：表示不预置确定的值。

(3) 字符串表达式：用引号括起来的不超过 255 个字符或其他 ASCII 码符号。DB 伪指令将按顺序为字符串中的每一个字符或符号分配一个字节单元，存放它们的 ASCII 编码，但 DB 以外的数据定义伪指令只允许定义最多 2 个字符的字符串，且按逆序存放在低地址开始的单元。

(4) 带 DUP 操作符的表达式：DUP(Dup location)是定义重复数据操作符，它的使用格式是：

```
      N  DUP  (Exp)
```

N 为重复次数，EXP 为表达式。

例：
```
DATA1   DB   25,25H,10011010B
DATA2   DB   2 DUP(2 DUP(4),15),?,20H
DATA3   DB   3*5,48H,14,'AB'
DATA4   DW   ?,-32768,'CD'
DATA5   DD   80000000H,36.625
```

上述语句汇编后内存分配情况如图 4-1 所示。

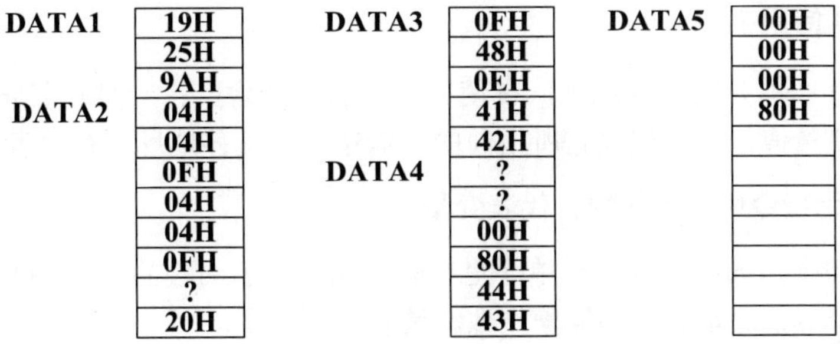

```
     DATA1   19H      DATA3   0FH      DATA5   00H
             25H              48H              00H
             9AH              0EH              00H
     DATA2   04H              41H              80H
             04H              42H
             0FH      DATA4   ?
             04H              ?
             04H              00H
             0FH              80H
             ?                44H
             20H              43H
```

图 4-1 变量内存分配示意

(二)变量的属性

经过定义的每个变量均具有 3 个属性。

1. 段属性(SEG)

变量是在某个段中被定义的，因此，它具有这个段的属性。这好比学生具有班级属性，职工具有单位属性一样。变量的段属性值就是变量所在段的段基值。可以通过在变量名前面冠以一个段属性值运算符(SEG)来取得变量的段属性值。

例如：

```
MOV AX,SEG DATA1
```

这条语句传送到 AX 中的不是变量 DATA1 的值，而是它的段属性值，即 DATA1 所在段的段基值。

2. 偏移量属性(OFFSET)

变量的偏移量属性表示它在逻辑段中离段起始点的字节数(这好比学生具有学号属性)，其属性值就是变量的偏移地址。例如图 4-1 中，若变量 DATA1 的偏移量为 0，那么 DATA2 的偏移量就为 3，DATA3 的偏移量为 0BH。

同样，变量的偏移量属性值可以通过偏移值属性运算符(OFFSET)取得。

段和偏移量两个属性构造了变量的逻辑地址。

3. 类型属性(TYPE)

类型属性表示变量占用存储单元的字节数。这一属性是由数据定义伪指令 DB、DW、DD 来规定的。变量 DATA1、DATA2、DATA3 是用 DB 定义的，它的类型属性为字节；而 DATA4 是用 DW 定义的，类型属性为字；若用 DD 定义，类型属性为双字(即 4 个字节)。

要取得变量的某一属性值，可以使用相应的运算符完成。

变量的类型属性值如表 4-1 所示。

表 4-1 变量的类型属性值

类型属性	字节类型 (BYTE)	字类型 (WORD)	双字类型 (DWORD)	四字类型 (QWORD)	十字节类型 (TBYTE)
属性值	1	2	4	8	10

(三)变量的使用

变量名是存储单元的符号地址,在使用中具有两个含义:一是代表它所指向的存储单元的内容,即变量值;二是代表它所指向的存储单元的偏移地址。初学者务必加以区别。

1. 变量作为指令中的操作数,代表变量值

在指令语句中,如要对某存储单元进行存取操作,就可以直接引用它的变量名作操作数,它等同一个直接寻址的存储器操作数。请看下面例子:

```
DA1    DB    0FEH  57H
DA2    DW    1234H,5678H
  ...
MOV    AL, DA1
MOV    DL, DA1+1
MOV    BX, DA2
MOV    CX, DA2+2
```

上述第一条传送指令是把符号地址 DA1 指向的存储单元的内容 0FEH(即变量 DA1 的值)传送给 AL,第二条传送指令是把 DA1+1 存储单元的内容 57H 即变量 DA1 的第二个元素值传送给 DL。千万不要理解为把变量 DA1 的值 0FEH 加 1 后传送给 DL,因为变量名是地址符号,而不是数值的符号。第三条传送指令送入 BX 的内容是 1234H,第四条传送指令送入 CX 的值是 5678H。

2. 变量出现在伪指令的参数中或指令语句寻址方式表达式中时,代表变量偏移地址

在许多指令语句中,无论在源操作数还是目的操作数中,常采用寄存器间接寻址(基址寻址、变址寻址或基址加变址寻址)方式。这时,在寻址方式表达式中引用一个变量名就是取用它的偏移量。

例如:

```
DA3    DB    10H  DUP(?)
DA4    DW    10H  DUP(1)
         ...
       MOV   DA3[SI],AL
       ADD   DX,DA4[BX][DI]
```

第一条传送指令的目的操作数地址是 DA3 的偏移量加上寄存器 SI 的内容。而第二条传送指令的源操作数的地址是 DA4 的偏移量加上寄存器 BX 和 DI 的内容之和。

变量也可以作为伪指令的参数。例如:

```
NUM     DB   75H
ARRAY   DW   20H DUP(0)
ADR1    DW   NUM
ADR2    DD   NUM
```

上述示例中,前两个语句定义并预置了简单变量 NUM 和数组变量 ARRAY。后两个语句虽然也使用数据定义伪指令,定义了两个变量 ADR1 和 ADR2,但是这些伪指令参数字段的表达式是引用的另一变量名。这时变量 ADR1 和 ADR2 的值(即存储单元的内容)均

是被引用变量名的地址——它的段基值和偏移量。如用 DW，则仅有变量的偏移量；如用 DD，则前两个字节存放偏移量，后两个字节存放段基值。假设上述语句所在段的段基值为 0915H，NUM 的偏移量为 0004H，则变量 ADR1 的值为 0004H，ADR2 的值为 09150004H。

三、标号

标号是一条指令目标代码的符号地址，它常作为转移指令(含子程序调用指令)的操作数。例如：

```
LOP1:     …
          LOOP   LOP1
          …
          JNE    NEXT
          …
NEXT:     …
```

与变量类似，每个标号亦具有 3 个属性。

1. 段属性(SEG)

该属性表示标号所在的逻辑段。

2. 偏移量属性(OFFSET)

该属性表示标号指示的这条指令目标代码的首字节在段内离段起始点的字节数。
同样，上述两个属性构造了标号指示的指令目标代码首字节的逻辑地址。

3. 类型属性(TYPE)

该属性表示本标号可作为段内或段间的转移特性。标号的类型属性分为两种。
(1) NEAR(近)：本标号只能被标号所在段的转移和调用指令所访问(即段内转移)。
(2) FAR(远)：本标号可被其他段的转移和调用指令所访问(即段间转移)。
标号的类型属性值是：NEAR 为-1，FAR 为-2。它们可通过属性值返回运算符 TYPE 得到。

四、段名和过程名

段名是段定义伪指令 SEGMENT 前面引入的名字，过程名是过程定义伪指令 PROC 前面引入的名字。段名用作指令的操作数时，代表其段值，属于立即操作数，过程名用于调用语句的操作数，代表过程的起始(执行入口)地址。

第三节 汇编语言的符号

在编制源程序时，程序设计人员常把某些常数、表达式等用一自定义的符号表示，这样，为编写程序带来许多方便。

为了让程序设计人员能够自己进行符号定义，汇编语言提供了两条符号定义伪指令。

一、等值语句

格式：符号　EQU　表达式

功能：为表达式或其他符号定义一个等价的符号。但不申请分配存储单元。其主要用法如下。

（1）为常数或数值定义一个符号。例如：

```
COUNT    EQU      5
NUM      EQU      13+5- 4
```

（2）为地址表达式定义一个符号。例如：

```
ADR1     EQU      DS:[BP+14]
```

（3）为变量、标号或指令助记符定义一个符号。例如：

```
CREG     EQU      CX
BCD      EOU      DAA
L1       EQU      SUBSTART
WO       EQU      WORD PTR DA_BYTE
```

注意：

（1）等值语句仅在汇编源程序时，作为替代符号用，不产生任何目标代码，也不占用存储单元。因此，等值语句左边的符号没有段、偏移量和类型 3 个属性。

（2）在同一源程序中，同一符号不能用 EQU 伪指令重新定义。例如：

```
NUM      EQU      10H
NUM      EQU      20H
```

第二条 EQU 语句因符号重新定义而出现语法错误。

二、等号语句

格式：符号 = 表达式

功能：与等值语句 EQU 相同。但是等号语句可以重新定义符号。

例如：

```
CONT = 5
NUM = 14H
   …
NUM = NUM+10H
```

第四节　汇编语言运算符

运算符用来构成表达式。汇编语言指令语句的操作数和伪指令语句中的参数常以表达式的形式出现。表达式是由常数、变量、标号等通过运算符连接而成的。任一表达式的值是在程序汇编过程中进行计算确定的，而不是在程序运行时求得的。

8086/8088 宏汇编语言运算符分为：算术运算符、逻辑运算符、关系运算符、属性值返回运算符和属性修改运算符。

一、算术运算符

表 4-2 列出了算术运算符。表中所列出的前两个运算符，是属于单项运算符，仅表示数的正负。+、-、*、/ 运算是最常用的运算符，参加运算的数和运算的结果均是整数。除法运算的结果只取商的整数部分。而 MOD 运算符是进行整数除法，运算结果只取它的余数部分。

汇编语言的运算符.mp4

例如：

```
NUM = 15*8                  ;NUM=120
NUM = NUM / 7               ;NUM=17
NUM = NUM MOD 3             ;NUM=2
NUM = NUM+5                 ;NUM=7
NUM = -NUM-3                ;NUM=-10
NUM = -NUM-NUM              ;NUM=20
ORG   30H                   ;下面数据的起始偏移量为 30H
DATA1 DB   56H,'ABCD'
DATA2 DW   1234H ,'EF'
CONT = DATA2-DATA1;36H-30H=6
DATA3 = DATA2+2
```

表 4-2　算术运算符

运 算 符	语　　法	运　　算
+	+ 表达式	正数(单向运算符)
-	- 表达式	负数(单向运算符)
*	表达式 1 * 表达式 2	乘法
/	表达式 1 / 表达式 2	除法
MOD	表达式 1 MOD 表达式 2	模除(求余数)
+	表达式 1 + 表达式 2	加法
-	表达式 1 - 表达式 2	减法
SHR	表达式 SHR 次数	右移
SHL	表达式 SHL 次数	左移
[ ]	表达式 1[表达式 2]	下标操作符

上面的例子中 CONT 是两个变量的偏移量相减，其结果正是以 DATA1 为首地址占用的 6 个字节单元数。而 DATA3 是 DATA2 偏移量加 2，形成一个新的偏移量 38H，正好指向存放字符串"EF"的首址。

表 4-2 中后面两个运算符是进行逻辑移位。SHR 进行右移时，最左边以 0 填之；SHL 进行左移时，最右边以 0 填之。移位的位数由运算符 SHR/SHL 右边的次数确定。如次数大于等于 16，则结果恒为零。移位运算符与移位指令是完全不相同的两回事。移位运算符

是对某一个具体的数(常数)在汇编时完成移位的,而移位指令是对一个寄存器或存储单元内容,在程序运行时执行移位的。根据它们在一条语句中出现的位置可以判断出它是移位运算符还是移位指令。例如:

```
NUM = 1101 1011B
    …
MOV     AX,NUM SHL 3
MOV     BX,NUM SHR 2
ADD     DX,NUM SHR 6
```

上述 3 条指令与下面 3 条指令一一对应等效:

```
MOV     AX,11011011000B
MOV     BX,00110110B
ADD     DX,3
```

表 4-2 最后一个是下标运算符,它对存取数组元素是很有用的。[ ]表示加法,把表达式 1 和表达式 2 相加后形成一个存储器操作数地址。如下面两语句是等价的:

```
MOV     AL,DA [20H]
MOV     AL,DA+20H
```

即源操作数是一个存储器操作数,其地址是 DA 的偏移地址加 20H。再例如下面 5 个语句是相互等价的:

```
MOV     AX,ARRAY[BX][SI]
MOV     AX,ARRAY[BX+SI]
MOV     AX,[ARRAY+BX][SI]
MOV     AX,[ARRAY+SI][BX]
MOV     AX,[ARRAY+BX+SI]
```

但是两个存储器操作数(如两个变量名)不能相加。下面几个语句都是错误的:

```
MOV     AX,ARRAY+BX+SI
MOV     AX,ARRAY+BX[SI]
MOV     AX,ARRAY+DA_WORD
```

二、逻辑运算符

表 4-3 列出了逻辑运算符,参加运算的数和运算的结果均是整数,逻辑运算是按位进行的。与移位运算符一样,逻辑运算符与逻辑运算指令是完全不同的两回事。例如:

```
MOV     AX,NOT 0F0H
MOV     AL,NOT 0F0H
MOV     BL,55H AND 0F0H
MOV     BH,55H OR  0F0H
MOV     CL,55H XOR 0F0H
```

上述指令与下面指令一一对应等效:

```
MOV     AX,0FF0FH
MOV     AL,0FH
```

```
MOV    BL,50H
MOV    BH,0F5H
MOV    CL,0A5H
```

表 4-3 逻辑运算符

运 算 符	使用格式	运　算
NOT	NOT 表达式	逻辑非
AND	表达式 1 AND 表达式 2	逻辑与
OR	表达式 1 OR 表达式 2	逻辑或
XOR	表达式 1 XOR 表达式 2	逻辑异或

三、关系运算符

表 4-4 列出了关系运算符。这些运算符是用于比较两个表达式的，表达式一定是常数或同段内的变量。若是常数，按无符号数比较。若是变量，则比较它们的偏移量。比较结果以真(全 1)、假(全 0)的形式给出。例如：

```
MOV    AX,0FH EQ 1111B
MOV    BX,0FH NE 1111B
```

与下面两条指令完全一一对应等效：

```
MOV    AX,0FFFFH:
MOV    BX, 0
```

设某数据段有：

```
VAR    DW    NUM LT 0ABH
```

在程序汇编时，若 NUM<0ABH，则变量 VAR 的内容为 0FFFFH，否则它的内容为 0。

表 4-4 关系运算符

运 算 符	使用格式	运　算
EQ	表达式 1 EQ 表达式 2	两表达式相等为真
NE	表达式 1 NE 表达式 2	两表达式不相等为真
LT	表达式 1 LT 表达式 2	表达式 1< 表达式 2 为真
LE	表达式 1 LE 表达式 2	表达式 1 ≤ 表达式 2 为真
GT	表达式 1 GT 表达式 2	表达式 1> 表达式 2 为真
GE	表达式 1 GE 表达式 2	表达式 1 ≥ 表达式 2 为真

四、属性值返回运算符

这种运算符共有 5 个，如表 4-5 所示。它们加在变量名或标号前，通过运算后得到(返回)一个属性值。

表 4-5 属性值返回运算符

运算符	使用格式	运算
SEG	SEG 变量/标号	返回变量或标号的段基址
OFFSET	OFFSET 变量/标号	返回变量或标号的偏移地址
TYPE	TYPE 变量/标号	返回变量或标号的类型属性值
LENGTH	LENGTH 变量/标号	返回变量的元素个数
SIZE	SIZE 变量/标号	返回变量的字节总数

1. SEG 运算符

SEG 为段值返回运算符。当 SEG 加在一个变量名或标号的前面时，得到的运算结果是这个变量或标号所在段的段基值。例如：

```
MOV    AX,SEG X1
MOV    BX,SEG ARRAY
```

如果变量 X1 所在段的段基值为 0915H，变量 ARRAY 所在段的段基值为 0947H，那么上面两条指令汇编后分别为：

```
MOV    AX,0915H
MOV    BX,0947H
```

由于任意一个段的段基值是 16 位二进制数，所以 SEG 运算符返回的数值也是 16 位二进制数。

2. OFFSET 运算符

OFFSET 为偏移值返回运算符。当该运算符加在一个变量名或标号前面时，将得到这个变量或标号在它段内的偏移量。例如：

```
MOV    SI,OFFSET KZ
```

设 KZ 在它段内的偏移量是 15H，那么这个指令汇编后就是：

```
MOV    SI,0015H
```

这个运算符十分有用。例如，现有以 ARRAY 为首址的字节数组，为了逐个字节进行某种操作。可以使用下面的程序段：

```
ARRAY   DB 20 H DUP(0)
        ...
        MOV    SI,OFFSET ARRAY
LOP:    MOV    AL,[SI]
          ⋮  }  对数组逐个字节进行操作
        INC    SI
        LOOP   LOP
        ...
```

在这段程序中,首先把数组变量的首字节偏移量送给 SI,把寄存器 SI 作为数组的地址指针。这样,在数组的逐个字节处理(即在 LOP 循环)中,使用寄存器间接寻址方式,每处理完一个字节,很方便地对地址指针 SI 进行修改,使它指向下一个字节。

当用 DW 或 DD 伪指令设置了某变量的地址指针后,这时程序设计人员为了获得变量的偏移量,既可以用 OFFSET 运算符,也可以直接取出地址指针。请分析下面的语句中 4 条 MOV 指令各自的含义和指令执行的结果。

```
VAR     DW   5A49H
ADDR    DW   VAR
        MOV  BX,VAR
        MOV  SI,OFFSET VAR
        MOV  DI,ADDR
        MOV  BP,OFFSET ADDR
```

3. TYPE 运算符

TYPE 为类型属性值返回运算符,是取变量或标号的类型属性值(变量和标号的类型属性值如前所述)。其中变量的类型值正好表示它们每个数据所占有的存储单元字节数。而标号的类型值没有什么物理意义。例如:

```
V1      DB   'ABCDE'
V2      DW   1234H,5678H
V3      DD   V2
        ...
        MOV  AL,TYPE V1
        MOV  CL,TYPE V2
        MOV  CH,TYPE V3
```

上述 3 条指令汇编后分别为:

```
        MOV  AL,01H
        MOV  CL,02H
        MOV  CH,04H
```

4. LENGTH 运算符

LENGTH 为变量的元素总和运算符。仅加在变量的前面,返回值表示数组变量的元素个数。如果变量是用重复数据操作符 DUP 说明的,则返回外层 DUP 给定的值;如果没有 DUP 说明,则返回的值总是 1。例如:

```
K1      DB   10H DUP(0)
K2      DB   10H,20H,30H,40H
K3      DW   20H DUP(0,1,20 DUP(2))
K4      DB   'ADCDEFGH'
        ...
        MOV  AL,LENGTH K1    ;AL = 10H
        MOV  BL,LENGTH K2    ;BL = 1
        MOV  CX,LENGTH K3    ;CX = 20H
        MOV  DX,LENGTH K4    ;DX = 1
```

5. SIZE 运算符

SIZE 为变量字节总和运算符。这个运算符仅加在变量的前面，表示数组变量所占的总字节数。返回值等于 LENGTH 和 TYPE 两个运算符返回值的乘积。例如，对于前面例子中 K1，K2，K3，K4 变量，下面指令就表示出 SIZE 运算符的返回值：

```
MOV    AL,SIZE K1        ;AL = 10H
MOV    BL,SIZE K2        ;BL = 1
MOV    CL,SIZE K3        ;CL = 40H
MOV    DL,SIZE K4        ;DL = 1
```

3 个运算符 TYPE，LENGTH，SIZE 对处理数组类型变量是很有用的。例如，为了实现某数组各元素的累加，而且从最后一个元素开始累加。可以编制如下程序段：

```
ARRAY   DW    40H  DUP(2)
        ...
        XOR   AX, AX
        MOV   CX, LENGTH ARRAY
        MOV   SI, SIZE ARRAY－TYPE ARRAY
NEXT:   ADD   AX,ARRAY[SI]
        SUB   SI,TYPE ARRAY
        LOOP  NEXT
        ...
```

在上述程序中，地址指针 SI 的设置是用 SIZE 和 TYPE 运算符计算确定的，使它指向数组的最后一个元素。CX 存放数组元素个数，供循环计数用。

注意：

LENGTH 和 SIZE 运算符仅加在变量前面，且这个变量必须是用 DUP 形式定义的；否则，它们仅返回一项数据的情况。

五、属性修改运算符

这种运算符是对变量、标号(过程名)、直接或寄存器间接寻址的存储器操作数的类型进行修改、指定。

(一)PTR 运算符

PTR 是类型属性修改运算符。

格式：类型　　PTR　　操作数

功能：将操作数强制修改为 PTR 左边给出的类型。这种修改是临时性的，仅在有 PTR 运算符的语句内有效。

说明：操作数是指要修改类型属性的标号、过程名、变量、直接或寄存器间接寻址的存储器操作数。类型可以是 BYTE、WORD、DWORD(操作数是变量、直接或寄存器间接寻址的存储器操作数时)或 NEAR、FAR 等(操作数是标号、过程名时)。

有两种情况需要使用 PTR 运算符。

(1) 由于编程需要，临时修改变量的类型属性。

例如：

```
DA_B    DB    20H  DUP(0)
DA_W    DW    30H  DUP(0)
```

```
        MOV     AX,WORD PTR DA_B
        ADD     BYTE PTR DA_W,BL
```

(2) 当指令语句中的操作数类型不明确时,用以明确操作类型。

例如,语句"INC [BX]"是错误的,因为在对该指令语句进行汇编时,不能确定[BX]指的是字节单元还是字单元。

再如,"SUB [SI],30H"这条语句也不能让汇编程序确定是进行字节减法还是字减法运算,因为常数 30H 是没有类型的,可以看成是八位数 30H,也可以看成是十六位数 0030H。

因此,这两条语句必须用 PTR 运算符对类型加以明确,否则在汇编源程序时将会产生语法错误。上述两条语句可修改如下:

```
        INC     BYTE PTR [BX]
        SUB     WORD PTR [SI],30H
```

从上述例子可以看出,常数、直接或寄存器间接寻址的存储器操作数类型都是不明确的。在一条指令语句中如果只有一个操作数,其类型必须明确;如果有两个操作数,只要有一个类型是明确的就可以,否则,必须使用 PTR 运算符明确类型。

(二)HIGH/LOW 运算符

这两个运算符叫字节分离运算符,用于分离运算对象的高字节和低字节部分。

格式: HIGH   表达式
　　　 LOW　　 表达式

表达式必须具有常量值,即一个常数或在汇编源程序时能确定的段/偏移量值的地址表达式,HIGH/LOW 运算符用于分离出段/偏移量的高字节或低字节。例如:

```
DATA    SEGMENT
        ORG     $+20H
CONST   EQU     0ABCDH
        DA1     DB      10H DUP(0)
        DA2     DW      20H DUP(0)
DATA    ENDS
        MOV     AH,HIGH CONST
        MOV     AL,LOW  CONST
        MOV     BH,HIGH (OFFSET DA1)
        MOV     BL,LOW  (OFFSET DA2)
        MOV     CH,HIGH (SEG DA1)
        MOV     CL,LOW  (SEG DA2)
```

设 DATA 段的段基值是 0926H,那么上述几条指令汇编后分别为:

```
        MOV     AH,0ABH
        MOV     AL,0CDH
        MOV     BH,00H
        MOV     BL,30H
        MOV     CH,09H
        MOV     CL,26H
```

但是 HIGH/LOW 运算符不能用来分离某一个寄存器或存储器操作数内容的高字节/低字节。例如，下面的几条指令语句是错误的：

```
MOV     AH,HIGH  DA1
MOV     AL,LOW   DA2
MOV     BH,HIGH  AX
MOV     BL,LOW   SP
MOV     CH,HIGH  [SI]
MOV     CL,LOW   [DI]
```

六、运算符的优先级

当一个表达式中同时有几个运算符时，按运算符优先级顺序执行。运算符的优先级别如表 4-6 所示。其中，WIDTH、MASK 是记录中用的运算符。汇编源程序时按照以下规则计算表达式的值。

(1) 先执行优先级别高的运算。
(2) 优先级别相同的操作，从左至右顺序进行。
(3) 可以用圆括号改变运算的顺序。

例如下面两个表达式：

```
K1 = 10 OR 5 AND 1
K2 = (10 OR 5)AND 1
```

它们的值分别是：

```
K1=11  (0BH)
K2=1
```

表 4-6 运算符的优先级

优先级别	运 算 符
高 ↑ ↓ 低	LENGTH，WIDTH，SIZE，MASK，[ ]，( )，< > (记录中使用)
	.(结构域名操作符)
	PTR，OFFSET，SEG，TYPE
	HIGH，LOW
	+，-(单项运算符)
	*，/，MOD，SHL，SHR
	+,-
	EQ，NE，LT，LE，GT，GE
	NOT
	AND
	OR，XOR
其中 WIDTH，MASK 是记录中用的运算符	

第五节 程序中段的定义

在第二章中已经讲过，8086/8088 CPU 是以分段技术寻址 1MB 内存空间的，并在硬件上提供了 4 个段寄存器来支持段式存储技术。这就决定了汇编语言源程序也必须按段来构造程序。通常，一个程序由若干个逻辑段组成(至少要有一个段)。例如，设置一个数据段，把程序中要使用的常数、变量、字符串和准备存放数据的缓冲区等内容组织在该段中；设置一个代码段，把主程序或子程序写在该代码段中，等等。程序中各个段的设置是用段定义伪指令实现的。

程序逻辑段的定义.mp4

一、段定义伪指令

当程序中需要设置一个段时，就必须首先使用段定义伪指令来定义一个段。
格式：

   段名　SEGMENT　[定位类型] [组合类型] [类别名]

      ⋮　　　;本段语句序列 (程序或数据)

   段名　ENDS

功能：定义一个逻辑段。

说明：每一个段都以 SEGMENT 伪指令开始，以 ENDS 伪指令结束，它们是一个段的语句括号。段名是由用户自己定义的标识符，通常使用与本段用途相关的名字。如第一数据段 DATA1，第二数据段 DATA2，堆栈段 STACK1，代码段 CODE……一个段开始与结尾用的段名应一致。

定位类型、组合类型、类别名均为段属性说明参数，它们都是可选的，这些参数仅在多模块编程(详见第八章)时才是必要的，用以向连接程序说明各模块中的同名、同类别的段如何连接、组合在一起。

(一)定位类型

定位类型表示对段的起始边界的要求，它决定了段与段之间的衔接方式。可有如下 4 种选择。

(1) PAGE(页)。表示本段从一个页的边界开始。从存储器 0 号单元开始，一页为 256 个字节。所以段的起始地址一定能以 256 整除。这样，段起始地址(段基址)的最后 8 位二进制数一定为 0(也就是以 00H 结尾的地址)。

(2) PARA(节)。如果用户未选择定位类型，则隐含为 PARA。它表示本段从一个节的边界开始(一节为 16 个字节)。所以段的起始地址(即段基址)一定能被 16 整除。最后 4 位二进制数一定是 0，如 09150H，0AB30H 等。

(3) WORD(字)。表示本段从一个偶字节地址开始。即段起始单元地址的最后一位二进制数一定是 0，即以 0，2，4，6，8，A，C，E 结尾。

(4) BYTE(字节)。表示本段起始单元可从任一地址开始。

(二)组合(连接)类型

组合类型指定段与段之间是怎样组合的。该类型有如下 6 种可供选择。

(1) NONE：这是隐含选择。表示本段独立，与其他段无连接关系。在装入内存时，本段有自己的物理段，因而有自己的段基址。

(2) PUBLIC：公共连接。在满足定位类型的前提下，本段与同名、同类别并也说明为 PUBLIC 组合方式的段邻接在一起，形成一个新的段，公用一个段基址。所有偏移量调整为相对于新段的起始地址。

(3) COMMON：覆盖(重叠)连接。产生一个覆盖段。在两个模块连接时，把本段与其他也用 COMMON 说明的同名段置成相同的起始地址，共享相同的存储区。共享存储区的长度由同名中最大的段确定。

(4) STACK：公共连接堆栈段。把所有同名、同类别的段连接成一个连续段，且系统自动对段寄存器 SS 初始化为这个连续段的首址，并初始化堆栈指针 SP。用户程序中至少有一个段用 STACK 说明，否则需要用户程序自己初始化 SS 和 SP。

(5) AT n：绝对连接。n 为表达式，表示本段可定位在表达式所指定的节边界上。如 "AT 0930H"，表示本段从绝对地址 09300H 开始，但不能指定代码段。

(6) MEMORY：表示本段在存储器中应定位在所有其他段的最高地址。若有多个 MEMORY，则只把第一个遇到的段当作 MEMORY 处理，其余段按 COMMON 说明处理。

(三)类别名

类别名必须用单引号括起来。类别名可由程序设计人员自己选定任何字符串组成，但是它不能再作为程序中的标号、变量名或其他定义符号。在连接处理时，LINK 程序把类别名相同的所有段存放在连续的存储区内(如没有指定组合类型 PUBLIC、COMMON 时，它们仍然是不同的段)。

定义一个段时，用户必须设置段名，而定位类型、组合类型和类别名 3 个参数项是任选的。各参数项之间用空格分隔。任选时，可以只选其中一个或两个参数项，但不能交换它们之间的顺序。

下面是一个分段结构的源程序框架：

```
STACK1          SEGMENT PARA    STACK'STACK0'
                    ⋮
STACK1          ENDS
DSEG1           SEGMENT PARA    'DATA'
                    ⋮
DSEG1           ENDS
STACK2          SEGMENT PARA    STACK 'STACK0'
                    ⋮
STACK2          ENDS
DSEG2           SEGMENT PARA    'DATA'
```

```
DSEG2           ENDS
CSEG            SEGMENT PARA   MEMORY
                ASSUME     CS:CSEG,DS:DSEG1,SS:STACK1
MAIN:           …
                ⋮
CSEG            ENDS
                END    MAIN
```

上述源程序(框架)待 LINK 程序进行连接处理后,程序装入内存情况如图 4-2 所示。上述源程序框架中各段都选用 PARA 的定位类型。因此,下一个段的起始单元有可能与上一个段的结尾单元之间有一些"空白"(图中以斜线示意)。代码段使用 MEMORY 的组合类型,所以它处于所有各段的最高存储地址。对于不大的程序,例如初学者的练习程序,通常只需要 3 个段就可以了。例如:

```
STACK1          SEGMENT PARA   STACK
                ⋮
STACK1          ENDS
DATA            SEGMENT
                ⋮
DATA            ENDS
CSEG            SEGMENT
                ASSUME…
MAIN:           …
                ⋮
CSEG            ENDS
                END    MAIN
```

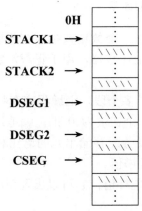

图 4-2　程序段在内存的情况

二、段指定伪指令

段定义伪指令定义了不同名字的段,但它并没有说明定义的哪个段是代码段,哪个段是数据段,哪个段是堆栈段等。ASSUME 伪指令就是用来指定程序中定义的段是什么段,分别应和哪个段寄存器对应,以便在执行指令时正确地进行物理地址的计算。需要注意的是，ASSUME 伪指令只是指示汇编程序已定义的段与段寄存器的对应关系，但不能把各段的段基值装入相应段寄存器中。

格式：ASSUME　　段寄存器名：段名，…，段寄存器名：段名

功能：告诉汇编程序，哪些段是当前段，而且它们分别由哪个段寄存器指向。

说明：段寄存器名是指 4 个段寄存器 CS、SS、DS、ES 中的一个，段名是指用 SEGMENT/ENDS 伪指令语句中定义的段名。段寄存器名与段名之间必须用冒号"："。

ASSUME 伪指令可以放在任何位置，但段的指定要在使用段之前进行，因此，ASSUME 一般放在代码段的开始处。

在一个代码段中，如果没有另外的 ASSUME 伪指令重新设置，原有 ASSUME 语句的设置一直有效。也就是说，在程序中可随时修改"段寄存器名：段名"的联系。也可以用关键字 NOTHING 将前面的设置删除。例如：

ASSUME　ES: NOTHING

这条语句删除了前面对 ES 与某段的关联设置。而语句：

　　　　ASSUME　NOTHING

删除了全部 4 个段寄存器的设置。

第六节　常用伪指令

在前几节中，已经介绍了数据定义伪指令、符号定义伪指令和段定义伪指令。本节再介绍几个常用伪指令，其余的将在后续章节中陆续介绍。

常用伪指令.mp4

一、汇编地址计数器和定位伪指令

在汇编源程序时，为了指示下一个数据或指令在相应段中的偏移量，汇编程序使用了一个汇编地址计数器，用于记载汇编时的当前偏移量。

在一个源程序中，往往包含了多个段，汇编程序在将该源程序翻译成目标程序时，每遇到一个新的段，就为该段分配一个初值为 0 的汇编地址计数器，然后再对该段中的语句汇编。在汇编过程中，对凡是需要分配存储单元的语句和产生目标代码的语句，汇编地址计数器则按该语句目标代码的长度增值。

符号$代表汇编地址计数器的现行值，它可以出现在源程序的表达式中。例如：

```
DATA    SEGMENT
BUF     DB  'ABCD …'
COUNT   EQU $－BUF
DATA    ENDS
```

其中，符号 COUNT 的值就是 BUF 数据区所占的字节数。

汇编地址计数器的值可以通过定位伪指令 ORG 改变。定位伪指令 ORG 语句的格式为：

ORG 表达式

表达式为一个地址偏移量，它的值一定为正数。该语句表示把表达式的值赋值给当前地址计数器。ORG 语句以后的指令或数据以表达式给定的值作为起始偏移量。表达式中可以包括当前地址计数器$的值。例如：

```
DATA      SEGMENT
          ORG     30H
XX1       DB      12H,34H
          ORG     $+20H
STRING    DB      'ABCDEFGHI'
COUT      EQU     $-STRING
DATA      ENDS
          ...
CODE      SEGMENT
          ASSUME  CS：CODE,…
          ORG     100H
START:    MOV     AX,DATA
          ...
CODE      ENDS
END       START
```

在上述示例中，变量 XX1 在 DATA 数据段内的偏移量为 0030H(不是 0000H)。代码段中第一条指令从 CODE 段的偏移量 0100H 开始存放(标号 START 的偏移量属性为 0100H)。数据段中第二个 ORG 语句是表示把当前位置计数器内容加上 20H，其目的就是保留 20H 个字节单元。等值语句中"$−STRING"表示两个偏移量之差。$表示当前偏移量，而 STRING 表示前一语句变量 STRING 的偏移量，它们的差值正好是以变量 STRING 为首址的连续字节数(本示例中正是 STRING 的字符个数)。

二、源程序结束伪指令

格式：END　　[标号]

功能：标志源程序结束和指定程序运行时的起始地址。前一个功能告诉汇编程序源程序到此结束，在 END 伪指令后面的任何语句都被汇编程序所略去。而后一个功能则在程序装入内存时将标号所规定的起始地址的段基值和偏移量分别自动装入 CS 和 IP 中。

说明：标号为程序起始执行的语句标号(不一定是源程序的第一条指令语句)，它指出程序的启动地址。只有主模块才能规定启动地址。

```
例如：     CODE    SEGMENT
                  ASSUME  CS:CODE,...
           START:  ...
                  ...
           CODE    ENDS
           END     START
```

三、模块命名伪指令

在程序的开始可以用 NAME 和 TITLE 为模块命名。

(一)NAME

格式:NAME module_name

说明:module_name 为自定义标识符,汇编程序将以该标识符作为模块的名字。如果程序中没有 NAME 伪指令,则也可使用 TITLE 伪指令。

(二)TITLE

格式:TITLE text

该伪指令用于给程序指定一个标题 text,以便在列表文件中每一页的第一行都显示这个标题。如果程序中没有使用 NAME 伪指令,则汇编程序将以该标题的前 6 个字符作为模块的名字。该伪指令的标题 text 可以是用户任意选用的名字或字符串,但字符个数不得超过 60 个。

四、基数控制伪指令

格式:.RADIX exp

说明:exp 为表达式,其值为 2~16 之间的十进制数。该伪指令规定其后的指令语句或伪指令语句使用的未加后缀说明的数据的基数。注意:该伪指令前面的"."不能漏掉。

例如:

```
    MOV BX,4632H
    MOV AX,880
```

与

```
.RADIX  16
 MOV BX,4632
 MOV AX,880D
```

是等价的。

注意:在用".RADIX 16"后,十进制数后要跟字母 D。在这种情况下,如果某十六进制数的末尾数为 D,则在其后应跟字母 H。

第七节 理解与练习

一、ASSUME 伪指令的理解

分析下段程序:

```
DSEG1   SEGMENT
X1      DB    12H
DSEG1   ENDS
DSEG2   SEGMENT
X2      DB    34H
DSEG2   ENDS
CSEG    SEGMENT
```

```
            ASSUME  CS：CSEG,DS：DSEG1,ES：DSEG2
            X3      DB     56H
START：     …
            INC     X1
            INC     X2
            INC     X3
            …
    CODE  ENDS
          END    START
```

程序中，ASSUME 伪指令语句告诉汇编程序，在汇编 CSEG 代码段中各指令语句时，假设段寄存器 CS 存放 CSEG 段的段基值，DS 中存放 DSEG1 段的段基值，ES 中存放 DSEG2 段的段基值。汇编程序在汇编每条指令语句时，必须明确指令在运行期间，内存寻址时应使用哪个段寄存器。例如上述程序中有 3 条 INC 指令。第一条指令的变量 X1 是在 DSEG1 段中，而一般操作数寻址是隐含使用 DS。现在 DSEG1 段正是用 ASSUME 语句定义由 DS 所指向，所以"INC X1"指令就可直接汇编成目标代码"FE 06 00 00"。第二条指令的变量 X2 是在 DSEG2 段中，而 DSEG2 段已经被 ASSUME 伪指令定义由 ES 所指向。因此，汇编程序在汇编这条指令时，就会自动产生一个段前缀标记代码 26，表示指令寻址的段为 ES。指令"INC X2"在这个程序中汇编的目标代码为"26 FE 06 00 00"。同样，第三条指令也会增加一个段前缀标记代码 2E，表示用 CS 替代 DS。所以指令"INC X3"汇编的目标代码为"2E FE 06 00 00"。初学者会认为一般操作数是隐含使用 DS 寻址的，因此，往往将上面的 3 条加 1 指令写成如下形式：

```
            INC    X1
            INC    ES：X2
            INC    CS：X3
```

如果没有 ASSUME 的指定，这样书写是必要的，但由于 ASSUME 伪指令已经指明了各段与段寄存器的联系，汇编程序就能正确生成段前缀，因此，再这样书写虽然不会出错，但没必要。

ASSUME 伪指令不产生任何目标代码。它仅仅是告诉汇编程序，哪些段是当前段，而且它们分别由哪个段寄存器指向。但是汇编程序不能够检查在程序运期间段寄存器的内容是否与上述 ASSUME 语句的设置一致，因为段寄存器的内容是通过执行程序进行装入的。

二、关于段寄存器的初始化

代码段寄存器 CS(包括指令指针 IP)的装入是系统自动完成的，堆栈段寄存器 SS(包括堆栈指针 SP)的装入可由系统自动完成，也可由用户程序完成，数据段和附加段寄存器 DS 和 ES 的初始化必须由用户程序完成。

(一)DS 和 ES 的初始化

DS 和 ES 的值必须在程序中设置(如果定义了数据段和附加段的话)，方法是引用段名获取该段的段基址，但是段名作为操作数属于立即数，而立即数又不能直接传送给段寄存器，所以一个段的段基值要经过通用寄存器传送给 DS 或 ES。例如：

```
DSEG1    SEGMENT
X1       DB    12H
DSEG1    ENDS
DSEG2    SEGMENT
X2       DB    10H DUP(?)
DSEG2    ENDS
CSEGE    SEGMENT
         ASSUME  CS:CSEG, DS:DSEG1
START:   MOV   AX, DSEG1
         MOV   DS, AX
         MOV   AX, DSEG2
         MOV   ES, AX
         MOV   AL, X1
         MOV   X2, AL
         ...
CSEG     ENDS
```

代码段 CSEG 中第一条指令"MOV AX，DSEG1"是把数据段 DSEG1 的段基值作为立即数传送给 AX，然后再通过"MOV DS，AX"指令传送给 DS。用类似的办法，第三、四条完成对 ES 的装入。上述例子中第 5 条指令把 DSEG1 中 X1 的数据传送给 AL。由于在 ASSUME 语句中已说明 DSEG1 的段基值存放在 DS 中，且在这条指令前已正确地把 DSEG1 的段基值装入 DS，因此这条指令能正确运行。但是最后一条指令"MOV X2，AL"是想把 AL 的内容装入 X2 数组的第 1 个字节中，由于程序中 ASSUME 语句未说明 DSEG2 段由哪个段寄存器指向，虽然程序在 ES 中已装入 DSEG2 段基值，但在汇编源程序时，此指令将被检查出语法错误。

改正这个语法错误的办法有两个。

(1) 在这条指令前，用"ASSUME ES：DSEG2"伪指令说明，以便汇编程序在汇编指令时，自动在目标代码中加入段前缀标记代码。

(2) 使用段前缀，即指令修改为"MOV ES：X2，AL"。

(二)SS 的初始化

装入办法有两个。

(1) 在段定义伪指令(SEGMENT)的组合类型项选择 STACK 参数，且在段寻址伪指令(ASSUME)语句中，把这个段指派给段寄存器 SS。例如：

```
STACK1   SEGMENT  STACK
         DB    40H DUP(?)
STACK1   ENDS
         ...
CODE     SEGMENT
         ASSUME  CS：CODE,SS：STACK1
         ...
```

这样，当这个程序目标代码装入存储器后，SS 自动装入 STACK1 段的段值，且堆栈指针 SP 也自动初始化为指向堆栈底部加 1 的存储单元(上例中堆栈底部的偏移地址为 003FH，所以 SP=0040H)。

(2) 若在段定义伪指令的组合类型中，未选用 STACK 参数项，或在程序中要调换另一个堆栈段，可在程序中用指令实现对 SS 和 SP 的装入。例如：

```
D_STACK   SEGMENT
  STK     DW    40H   DUP(?)
D_STACK   ENDS
          ...
CODE      SEGMENT
          ...
          MOV   AX,D_STACK
          MOV   SS,AX
          MOV   SP,SIZE   STK
```

上述示例中，用前两条指令把新堆栈段的段基值装入 SS 后，紧接着必须用一条指令初始化堆栈指针 SP(在示例中 SP = 0080H)。中间不要插入另外的指令。

(三)CS 的初始化

CS 提供当前执行目标代码的段基值，而 IP 提供下一条目标代码的偏移量。对 CS 和 IP 的装入是由系统自动完成的。系统是按照源程序结束伪指令 END 后指定的地址装入 CS 和 IP 的，因此，一般要求源程序在 END 伪指令后给出程序入口起始标号。

在程序运行期间，当执行某些指令或操作时，CPU 也会自动修改 CS 和 IP，使它们指向新的代码段，例如：

(1) 执行段间过程调用指令 CALL 和段间返回指令 RET。
(2) 执行段间转移指令 JMP。
(3) 执行中断指令 INT 及中断返回指令 IRET。
(4) 执行硬件复位(RESET)操作。

三、例题分析

【例 4.1】　说明下列各语句错误的原因。

(1) 2L：MOV　SI，[SI]

【解】　该语句的标号有错，标识符不能用数字打头。

(2) ① 　INC　[BX]　　　　　　　　　；对字节单元加 1。
　　 ② 　CMP　[DI]，1000H　　　　　；比较 DI 指向的字存储单元的内容是否为 10。

【解】　汇编程序无法确定这两条语句操作数的类型，即无法确定是字节操作还是字操作。在汇编语言语句中，立即数和寄存器间址的存储器操作数是没有类型的，而一条语句当中至少要有一个操作数的类型是明确的。上面两条语句可修改如下：

① INC　　BYTE　PTR　　[BX]
② CMP　　WORD　PTR　　[DI]，10

(3) LABLE：…
　　　…
　　JMP　WORD　PTR　LABLE

【解】 标号的类型只有 NEAR 和 FAR，只有变量的类型才能是 WORD。修改如下：

```
LABLE: …
       …
       JMP  NEAR  PTR  LABLE
```

(4) X1 DB 30H
    MOV AX,WORD PTR X1

【解】 X1 仅定义了一个元素，不能修改为字类型，可修改为：

```
X1  DB   30H,40H
MOV AX,WORD  PTR  X1
```

这时，执行完 MOV 指令后，AX = 4030H。

(5) X1 DB 2FH
    A1 DB X1

【解】 变量出现在表达式当中时，取值为变量的偏移地址，而偏移地址为 16 位，因此，A1 必须定义为字变量。

【例 4.2】 下面的语句执行后，寄存器的值是多少？

```
S1  DB   '41H,42H'
    MOV  BL,S1+1
    MOV  DX,WORD PTR S1+3
```

【解】 BL = 31H   DX = 342CH

变量 S1 共占 7 个字节，其值按存放顺序是：34H，31H，48H，2CH，34H，32H，48H。其中 2CH 是逗号的 ASCII 码值，48H 为字母 H 的 ASCII 码值。

【例 4.3】 下面的语句执行后，寄存器的值为多少？

```
X1  DB   32H,33H,10H DUP(1AH),?
X2  DB   20H DUP(0),10, 3 DUP(0)
X3  DW   X1,10 DUP(0)
    ⋮
    MOV  AL,SIZE X1
    MOV  AH,LENGTH X1
    MOV  BL,TYPE X1
    MOV  CL,SIZE X2
    MOV  CH,LENGTH X2
    MOV  DL,SIZE X3
    MOV  DH,LENGTH X3
    MOV  BH,TYPE X3
```

【解】 AL = 1   AH = 1   BL = 1
       CL = 20H   CH = 20H
       DL = 2   DH = 1   BH = 2

【例 4.4】 分析下面的程序，回答问题。

```
DSEG  SEGMENT  PUBLIC  'DATA'
X1    DB    20H
DSEG  ENDS
```

```
SSEG    SEGMENT  'STACK'
STA     DB       84H DUP(0)
SSEG    ENDS
CSEG    SEGMENT
        ASSUME   CS：CSEG,DS：DSEG,SS：SSEG
        X2       DB      12H,34H
P1      PROC
            PUSH    AX
              ⋮
START:  MOV     AX,DSEG
              ⋮
CSEGE   ENDS
        END
```

问题：

(1) 该程序汇编后，SP＝？

(2) 如果程序装入内存后，DS=0904H，那么，SS=？

(3) 程序装入内存后，IP=？程序将从何处开始执行？

【解】

(1) 因为程序中设置的堆栈段长度为 84H 字节，SP 将被系统自动设置为堆栈最高地址加 1 的单元，因此，SP＝0084H。

(2) 定义堆栈段时，没有指定定位类型参数，默认值为 PARA(节边界)，而数据段 DS=0904H，且仅定义一个字节，因此，堆栈段将从数据段之后的第一个节边界开始，即 SS=0910H。

(3) 由于程序的 END 语句后没有指定程序起始执行的标号，所以，程序将从代码段中第一个可执行语句开始运行，即执行"PUSH AX"语句，故 IP=0002H。

汇编语言.ppt

第五章 顺序结构程序设计

学习要点及目标

- 了解分析问题、建立数学模型的方法,学会根据问题设计算法、编制程序流程图。
- 了解上机调试程序的一般方法。
- 理解汇编语言程序的顺序机构、分支与多分支结构、循环结构的特点。
- 掌握汇编语言程序设计的一般方法和步骤,达到使用汇编语言独立编制简单的程序,能读懂一般的汇编语言源程序。
- 理解系统功能调用的方法,能够使用常用的系统功能完成基本输入输出的程序设计。

核心概念

汇编程序控制基本结构　系统功能调用　编辑　编译　连接　调试

引导案例

在内存中有两个字节数据,求这两个数据的和并存入内存的字节单元中,再将结果显示输出。

源程序如下:

```
SSEG   SEGMENT STACK              ;定义堆栈段
       DW  10 DUP(?)
SSEG   ENDS
DSEG   SEGMENT                    ;定义数据段
AA     DB  10H
BB     DB  20H
CC     DB  ?                      ;存和
DSEG   ENDS
CSEG   SEGMENT                    ;定义代码段
       ASSUME  CS:CSEG, DS:DSEG,SS:SSEG
START: MOV AX,DSEG                ;初始化数据段、堆栈段
       MOV DS,AX
       MOV AX,SSEG
       MOV SS,AX
       MOV DL,AA
       ADD DL,BB
       MOV BH,DL
       MOV CC,DL                  ;求和并存入CC单元
       MOV CL,4
       SHR DL,CL
```

```
        ADD    DL,30H
        MOV    AH,02H                    ;显示和的高位数据
        INT    21H
        MOV    DL,BH
        AND    DL,0FH
        ADD    DL,30H
        MOV    AH,02H                    ;显示和的低位数据
        INT    21H
        MOV    AH,4CH
        INT    21H
CSEG    ENDS
        END START
```

本例定义了三个段：数据段、代码段、堆栈段，数据存在数据段中，经过一系列处理(取数据、运算、存结果、显示输出处理等)最终将和的结果显示输出。

上例属于典型的顺序结构程序设计，是在掌握汇编指令系统的基础上进行的。第三、四章对汇编指令进行了详细的介绍，本章将阐述如何运用汇编指令进行程序设计，重点介绍顺序结构程序设计的一般方法、步骤，如何运用系统功能调用以及调试汇编程序的方法步骤。

在了解汇编指令系统的基础上，本章介绍顺序结构程序设计的一般方法、步骤及汇编程序的调试方法。

第一节　程序设计方法概述

程序是解决某个问题的指令或语句的有序集合。使用某种计算机语言或指令，编写解决某一问题的程序的过程称为程序设计。汇编语言程序设计是用计算机的机器指令、伪指令和宏指令编写解决某一问题的程序的过程。

源程序格式及编程方法.mp4

一、程序设计的步骤

用汇编语言进行程序设计，一般按下述 5 个步骤进行：分析问题，建立数学模型，设计算法，编制程序流程图，编写程序，上机调试。

1．分析问题

分析问题的目的就是求得对问题有一个确切理解，明确问题的环境限制，弄清已知条件、原始数据、输入信息、对运算精度的要求、对处理速度的要求及最后应获得的结果。正确地分析问题是进行程序设计的基础。

2. 建立数学模型

在确切理解问题的基础上，总是可以对问题用简洁而严明的数学方法进行严格的或近似的描述，即建立一个数学模型，这样就把一个实际问题转化成为一个计算机可以处理的问题。

3. 设计算法

算法是一组有穷的规则，它规定了解决某一特定类型问题的一系列运算。通俗一点说(但不严格)，就是解决问题的方法步骤的具体化，我们称之为算法。即数学模型建立后，确定在计算机上由哪些逻辑步骤及顺序去实现它；如果有几种解决方法，根据问题的要求，则选择较优的算法。

设计算法时，必须注意以下 3 点。

(1) 算法中的每一种运算必须有确切的定义，即应进行的操作是相当清楚的，无二义性的。

(2) 组成算法的处理步骤是有限的。如果某类问题不能用有限的步骤获得结果，则称这类问题不存在算法，只存在过程。

(3) 算法的可行性。结合所使用计算机的软硬件资源(如存储空间，运行速度)，来考虑算法是否可行。比如算法较优，但需要较大的内存空间，而所用计算机的存储空间满足不了需要，该算法在你所用的计算机上就不可行。

算法可以用自然语言、半自然语言、类程序设计语言或流程图来表述。本书第五章～第十章用程序流程图描述，第十一章之后用自然语言描述，以使读者了解和掌握两种描述方法。

4. 编制程序流程图

即把解题的方法、步骤用框图形式表示。如果要解决的问题比较复杂，那么可以逐步细化，直到每一框图可以很容易编制程序为止。流程图不仅便于程序的编制，且对程序逻辑上的正确性也比较容易查找和修改。

流程图主要是由以下几种框图符号组成的，如图 5-1 所示。

(1) 处理框。用于说明一程序段(或一条指令)所完成的功能。这种框图通常是一个入口，一个出口。

(2) 判断框。表示进行程序的分支流向判断，框内记入判断条件。这种框图通常是一个入口，两个或两个以上的出口。在每个出口上要注明分支流向条件。

(3) 起止框。表示一个程序或一个程序模块的开始和结束。起始框内通常用程序名(如过程名)、标号或"开始"字符来表示，它仅有一个出口。终止框内通常用"结束""返回"等字符来表示，它仅有一个入口。

(4) 连接框。当一个程序比较复杂，需要分布在几张纸上或者虽然在一张纸上就能给出一个程序框图，但是流程图中连线较多，且常常纵横交错，这时可用连接框表示两根流向线的连接关系。所以连接框中常用字母或数字来表示。框内有相同字母或数字就表示它们有连线关系。它只有一个入口或出口。

(5) 流向线。它表示程序的流向，即程序执行的顺序关系。如程序的流向是从上往下或从左往右，通常可以不画箭头。其余需要用箭头指明程序的流向。

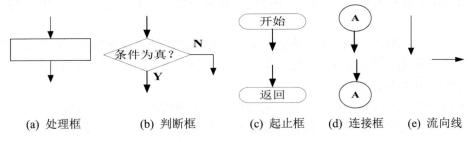

(a) 处理框　　　(b) 判断框　　　(c) 起止框　　　(d) 连接框　　　(e) 流向线

图 5-1　编程程序流程

5．编写程序

用计算机机器指令助记符号或语句实现算法的过程，称为编制程序，又称为编码。编制程序时，必须严格地按语言的语法规则书写。这样编写出来的程序称为源程序。源程序经过汇编后变为机器语言程序(又称目标程序)，最后经过连接成为可执行程序。

编制汇编语言源程序时要考虑以下 4 点。

(1) 内存空间的分配。程序中所使用的数据段附加段、堆栈段和代码段放在内存什么位置(如不明确指出，则由操作系统分配)；原始数据、中间结果及最终结果放在内存的什么位置，需要占用多大的存储空间；堆栈段需要多大空间，等等。

(2) 程序中所使用数据的表示方法(精度)，输入输出数据的方法、格式、输入输出设备的种类。

(3) 程序的结构尽可能简单、层次清楚，占用内存尽可能少，运行速度尽可能快。

(4) 源程序的可读性、可维性高。根据需要可以方便地扩充或删除程序的功能。

6．上机调试

源程序编制完后，送入计算机进行汇编、连接和调试。汇编程序可以检查源程序中的语法错误，调试人员根据指出的语句错误性质，修改语法错误，直至无语法错误，再利用纠错程序调试。

纠错程序(DEBUG)是调试程序的工具，它提供了极为方便的调试手段，如设置断点、逐条跟踪运行、检查修改内存单元和寄存器内容，等等。调试程序人员要准备一组或几组不同的数据以验证程序是否按预想的逻辑顺序执行并获得预期结果。

二、程序的基本控制结构

一个算法用程序设计语言的语句有序地组合在一起加以描述，其组合方法称为程序的控制结构或简称为程序结构。同其他高级语言程序一样，无论程序是复杂或简单，程序的基本结构形式有 4 种：顺序程序、分支程序、循环程序和子程序。即使很复杂的程序，也可分解为这 4 种基本结构形式。

(1) 顺序结构是最简单的一种结构，在流程图中表示为一个个处理框串行连接，如图 5-2(a)所示。用语言表达时，就是一个语句紧跟一个语句，计算机执行时，从第一个语句开始顺序执行到最后一个语句。

(2) 分支结构是根据条件是否满足，来决定执行哪一个程序分支，在流程图中表示为一个判断框，如图 5-2(b)所示。用语言表达时，是一个条件判断语句，计算机执行时，根据判断结果决定执行两个分支中的一个分支，而另一个分支不执行。分支结构又称为选择结构。

(3) 循环结构是根据条件是否满足，来决定某些语句是否重复执行，每执行一遍，都要对条件进行判断，直至条件为假时，停止重复。循环结构流程如图 5-2(c)所示。循环结构又称迭代结构或重复结构。

上述每个处理框完成一定的功能，它可以是一个语句或组成三种基本结构之一的若干语句。三种结构的共同特点是：每种结构只有一个入口和一个出口，这样的程序可读性和可装配性强。

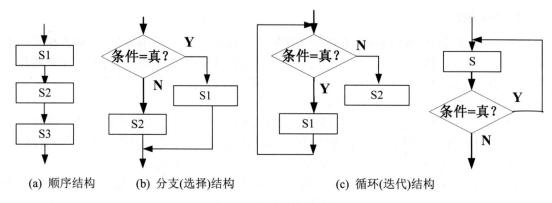

(a) 顺序结构　　(b) 分支(选择)结构　　(c) 循环(迭代)结构

图 5-2　程序的控制结构

三、程序设计方法

使用面向过程的计算机语言进行程序设计有两种常用的程序设计方法：模块化程序设计和结构化程序设计。模块化程序设计的基本思想是把一个大而复杂的程序分解成若干功能独立的模块，然后一个模块一个模块地设计和调试。模块化程序设计的优点如下。

(1) 各个模块单独设计编制容易。

(2) 一个功能模块可以用于多个程序中，也可以使用已有的模块，减少重复劳动，提高编程效率。

(3) 某个模块修改时(只要入口条件，出口条件不变)不影响其他任何模块。

(4) 便于很多人同时承担一个大型设计任务。

结构化程序设计就是要求组成程序的每个模块都必须由 3 种基本控制结构组成，每种结构只能有一个入口和一个出口。3 种结构可以嵌套，即一种结构中可以包含另一种结构。

结构化程序设计的优点如下。

(1) 各种控制结构容易做成模块。

(2) 程序的可读性强，减少出错。

(3) 调试程序时容易跟踪。

结构化程序设计对程序的结构要求严，限制了程序设计技巧的发挥。与非结构化的程序比较，结构化程序还存在占用内存较多、运行速度低等缺点。

用汇编语言编写程序，一般都希望程序运行速度高，占用内存空间少，因此在程序技巧上考虑较多。当编写程序时，在满足条件要求的前提下，应尽量采用模块化程序设计方法。

第二节 汇编语言源程序的基本格式和编程步骤

正如第二章所述，8086/8088 CPU 把存储器分成若干段，每个段是一个可独立寻址的逻辑单位。段是 8086/8088 系列微机汇编语言程序结构的基础。一个段就是若干指令和数据的集合，8086/8088 系列微机的汇编语言源程序就是建立在段结构的基础上。因此，编制汇编语言源程序时，首先要使用段定义伪指令和段指定伪指令来构造一个由若干指令和数据组成的程序段。一个程序有几个段，完全根据实际情况来确定。通常是按照程序中的用途来划分段，如存放数据的段，作堆栈使用的段，存放程序的段，等等。如果省略堆栈段的设置，这时系统会自动为程序设置一个堆栈并初始化指针 SS:SP(一般来说，如果程序对堆栈没有特殊要求，可以不设置堆栈段)。这样，一个汇编语言源程序的基本格式如下：

```
DSEG    SEGMENT
        ⋮  }存放数据项           ;定义数据段
  DSEG    ENDS
CSEG    SEGMENT                  ;定义代码段
        ASSUME  CS:CSEG,DS:DSEG  ;段指定
BEING:  MOV     AX,DATA          ;程序从这里开始
        MOV     DS,AX            ;为数据段寄存器赋值
        ⋮  }存放指令序列
        MOV     AH,4CH           ;程序结束处理
        INT     21H
CSEG    ENDS                     ;代码段结束
        END     BEING            ;程序结束
```

程序不论定义几个段，它们排列的先后顺序可以是任意的。从上面的程序基本格式可以总结出用汇编语言编程的具体步骤如下。

(1) 定义一个数据段。

在数据段中定义程序中用到的常数、变量、字符串数据以及程序用来临时存放的数据的内存区域(数据缓冲区)等。

(2) 定义代码段，用 ASSUME 伪指令指定各段。

(3) 程序初始化。

初始化的一个固定工作是为段寄存器 DS 赋初值(如果程序中设置了附加段，还要为 ES 赋初值；如果程序中设置了堆栈段，段定义时要指明组合类型为 STACK，同时要用 ASSUME 语句进行段指定，这样系统会自动设置 SS 和 SP 初值，否则就需要在程序中设置 SS 和 SP)。初始化的其他内容视程序的需要而定，比如设置地址指针、设置计数器的初值、设置标志位如 DF、CF、取初始数据，等等。

(4) 实现算法或过程，保存结果。

这一步由存放在代码段中的指令序列完成，它是程序中最灵活的部分。

(5) 程序结束处理。

程序结束处理是使用功能号为 4CH 的系统功能调用，通过两条语句完成的。

程序结束处理的含义是操作系统在控制一个程序(进程)运行时，首先要建立一个进程控制块，将有关该程序的信息记录在进程控制块中，以便控制该程序的运行，同时还要为该程序分配内存空间，然后将控制权交给程序。程序结束处理就是要撤销系统内部有关对该程序管理的一切信息，释放占用的内存，将系统的控制权还交给操作系统(即返回到操作系统状态)。

(6) 用 ENDS 结束代码段和用 END 结束程序。

下面通过一个例子体验一下如何编写一个汇编语言程序。

【例 5.1】 用查表的方法将内存 HEX 单元中的一位十六进制数转换成 ASCII 码。

分析：这是一个较简单的问题，既然指定用查表的方法，就要建立一个表，在表中按照十六进制数从小到大的顺序放入它们对应的 ASCII 值。这样，被转换的数正好是它的 ASCII 码在表中的位移量。因此，把表的起始地址加上这个十六进制数作为地址，指向的存储单元的内容就是转换的结果。由于问题简单，可省略其分析和流程图的编制，下面按步骤编写这个程序。

第一步，定义数据段。针对这个例题，我们应该在数据段中定义一个十六进制的 ASCII 码表；定义一个被转换数的存放单元 HEX，并指定一个值；定义一个转换结果的存放单元 ASC。具体如下：

```
DATA    SEGMENT
TABLE   DB   30H,31H,32H,33H,34H,35H,36H,37H      ;定义一个十六进制
        DB   38H,39H,41H,42H,43H,44H,45H,46H      ;数的 ASCII 码表
HEX     DB   6                                    ;定义一个被转换的数
ASC     DB   ?                                    ;定义转换结果存放单元
DATA    ENDS
```

第二步，定义代码段。用 ASSUME 伪指令指定各段

```
CODE    SEGMENT
        ASSUME   CS: CODE, DS: DATA
```

第三步，程序初始化。除要给 DS 赋值外，还要设置地址指针指向表 TABLE：

```
START: MOV    AX,  DATA
       MOV    DS,  AX
       LEA    SI,  TABLE
```

第四步，实现算法并保存结果：

```
       MOV    AL, HEX        ;被转换的数送 AL
       XOR    AH, AH         ;扩展成字
       ADD    SI, AX         ;形成查表地址
       MOV    AL, [SI]       ;取出 ASCII 码
       MOV    ASC, AL        ;保存结果
```

第五步和第六步是固定模式，可直接写出：

```
            MOV     AH, 4CH
            INT     21H
CODE    ENDS
            END     START
```

这样一个完整的程序就编制完成，完整程序如下：

```
DATA    SEGMENT
TABLE   DB      30H,31H,32H,33H,34H,35H,36H,37H
        DB      38H,39H,41H,42H,43H,44H,45H,46H
HEX     DB      6
ASC     DB      ?
DATA    ENDS
CODE    SEGMENT
        ASSUME  DS: DATA,CS: CODE
START:  MOV     AX,DATA
        MOV     DS,AX
        LEA     SI, TABLE
        MOV     AL, HEX
        XOR     AH, AH
        ADD     SI, AX
        MOV     AL, [SI]
        MOV     ASC,AL
        MOV     AH,4CH
        INT     21H
CODE    ENDS
        ENDS    START
```

程序中用到寄存器 AX、AL，当然可以用任何一个通用寄存器替换，地址指针 SI 可以用 BX、DI 替换。思考：如果选用 BP 作为指针是否可以？程序应如何修改？

类似这种查表，也可使用查表指令 XLAT，程序须稍加改动，请读者试做一下。

第三节 顺序结构程序设计举例

顺序结构是最基本的程序结构，其特点是完全按照指令在程序中排列的前后顺序逐条执行。一般来说，完全的顺序结构难以满足大多数问题的需要，顺序结构一般是作为复杂程序结构的一部分。

本节通过具体的例子来设计完整的汇编语言程序。

【例 5.2】 计算 Y=5X+8，设 X 为无符号字节数据，且在 ARGX 单元存放。计算结果，存入 RLTY 单元。

顺序结构
程序设计.mp4

分析：在数据段中要定义程序中使用的两个变量 ARGX(存数据 X) 和 RLTY(存结果 Y)。由于结果值可能超过字节表示范围，因此，RLTY 要定义成一个字单元。该例中设置了一个堆栈段，让读者体会堆栈段的设置方法。为了简洁，以后书中出现的例题一般将不再设置堆栈段。

程序流程如图 5-3 所示。

程序清单如下:

```
;计算 Y=5X+8 的程序 EXAM52.ASM
        SSEG    SEGMENT     STACK           ;设堆栈段
        STK     DB          20 DUP(0)
        SSEG    ENDS
        DSEC    SEGMENT                     ;设数据段
        ARGX    DB          15
        RLTY    DW          0
        DSEG    ENDS
        CSEG    SEGMENT
                ASSUME CS: CSEG,DS: DGEG
                ASSUME SS: SSEG
        CALCU:  MOV         AX, DSEG
                MOV         DS,AX
                MOV         AL,ARGX         ;取原始数据
                MOV         BL,5
                MUL         BL              ;计算 5X
                MOV         BX,8
                ADD         AX,BX           ;再加上 8
                MOV         RLTY,AX         ;保存结果
                MOV         AH,4CH
                INT         21H
        CSEG    ENDS
                END         CALCU
```

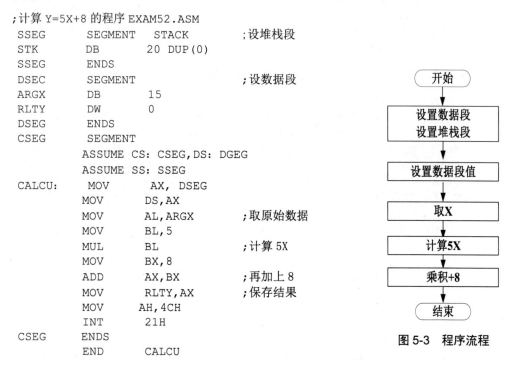

图 5-3　程序流程

X 乘以 5，可以用乘法指令 MUL 完成，也可以用移位和相加的办法实现，即将 X 左移 2 位与 X 相加，即得 5X。当某数要扩大的倍数已知且较小时(如小于 10 倍)，采用这种方法较简单而且执行速度快。

如果用移位和加法指令计算 5X，则程序段改为：

```
MOV    AL,ARGX
                        ┌  XOR    AH,AH
MOV    BL,5             │  MOV    BX,AX
MUL    BL       →       ┤  SHL    AX,1
                        │  SHL    AX,1
                        └  ADD    AX,BX
```

这时用了 5 条指令，代替了原来的 2 条指令"MOV　BL,5"和"MUL　BL"。从执行时间上看，前者虽然只用两条指令，但执行时至少用 74 个时钟周期，而后者用了 5 条指令，执行时只用 12 个时钟周期。只是后者占用内存单元较前者多。

【例 5.3】　设内存 DATA 单元存放一个无符号字节数据，编制程序将其拆成两位十六进制数，并存入 HEX 和 HEX+1 单元的低 4 位，HEX 存放高位十六进制数，HEX+1 单元存放低位十六进制数。

程序流程如图 5-4 所示。

程序清单如下：

```
;拆数程序 EXAM53.ASM
        DSEG    SEGMENT
```

```
DATA    DB    0B5H
HEX     DB    0,0
DSEG    ENDS
CSEG    SEGMENT
        ASSUME    CS:CSEG, DS:DSEG
DISC:   MOV   AX,DSEG
        MOV   DS,AX
        MOV   AL,DATA       ;取数据
        MOV   AH,AL         ;保存副本
        AND   AL,0F0H       ;截取高四位
        MOV   CL,4
        SHR   AL,CL         ;移至低四位
        MOV   HEX,AL
        AND   AH,0FH        ;截取低四位
        MOV   HEX+1,AH
        MOV   AH,4CH
        INT   21H
CSEG    ENDS
        END   DISC
```

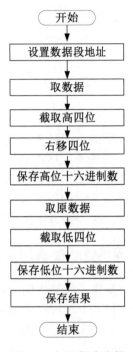

图 5-4 拆字程序流程

程序中截取高 4 位和低 4 位时分别用"AND AL，0F0H"和"AND AL，0FH"指令，其中 0F0H 和 0FH 称为掩码。一个数据和掩码进行与操作，则对应于掩码中 1 的二进制位仍保留原来状态，对应于掩码中 0 的二进制位变为 0。用这种方法，可以截取一个数据中的任意位。比如保留 AL 中的第 1、3、5 位，其余位清 0，掩码为 00101010B 即 2AH，执行"AND AL，2AH"指令后，在 AL 中保留了第 1、3、5 位的状态。

程序中"SHR AL，CL"指令将 AL 中的数据逻辑右移，移动次数由 CL 中数据指出。在本程序中用算术右移(SAR)、循环右移(ROR，RCR)或循环左移(ROL，RCL)指令也可以实现，但程序应稍加改动。要如何改动，请读者思考。

【例 5.4】 设 HEX，HEX+1 单元的低 4 位分别存放一位十六进制数，编制程序将其装配在一个字节中并存入 DATA 单元。HEX 单元中数据作为高位部分。

程序流程如图 5-5 所示。

程序清单如下：

```
; EXAM54.ASM
DSEG    SEGMENT
HEX     DB    0AH,06H
DATA    DB    0
DSEG    ENDS
CSEG    SEGMENT
        ASSUME  CS: CSEG, DS: DESG
PACK:   MOV   AX,DSEG
MOV     DS,AX
MOV     AL,HEX              ;取数据高四位
MOV     CL,04
```

图 5-5 组合字程序流程

```
        SHL     AL,CL           ;左移四位
        OR      AL,HEX+1        ;与低四位或
        MOV     DATA,AL         ;保存结果
        MOV     AX,4C00H
        INT     21H
CSEG    ENDS
        END     PACK
```

第四节 系统功能调用

所谓系统功能,是指包含在操作系统软件中的一组功能子程序,这些子程序的功能包括:输入输出管理、内存管理、磁盘读写控制、文件操作、目录操作以及设置或读取系统日期、时间等多方面。它们不但为系统软件所使用,还可由程序设计人员直接调用,极大地方便了应用程序的编制。

常用的系统功能调用.mp4

一、系统功能调用方法

操作系统提供的一组功能子程序有上百个,每一个子程序都有一个 8 位编号,叫功能号,每一个子程序的功能、入口参数、出口参数,都可在系统功能调用表中查到(见附录)。

为调用这些子程序,操作系统提供了一个调用接口,可以通过中断语句"INT 21H"使用它。

系统功能调用的一般过程如下。

(1) 将所要调用功能的功能号放入 AH 寄存器中。
(2) 根据所调用功能的规定设置入口参数。
(3) 执行中断语句"INT 21H"完成调用。
(4) 取得出口参数。

二、常用系统功能调用

下面介绍几个常用的功能调用。

1. 带显示的键盘输入(1 号功能)

该功能子程序等待键盘输入,直到按下一个键(即输入一个字符),把字符的 ASCII 码送入 AL,并在屏幕上显示该字符。如果按的键是 Ctrl+C 组合键,则停止程序运行。如果按 Tab 制表键,屏幕上光标自动扩展到紧接着的 8 个字符位置后面。1 号功能调用,无须入口参数,出口参数在 AL 中。例如:

```
        MOV     AH,1H
        INT     21H
```

2. 不带回显的键盘输入(8 号功能)

该功能调用与 1 号功能基本类同,差异仅在 8 号功能调用时,键盘输入的字符不在屏

幕上显示，调用方法如下：

```
        MOV     AH,8
        INT     21H
```

3. 不带回显的键盘字符输入(7 号功能)

与 8 号功能类似，但按 Ctrl+C 组合键和 Tab 制表键无反应。调用方法如下：

```
        MOV     AH,7
        INT     21H
```

4. 字符串输入(0AH 号功能)

前面 1、8、7 号功能调用都是调用一次，从键盘输入一个字符，有时需要一次调用能接受一串字符，0AH 号功能子程序就能做到这一点。

在使用本功能调用前，应在内存中建立一个输入缓冲区。缓冲区第 0 个字节存放它能保存的最大字符数(1～255，不能为 0)，该值由用户程序自己事先设置。第 1 个字节存放用户本次调用时实际输入的字符数(回车键除外)，这个数由该功能调用返回时自动填入。用户从键盘输入的字符从第 2 个字节开始存放，直到用户输入回车键为止，并将回车键码(0DH)加在刚才输入字符串的末尾上。所以设置缓冲区最大长度时，要比所希望输入的最多字符数多一个字节。若输入的字符数超过缓冲区最大容量，则后面输入的字符被略去，且响铃，直到输入一个回车键才结束。在字符串输入过程中，可用 Ctrl+C 组合键打断，中止字符输入。

调用时，用 DS:DX 寄存器指向输入缓冲区的段基值:偏移量。例如：

```
CHAR_BUF  DB      30H                 ;缓冲区最大长度
          DB      0                   ;存实际输入字符个数
          DB      30H DUP(0)          ;输入缓冲区
          ...
          MOV     DX,SEG CHAR_BUF
          MOV     DS,DX
          MOV     DX,OFFSET CHAR_BUF
          MOV     AH,0AH
          INT     21H
```

5. 字符显示(2 号功能)

本功能子程序仅在屏幕上显示单个字符，要显示字符的 ASCII 码(入口参量)存放在 DL 中。如果 DL 中存放退格键编码(08H)，在屏幕上便向左移一个字符位置，并使该位置成为空格。移动后光标停留在那里。如要显示字符 A，可用下列几条指令调用：

```
        MOV     DL,'A'
        MOV     AH,2
        INT     21H
```

由于 2 号功能可显示任一字符，例如美元符号 " $ "(24H)，而 9 号功能却不能显示 $ 符号，所以它可作为 9 号功能的补充。

6. 字符打印(5号功能)

5号功能子程序把DL中的字符(ASCII码)送入打印机输出。功能调用为：

```
MOV     DL,'D'
MOV     AH,5
INT     21H
```

7. 字符串显示(9号功能)

9号功能子程序能在屏幕上显示多于一个的字符串。要显示的字符串必须先放在内存一数据区中，且字符串以美元符号"$"作为结束标志。非显示字符(如回车，换行)，可以用它的ASCII码插入字符串中间。进行9号功能调用时，先把待显示的字符串首地址的段基值和偏移量分别存入DS和DX中。9号功能调用示例如下：

```
CHAR  DB    "I AM STUDENT",0AH,0DH,"$"
      MOV   DX,SEG CHAR
      MOV   DS,DX
      LEA   DX,CHAR
      MOV   AH,9
      INT   21H
```

8. 直接输入和输出(6号功能)

本功能子程序可以执行键盘输入操作，也可执行屏幕显示操作。执行这两种操作的选择由寄存器DL中的内容确定。

(1) DL=00～0FEH，显示输出。

这时显示输出字符的ASCII码在DL中，如同2号功能。例如，在屏幕上显示符号"$"：

```
MOV     DL,'$'
MOV     AH, 6
INT     21H
```

(2) DL=0FFH，从键盘输入字符。

该功能的字符输入与1、7、8号功能不同，它不等待键盘的字符输入。在执行本功能子程序时，若键盘已输入字符，则字符的ASCII码存在AL中，且标志位ZF=0。若键盘没有键按下，则标志位ZF=1。为了用6号功能从键盘输入字符，通常编制如下程序段：

```
CHAR_IN:  MOV  DL,0FFH      ;置输入标志
          MOV  AH,6          ;送功能号
          INT  21H
          JZ   CHAR_IN       ;等待键盘输入
```

9. 读出系统日期(2AH号功能)

本功能子程序的执行，将系统的年、月、日、星期的数据读出，存入指定的寄存器中。

- CX：　　年(1980～2099)。

- DH： 月(1～12)。
- DL： 日(1～31)。
- AL： 星期(0—星期日，1—星期一，…)。

例如，取出系统日期并存放在有关存储单元中：

```
YEAR   DW   ?
ONTH   DB   ?
DAY    DB   ?
       MOV   AH,2AH
       INT   21H
       MOV   YEAR,CX
       MOV   MONTH,DH
       MOV   DAY,DL
```

10. 设置系统日期(2BH 功能)

调用本功能子程序时，必须在 CX 和 DX 中设置有效日期，其中，CX 中存放年号(1980～2099)，DH 中存放月号(1～12)，DL 中存放日(1～31)。如果日期设置有效，待功能子程序返回时，AL=0，否则 AL=0FFH。所以为了检查设置是否成功，通常在调用 2BH 号功能后检查 AL 中内容。例如：

```
       MOV   CX,2001
       MOV   DH,3
       MOV   DL,31
       MOV   AH,2BH
       INT   21H
       CMP   AL,0      ;日期设置有效？
       JNE   ERROR     ;否,转出错处理
       …               ;是,有效
```

11. 读出系统时间(2CH 功能)

本功能子程序从系统中可得到当时的时间：时、分、秒和百分秒，它们分别存放在 CX 和 DX 寄存器中。

- CH：小时(0～23)。
- CL：分(0～59)。
- DH：秒(0～59)。
- DL：百分秒(0～99)。

例如，读出系统时间并存放在有关存储单元中：

```
HOUR     DB   ?
MINUTES  DB   ?
SECOND   DB   ?
         MOV   AH,2CH
         INT   21H
         MOV   HOUR,CH
         MOV   MINUTES,CL
         MOV   SECOND,DH
```

12. 设置系统时间(2DH 号功能)

调用本功能子程序时，必须在 CX 和 DX 中设置有效时间(指定有关寄存器和数据范围与 2C 号功能相同)。如果设置时间有效，从功能子程序返回时，AL=0，否则 AL=0FFH。

例如，设置 14 时 30 分 0 秒：

```
MOV    CH,14
MOV    CL,30
MOV    DX,0
MOV    AH, 2DH
INT    21H
CMP    AL,0          ;时间设置有效？
JNE    ERROR         ;否,转出错处理
...                  ;是,有效
```

第五节　汇编语言程序的调试

在第二节中介绍了程序设计的方法和步骤，这只是程序设计者在纸上完成的程序编写工作。要使编好的程序输入到计算机中并且能让计算机执行这个程序，须经过若干步骤的上机过程。

一般来说，使用任何一种面向过程的语言编写程序都要经过如下 4 步上机过程。

(1) 编辑。使用编辑工具建立源文件。
(2) 编译(汇编)。进行编译(汇编)，生成目标代码文件。
(3) 连接。使用 link 程序进行连接，生成可执行文件。
(4) 调试、运行。

汇编语言
程序调试.mp4

不同语言的程序上机过程的区别仅在于第二步的编译，不同语言的程序使用不同的编译软件进行编译，生成统一的机器可识别的目标代码程序(.OBJ 文件)。在目标程序一级上，我们不再能够区分生成它的源程序是用何种语言编写的。汇编语言在这一步使用的工具是一个叫作 MASM 的宏汇编程序。汇编语言的上机流程如图 5-6 所示。 程序设计人员首先调用某个文字编辑程序，输入已编写好的源程序，在磁盘上建立一个源程序文件。源文件扩展名必须为.ASM，因为汇编程序只能对扩展名为.ASM 的源程序进行汇编。然后调用宏汇编程序 MASM 把源程序汇编成目标程序(扩展名为.OBJ)。根据需要，汇编过程还可以生成两个供调试时参考用的附属文件.LST 和.CRF 文件。在汇编过程中，同时对源程序进行语法检查。如果源程序有语法错误，在屏幕上将出现错信息提示。这时需要返回到编辑程序，对有语法错误的语句进行修改。修改后的源程序需要重新汇编，直到汇编程序没有查出语法错误为止。这时便可以把由汇编程序产生的目标程序(.OBJ)通过连接程序 LINK，转换为一个可执行文件(扩展名为.EXE)。顺便说明一下，LINK 程序加工的对象是.OBJ 文件和.LIB(库文件)，只是汇编语言不使用库文件。连接程序也可根据需要生成一个附属文件.MAP。最后调用调试程序(DEBUG)，把可执行文件装入内存。借用 DEBUG 提供的调试手段，对程序进行调试，查看程序的运行是否正确。在调试过程中，可对程序

和数据进行适当的修改或调整。如果在调试中发现程序有错(非语法性错误)，除个别小错误可在 DEBUG 状态下临时修改，以证实对程序出错的判断，最终仍要返回编辑程序，对源程序进行修改，接着重新汇编。连接，再次进入调试程序。如此反复，直到程序完全正确为止。

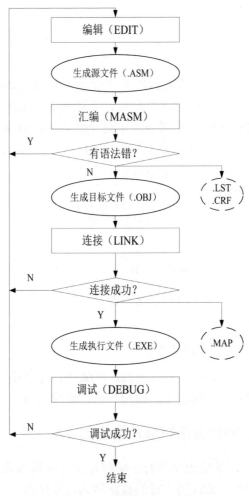

图 5-6　汇编程序上机流程

第六节　理解与练习

一、输入输出数据处理

上面学习了关于字符输入输出的系统功能调用。必须注意的是，这些功能输入输出的只能是字符(即 ASCII 码)，当要从键盘上输入数据给程序或将计算结果显示在屏幕上时，就会遇到数据的输入输出处理问题。

输入的数据是以 ASCII 码被接收的，一般变换成数字才能参与运算。例如，用键盘输入一个数据 8，程序中使用 1H 号功能接收：

```
        MOV   AH,1
        INT   21H
```

这样,将在 AL 中获得"8"的 ASCII 码"38H",显然它不能作为数值参与运算,必须使"38H"变为"8"才行。可以使用如下语句变换:

```
        AND   AL,0FH
```

或

```
        SUB   AL,30H
```

反之,要输出一个数据,先要将其转换成 ASCII 码,才能输出到屏幕上正确显示。例如,某程序查表得到 8 的平方值 64,这个结果以十进制形式被存放在 AL 中(高 4 位为 6 的 BCD 码,低 4 位为 4 的 BCD 码)。现在要显示这个结果,就必须事先将 6 和 4 分别变成它们的 ASCII 码 36H 和 34H,才能在屏幕上显示出 64 来,完成这个功能的程序段如下:

```
        MOV   BL,AL       ;保存结果的副本
        MOV   CL,4
        SHR   AL,CL       ;将高半字节移到低半字节
        OR    AL,30H      ;十位上的数变成 ASCII 码
        MOV   AH,2
        MOV   DL,AL
        INT   21H         ;输出十位数
        AND   BL,0FH
        OR    BL,30H      ;个位上的数变成 ASCII 码
        MOV   DL,BL
        MOV   AH,2
        INT   21H         ;输出个位数
```

以上就是简单的 I/O 数据处理。一般而言,汇编语言程序使用 DOS 的基本 I/O 功能调用进行输入输出时,数据的输入输出处理由用户自己编程实现。

二、使用功能调用进行输出显示时屏幕格式的控制

使用 02H 或 09H 等功能输出字符时,字符显示在屏幕当前光标位置上,我们可以通过向显示器输出特殊的控制符来控制字符的显示格式,常用的控制符如下。

(1) 换行符 0AH,它使光标下移一行,而列值保持不变。
(2) 回车符 0DH,使光标返回到一行的起始位置,行值保持不变。
(3) 空格符 20H,使光标向后移动一个列位置。
(4) 退格符 08H,使光标向回移动一个列位置。

例如,用 09H 功能显示一个字符串,为使这个字符串单独显示在一行的中间位置,可定义这个字符串如下:

```
STRING  DB  0AH,0DH,8 DUP(20H),'Hello Assembler!'0AH,0DH,'$'
```

合理使用这些控制符,可控制屏幕显示格式。

另外,还有一些很有用的控制符,如响铃符 07H 等,读者可自己去尝试。

三、程序的汇编、连接及调试

1. 汇编

汇编就是把汇编语言编制的源程序翻译(汇编)成机器语言的目标程序。汇编程序 MASM 是一个宏汇编程序，它包含有宏功能的处理。源程序经过 MASM 汇编后，可以产生 3 个文件：扩展名为.OBJ 的目标程序、扩展名为.LST 的列表文件和扩展名为.CRF 的交叉引用文件。

1) MASM 的操作

在操作系统状态下，可直接调用 MASM 宏汇编程序。假设现有已编辑完成的源程序 ABC.ASM，操作如下：

```
C> MASM  ABC
```

接着屏幕上显示：

```
Microsoft (R) Macro Assembler version 5.00
Copyright (C) Microsoft corp. 1981-1985, 1987. All rights reserved
Object filename [ABC. OBJ]:
```

宏汇编程序询问汇编产生的目标程序文件名是否为方括号中的默认值(即目标程序与源程序同名)。若是，直接按回车键，否则需要自己输入另一文件名。在回答完这一询问后，宏汇编程序接着依次询问列表文件和交叉引用文件的文件名：

```
Source   listing     [NUL.LST]:
Cross-reference      [NUL.CRF]:
```

这两个文件是否建立由操作人员确定：若要建立其中一个或两个，操作人员便可输入所需建立的文件名，否则直接按回车键。待完成上述人机对话后，宏汇编程序便对源程序进行扫描，检查源程序中各语句是否有语法错误，同时把各语句汇编成对应的机器目标代码。在汇编过程中，若发现源程序有语法错误，便随时给出错误信息。出错信息的显示格式如下：

源程序文件行　　　　　错误信息代码　　　　错误描述信息
最后给出出错总数：
　　0 Warning   Errors
　　0 Severe   Errors

如果警告错误和严重错误总数都等于零，那么这次源程序的汇编获得通过，可以进行连接。否则，返回编辑程序，修改源程序，然后再次进行汇编，直到源程序汇编正确无误。

如果汇编时，无须产生列表文件(.LST)和交叉引用文件(.CRF)，启动宏汇编程序时可用分号结尾。如：

```
C> MASM  ABC;
```

如果需要后面的列表文件和交叉引用文件，且它们的文件名与源程序文件名相同，这时启动宏汇编程序时，可用逗号指明。如：

```
C> MASM  ABC,;
```

其中,分号";"表示对后面的所有询问已进行了响应,这样宏汇编程序 MASM 就不再逐一询问。

2) 文件示例及说明

(1) 目标程序文件(.OBJ)。

这是一个纯二进制代码文件,不能直接在屏幕上显示查看。

(2) 列表文件(.LST)。

这是一个很有用的文件。列表文件中包含了源程序中各语句及其对应的目标代码,给出了源程序中各语句所属段内的偏移量,并且把源程序所用的标号、变量和符号,列出它们的名字、类型和值,便于查阅。下面给出一个源程序的列表文件:

```
TITLE  ARRAY SUM
0000                                  DATA       SEGMENT
0000 02 05 00 03 FC 05 00 0A FF       ARRAY1     DB  2,5,0,3,-4,5,0,0AH,0FFH
0009 03 05 04 FE 00 08 03 F6 20       ARRAY2     DB  3,5,4,-2,0,8,3,-0AH,20H
0012 09                               CUNT       DB  $—ARRAY2
0013 ??                               LEN        DB  ?
0014 0020[00]                         SUM        DB  20H DUP(0)
0034                                  DATA       ENDS
0000                                  STACK1     SEGMENT PARA STACK
0000 0020[0000]                                  DW  20H DUP(0)
0040                                  STACK1     ENDS
0000                                  COSEG      SEGMENT
                                                 ASSUME CS:CSEG,DS:DSEG,SS:STACK1
0000 B8 ———— R       START:           MOV   AX,DATA
0003 8E D8                            MOV   DS,AX
0005 BB FFFF                          MOV   BX,-1      ;初始化地址指针
0008 B9 0000                          MOV   CX,0
000B 8A 0E 0012 R                     MOV   CX,CUNT    ;送数组的数据个数
000F 43              NOZERO:          INC   BX
0010 8A 87 0000 R                     MOV   AL,ARRAY1[BX]
0014    02 87 0009 R                  ADD   AL,ARRAY2[BX] ;数组相加
0018 88 87 0014 R                     MOV   SUM[BX],AL    ;保存结果
001C E0 F1                            LOOPNE NOZERO
001E 74 02                            JE    END0       ;有和数=0,转移
0020 FE C3                            INC   BL         ;没有,修改新数组长度
0022 88 1E 0013 R    END0:            MOV   LEN,BL     ;存新数组长度
0026    B4 4C                         MOV   AH,4CH
0028 CD 21                            INT   21H
002A                                  COSEG  ENDS
                                      END   START
Segments and Groups:
    Name                Length     Align     Combine     Class
COSEG··············    002A        PARA      NONE
DATA···············    0034        PARA      NONE
STACK1·············    0040        PARA      STACK
```

```
Symbols:
    Name                    Type        Value       Attr
  ARRAY1 ················   L  BYTE     0000        DATA
  ARRAY2 ················   L  BYTE     0009        DATA
  CUNT   ················   L  BYTE     0012        DATA
  END0   ················   L  NEAR     0022        COSEG
  LEN    ················   L  BYTE     0013        DATA
  NOZERO ················   L  BYTE     000F        COSEG
  START  ················   L  NEAR     0000        COSEG
  SUM    ················   L  BYTE     0014        DATA     Length = 0020
           30 Source Lines
           30 Total Lines
           13 Symbols
  51038 + 315938 Bytes symbol space free
            0 Warning Errors
            0 Severe Errors
```

上述列表文件指示源程序无语法错误。若源程序中某些语句有语法错误，这时列表文件可指示具体哪个语句有什么语法错误，且出错提示就出现在有错误语句行的下一行上。这样程序设计人员可借助于列表文件很快地查找错误。另外，由于列表文件中已给出各语句的偏移量，因此对调试程序时设置断点很有帮助。断点的设置必须是一条指令语句的首字节地址(即首字节偏移量)，这样，我们可从列表文件中清楚地记下设置断点的位置，以利于程序的调试。

3) 交叉引用文件

汇编后产生的交叉引用文件(扩展名为.CRF)中给出了源程序中定义的符号(含标号、变量等)。程序中引用这些符号的情况，且是按字母顺序排列的。

但.CRF 为二进制文件，若要查看这个符号表，必须使用 CREF 软件，它根据.CRF 文件建立一个扩展名为.REF 的文本文件。然后再显示.REF 文件的内容就可以看到这个符号表。

2. 连接

源程序经过汇编后产生的目标程序，必须经过连接程序(LINK)后才能运行。连接程序 LINK 把一个或多个独立的目标程序模块(.OBJ)连接装配成一个可重定位的可执行文件(.EXE)。连接程序 LINK 除产生一个可执行文件外，还可产生一个内存映像文件(扩展名为.MAP)。LINK 连接的一定是扩展名.OBJ 的目标程序。

1) LINK 的操作

在操作系统下，直接启动连接程序 LINK，例如：

C> LINK ABC

接着屏幕上显示：

```
Microsoft (R) Overlay Linker version 3.60
Copyright (C) Microsoft corp. 1983-1987.All rights reserved
Run file    [ABC.EXE]:
```

连接程序询问连接时产生的可执行文件名是否用方括号中的默认值(即可执行文件与目标程序文件同名)。若是，可直接按回车键，否则需要重新输入文件名。接着依次询问：

```
List File      [NUL.MAP]:
Libraries      [.LIB]:
```

其中 MAP 文件是否建立，由操作人员确定。若要，则输入文件名，否则直接按回车键。后一个是询问在连接时是否要用库文件。对于来自宏汇编语言程序的目标程序文件，通常是直接按回车键。

与启动宏汇编程序一样，可以在启动连接程序时，用分号结束后续询问。如：

```
C> LINK  ABC;
```

若要产生 MAP 文件，且使用目标程序文件名，可用一逗号表示。如：

```
C> LINK  ABC, ;
```

若是连接多模块的目标程序，例如现有 3 个目标程序文件 ABC1、ABC2、ABC3(它们的扩展名均是.OBJ)那么可用加号"+"把它们连接起来。如：

```
C> LINK  ABC1 + ABC2 + ABC3;
```

这样产生的一个可执行文件是约定取用第一个目标程序文件名，当然操作人员也可重新用另外的文件名。

2) MAP 文件示例

MAP 文件列出各段的起点、终点及长度。下面给出的 MAP 文件为.LST 文件中的程序连接时产生的。

```
Start          Stop           Length         Name           Class
00000H         00033H         00034H         DATA
00080H         000A9H         0002AH         COSEG
00040H         0007FH         00040H         STACK1
Program  entry  point  at  0008:0000
```

3. 调试与运行

调试汇编语言程序的基本工具是调试程序 DEBUG。在调试程序时，它能使程序设计人员触及到机器内部，能观察并修改寄存器和存储单元内容，能监视目标程序的执行情况。所以，可以说 DEBUG 是 8086/8088 CPU 心灵的窗口。

所有 DEBUG 命令为单字母，其后跟着一个或多个参数。参数之间用分界符号(空格或逗号)隔开。每个命令以回车键作为结束符。在 DEBUG 命令中，使用逻辑地址时，其格式为：

段基值：偏移量

其中，段基值可以用段寄存器名(CS、SS、DS、ES)表示，也可以是一个十六进制数。在 DEBUG 状态下，命令参数中的数据和机器显示的数据均是十六进制数，且不再以 H 结尾。

DEBUG 有众多的操作命令，除下面介绍的几种命令外，还有诸如磁盘文件操作命令，查找、比较、填充和移动命令，输入输出命令，十六进制数运算命令等。由于本书篇幅有限，未能一一做介绍。若需要使用这些操作命令，可参考有关资料。

1) 进入与退出

在操作系统下，直接调用 DEBUG 程序。如：

C> DEBUG

在进入 DEBUG 后，出现提示符"—"，用户便可开始使用 DEBUG 各命令。首先应装入待调试的可执行文件。假设文件名是 ABC.EXE，装入此程序可执行文件的方法是：

N ABC.EXE
L

也可以在调用 DEBUG 时，同时装入可执行文件，如：

C> DEBUG ABC.EXE

当完成可执行文件装入后，程序的目标代码、数据已全部送入内存指定单元。此时 CPU 各寄存器内容处于初始状态。

若需要退出 DEBUG 返回操作系统，可使用：

— Q

2) 显示命令
(1) 显示内存单元内容——D 命令(Dump Command)。
命令格式：D[地址] 或 D[范围]
例如：

```
—D  DS:100          ;从(DS)+100H 开始显示 80H 个字节单元内容
—D  100             ;用上次使用的段寄存器从偏移量为 100H 开始显示 80H 个字节单元内容
—D  DS:100 110      ;从(DS)+100H 开始显示 11H 个字节单元内容(显示的末地址偏移量为 110H)
—D  DS:100 L10      ;同上一条命令
```

显示示例如下：

```
—D DS:0
10A8:0000  02 05 00 03 FC 05 00 0A— FF 03 05 04 FE 00 08 03  ......|......
10A8:0010  F6 20 09 00 00 00 00 00— 00 00 00 00 00 00 00 00  v...............
10A8:0020  00 00 00 00 00 00 00 00— 00 00 00 00 00 00 00 00  ................
10A8:0030  00 00 00 00 00 00 00 00— 00 00 00 00 00 00 00 00  ................
10A8:0040  41 42 43 44 45 46 00 00— 00 00 00 00 00 00 00 00  A B C D E F.....
10A8:0050  00 00 00 00 00 00 00 00— 00 00 00 00 00 00 00 00  ................
10A8:0060  00 00 00 00 00 00 00 00— 00 00 00 00 00 00 00 00  ................
10A8:0070  00 00 00 00 00 00 00 00— 00 00 08 00 A0 10 8A 0D  ................
```

在屏幕上显示的内容分为三部分：左边是每一行存储单元的起始地址(段基值：偏移量)，中间是各字节单元内容(十六进制数)的显示，右边是把中间各字节单元用相应的 ASCII 码字符显示，若该单元的内容是不可显示字符，便以"."表示。

(2) 显示寄存器内容——R 命令(Register Command)。
例如：

—R
AX=0000 BX=0000 CX=0100 DX=0000 SP=0040 BP=0000 SI=0000 DI=0000

```
DS=1090  ES=1090  SS=10AC  CS=10B0  IP=0000  NV UP DI PL NZ NA PO NC
10B0 : 0000  B8 A8 10     MOV  AX,10A8
```

输入 R 后，CPU 各寄存器内容全部显示出来。第二行后半部是显示标志寄存器各标志位状态。各标志位的复位(0 状态)和置位(1 状态)是用字符表示的，如表 5-1 所示。

显示的第三行表示现在 CS:IP 指向的一条指令，也即是下一条即将执行的指令。

表 5-1 标志寄存器各标志位的显示字符

标志位		置 位	复 位
溢出位	OF	OV	NV
方向位	DF	DN	UP
中断位	IF	EI	DI
符号位	SF	NG	PL
零值位	ZF	ZR	NZ
辅助进位位	AF	AC	NA
奇偶位	PF	PE	PO
进位位	CF	CY	NC

(3) 显示源程序(反汇编)—— U 命令(Unassembled Command)。

在 DEBUG 状态下运行程序是执行某内存区域的目标代码，为了知道执行的是什么指令，操作数在哪里，就希望把目标代码"还原"为源程序指令。这个操作叫反汇编。U 命令就是把目标代码反汇编为源程序指令。

命令格式：U [地址]   或   U [范围]

前一种命令格式是显示 32 个字节目标代码的源程序指令；后一种命令格式是由操作人员指定起始地址和结束地址(结束地址只能是偏移量)或者指定起始地址和长度。例如：

```
—U  CS:0            ;显示 CS 指向段的前 32 个字节目标代码的源程序指令
—U  CS:12 22        ;显示偏移量为 12H 到 22H 内存区域目标代码的源程序指令
—U  CS:12 L10       ;同上
```

U 命令示例：

```
—U  CS:0
10B0: 0000    B8A810       MOV    AX,10A8
10B0: 0003    8ED8         MOV    DS,AX
10B0: 0005    BBFFFF       MOV    BX,FFFF
10B0: 0008    B90000       MOV    CX,0000
10B0: 000B    8A0E1200     MOV    CL,[0012]
10B0: 000F    43           INC    BX
10B0: 0010    8A870000     MOV    AL,[BX+0000]
10B0: 0014    02870900     ADD    AL,[BX+0009]
10B0: 0018    88871400     MOV    [BX+0014],AL
10B0: 001C    E0F1         LOOPNZ 000F
10B0: 001E    7402         JE     0022
```

3) 修改命令

(1) 修改内存单元内容——E 命令(Enter Command)。

E 命令有两种格式。

① 用内容表修改内存单元。

命令格式：E 地址　内容表

例如：

—E　　DS:0010　　EB'ABC'34

在以 DS:0010 为起始单元的连续 5 个字节单元中依次分别存放数据 0EBH，字符 A、B、C 的 ASCII 码和数据 34H。

② 逐个内存单元修改。

命令格式：E 地址

在输入上述命令之后，在屏幕上显示出命令指定的单元地址及其内容。这时可输入新的两位十六进制数，以代替原有内容。接着有 3 种不同操作可供选择。

(a) 按空格键，屏幕上显示下一个高地址单元的内容，并等待输入新的数据。若再按空格键，则又显示再下一个字节内容……依次由低地址向高地址逐个字节单元进行修改。

(b) 输入连接号"—"：屏幕上显示上一个单元内容，并等待输入新的数据。若再输入"—"，便又显示再上一个单元内容……，依次由高地址向低地址逐个字节单元的修改。

(c) 按回车键：结束这次内存单元的修改。在前述两种操作中，如果未输入新数据前就直接按回车键，表示此单元内容未作修改并结束 E 命令。

(2) 修改寄存器内容——R 命令(Register Command)。

命令格式：　　R < 寄存器名 >

在输入上述 R 命令后，屏幕上立即显示寄存器名及其内容，然后等待输入新的最多 4 位十六进制数。若原内容无须修改，可直接按回车键。例如：

—R DS
　　DS　　0962　　;DS 原有内容
　　:　　　2975　　;修改 DS 的内容

修改标志寄存器时，必须使用标准的显示字符。8 个标志位可任意选择修改其中一个或几个，且修改的顺序也可以是任意的。输入各标志显示字符之间可以无间隔。

(3) 汇编——A 命令(Assemble Command)。

A 命令主要用于小段程序的汇编或对目标程序的修改。用 A 命令汇编或修改指令的目标代码直接存入指定内存单元。

命令格式：A [地址]

在输入 A 命令后，屏幕上显示存放指令目标代码的起始单元地址，并等待输入一条源程序指令。可以输入 8086/8088 指令系统中任意一指令。当指令中需要说明存储单元是字或字节时，可用 WO(即 WORD PTR)或 BY(即 BYTE PTR)来表示操作数类型。可以用 DB 或 DW 直接把字节和字的数据送入相应单元中，如同源程序中使用一样，可以输入数，也可以输入字符串。不允许使用标号和伪指令(除 DB，DW 外)。在输入一条指令的末尾以回车键结束。若没有输入指令就直接按回车键，表示 A 命令结束。例如：

```
—A  CS:40
10B0:0040    MOV BY[0012],AL
10B0:0043    MOV CX,21
10B0:0046    ADD BX,34[BP+3][SI-5]
10B0:0049    JMP 0060
10B0:004B    DB 12,34,'ABCDEFGHIJKLMN'
10B0:005BP
```

4) 程序运行

待可执行文件装入内存后，在 DEBUG 状态下，可以用两种不同方式运行目标程序。

(1) 连续或断点运行方式——G 命令(Go Command)。

命令格式：G [=地址][, 地址][, 地址]……

其中第一个参数[=地址]是运行程序的起始地址。该地址必定以 CS 为段基值，所以该参数仅送入偏移量。若没有指定起始地址，就以 CS 和 IP 现有内容为起始地址。第一个命令参数中"="不可缺少，否则就视为后面等同的断点地址参数。后面不带符号的地址均是断点地址。断点地址一定是一条指令的首字节地址，它只包含偏移量(段基值隐含指 CS)。一条 G 命令的断点地址至多 10 个。断点地址的顺序是任意的。若 G 命令带有断点地址参数，当程序运行时至任一断点时，便立即停下来，并显示 CPU 各寄存器内容和下一次将要执行的指令。若 G 命令没有断点地址参数，那么程序就运行至结束，并显示 Program terminated normally(程序正常结束)。断点地址参数只对本次 G 命令有效。若再次使用 G 命令，仍需要重新指定断点地址参数。

(2) 跟踪运行方式——T 命令(Trace Command)。

命令格式：T [=地址][值]

其中，[=地址]为程序的运行起始地址。若命令中未指定，就以 CS 和 IP 现有内容为起始地址。[值]是程序运行的指令条数(十六进制数)，命令中若未指定[值]参数，便视为[值]=1，即仅执行一条指令。执行 T 命令，每执行完一条指令后，就自动显示 CPU 各寄存器和标志寄存器内容，待 T 命令指定指令条数执行完后暂停程序的运行。例如：

```
—T =0  2
AX=10A8  BX=0000  CX=0100  DX=0000  SP=0040  BP=0000  SI=0000  DI=0000
DS=1090  ES=1090  SS=10AC  CS=10B0  IP=0003  NV UP DI PL NZ NA PO NC
10B0:0003 BED8    MOV DS,AX
AX=10A8  BX=0000  CX=0100  DX=0000  SP=0040  BP=0000  SI=0000  DI=0000
DS=10A8  ES=1090  SS=10AC  CS=10B0  IP=0005  NV UP DI PL NZ NA PO NC
10B0:0005 BBFFFF  MOV BX,FFFF
```

5) 如何调试程序

用户程序经过编辑、汇编、连接后得到一个可执行文件(.EXE)，这时借助于调试程序 DEBUG 对用户程序进行调试，查看程序是否能完成预定功能。对于初学者，如何选用 DEBUG 中各命令，有效地调试与运行程序，需要一个学习过程。在初次使用 DEBUG 时，可参照下列步骤进行。

(1) 调用 DEBUG，装入用户程序。

无论用哪种方式进入 DEBUG，装入用户程序可执行文件时，一定要指定文件全名(即文件名和扩展名)。

(2) 观察寄存器初始状态。

使用 R 命令查看寄存器内容，从各段寄存器现在的内容，便能了解用户程序各逻辑段(代码段、堆栈段等)在内存的分布及其段基值。R 命令亦显示了各通用寄存器和标志寄存器的初始值，显示的第三行就是即将执行的第一条指令。

(3) 以单步工作方式开始运行程序。

首先用 T 命令顺序执行用户程序的前几条指令，直到段寄存器 DS 和/或 ES 已预置为用户的数据段。在用 T 命令执行程序时，每执行一条指令，CRT 上显示指令执行后寄存器的变化情况，以便用户查看指令执行结果。

(4) 观察用户程序数据段初始内容。

在第(3)步执行后，DS 和/或 ES 已指向用户程序的数据段和附加段，这时用 D 命令可查看用户程序的原始数据。

(5) 继续以单步工作方式运行程序。

对于初学者，一般编写的程序比较短，用 T 命令逐条执行指令，可清楚地了解程序的执行过程，现在执行的是什么指令，执行后的结果在哪里(寄存器、存储单元)，所得结果是否正确，等等。在逐次使用 T 命令时，若有需要，中间可选用 D 命令了解某些内存单元的变化情况。

用 T 命令逐条执行程序时，如遇上用户程序中 CALL 指令或软中断指令 INT 时，通常不要用单步工作方式执行这些指令。因为这会跟踪到子程序或中断处理程序中执行，要退出该子程序需要花费较多时间，这时应使用 P 命令(准单步命令)。P 命令格式与 T 相同，但它将 CALL、INT 和带重复前缀的串操作指令一次完成。

(6) 连接工作方式运行程序。

在用单步工作方式运行程序后，可再用连接工作方式从头开始运行程序，查看运行结果。在用 G 命令时，注意指定运行程序的起始地址。若 G 命令中未指定起始地址，就隐含在当前 CS:IP 指向的指令。

(7) 修改程序和数据。

经过上面几步后，若发现程序有错，则需要适当进行修改。这时，如果仅需要作个别修改，可在 DEBUG 状态下，使用 A 命令。这种修改仅仅是临时修改内存中的可执行文件，未涉及源程序。当确认修改正确后，应返回至编辑程序，修改源程序，然后再汇编、连接。

为了确认用户程序的正确性，常常须用几组不同的原始数据去运行程序，查看是否都能获得正确结果。这时，可用 E 命令在用户程序的数据段和附加段中修改原始数据，然后再用 T 命令或 G 命令运行程序，查看运行结果，直到各组数据都能获得正确结果为止。

(8) 运用断点调试程序。

如果已确认程序是正确的，在连续工作方式下，可快速地运行程序；如果已知程序运行结果不正确，用 G 命令运行程序，中途不停，很难查找错误。改用 T 命令，虽然可以随意暂停程序的执行，但是运行速度慢，如果运用断点，可快速查找错误。这里的"断点"是程序连续运行时要求暂停的指令位置(地址)，用要求暂停的一条指令首字节地址表示。当程序连续运行到这断点地址时，程序就暂停，并显示现在各寄存器内容和下面将要执行的指令(即断点处指令)。运用断点，可以很快地查找出错误发生在哪一个程序段内，缩小查找错误的范围。然后在预计出错的范围内，再用 T 命令仔细观察程序运行情况，确定出错原因和位置，完成程序的调试。

顺序结构程序设计.ppt

第六章 分支结构程序设计

学习要点及目标

- 熟悉各种形式的分支程序的结构特点。
- 掌握双分支程序中产生条件和判断条件的程序段的设计方法和技巧。
- 理解和掌握多种方法实现多分支程序的设计原理、方法和技巧。

核心概念

双分支结构　多分支结构

引导案例

比较两个带符号字节数的大小，找出其中的大数存入 MAX 字节单元。编写程序如下：

```
DSEG   SEGMENT
AA     DB  10,-1
MAX    DB  ?
DSEG   ENDS
STACK SEGMENT STACK
       DW  20H DUP(0)
STACK ENDS
CSEG   SEGMENT
       ASSUME  CS:CSEG, DS:DSEG
START:MOV AX, DSEG
      MOV DS, AX
      MOV AL, AA
      CMP AL, AA+1
      JGE LL
      MOV AL, AA+1
LL:   MOV AL, MAX
      MOV AH, 4CH
      INT 21H
CSEG  ENDS
      END START
```

此案例为对有符号数进行比较大小的处理，通过比较判断做出两种选择，从而实现找到大数的操作。

从上面的案例中可以看出,在解决实际问题的过程中,往往需要针对不同的情况做出不同的处理,让机器根据不同情况自动做出判断,有选择地执行相应的处理程序。通常称这类程序为分支程序。分支结构是程序设计中重要的控制结构。本章重点介绍分支结构程序设计的常用方法和编程技巧。

第一节　灵活运用转移指令

在第三章中已经介绍了转移类指令的功能、指令格式及用法。可以说,灵活运用转移类指令是设计分支程序尤其是多分支程序的基础。下面介绍如何运用这类指令。

一、无条件转移指令

无条件转移指令 JMP 有多种形式的操作数。应用多种操作数可实现多种无条件转移。

1. 段内转移

(1) 使用标号进行段内直接转移。例:

```
JMP   NEAR PTR L1
```

(2) 使用通用寄存器表示转移目标的偏移地址,实现段内间接转移。例:

```
LEA   AX, L1
JMP   AX
```

(3) 以内存变量表示转移目标的偏移地址,实现段内间接转移。例:

```
N   DW L1
JMP   N
```

或

```
LEA BX, L1
JMP WORD PTR[BX]
```

2. 段间转移

(1) 使用标号进行段间直接转移。例:

```
JMP   FAR PTR L1
```

(2) 以内存变量表示转移目标的 32 位逻辑地址,实现段间间接转移。例:

```
N    DD L1
JMP   N
```

二、条件转移指令

通常，使用条件转移指令 JCC 来实现分支。首先需要应用比较、算术或逻辑运算等影响标志位的指令，再用 JCC 指令判断转移条件，以实现分支转移。实质上，JCC 指令都是判断标志位的。因此，分支程序设计的关键在于准确把握指令对标志位的影响及正确运用条件转移指令。

比较两个数的大小要使用 CMP 等指令，然后再判断标志位。

CMP 指令实质是执行两个数相减操作，但不送回相减的结果，只是结果影响标志位。

那么，怎样根据标志来判断比较结果呢？

首先，如果所比较的两个操作数相等，那么标志位 ZF=1，所以，根据 ZF 就可以判断是否相等。

如果两数不等，则有以下两种情况。

1. 两个无符号数的比较

无符号数相减，CF 是借位标志。如果 CF=0，表示无借位，即被减数(目的操作数)大。

2. 两个有符号数的比较

有符号数的最高位表示符号，而符号标志 SF 总是和结果的最高位相同。所以，当两个正数相比较或两个负数相比较时，毫无疑问，可以用 SF 来判断被减数比减数大还是比减数小。如果 SF 为 0，则表示被减数比减数大；如果 SF 为 1，则表示被减数比减数小。

如一个为正数，另一个为负数，当两者相比较或相减时，可能会出现这样的情况：比如，被减数为 127，减数为-50，显然是被减数比减数大。但是，127-(-50)=177，在计算机中运算时，为：

```
  01111111
+ 00110010
  ─────────
  10110001=-79
```

按照带符号数的观点来看，结果为-79，是一个负数。为什么一个正数减一个负数会得到一个负的结果呢？原因就在于正确的计算结果 177 已经超出了有符号范围-128～+127，即产生了溢出，因此，在这种情况下，溢出标志 OF 为 1。也就是说，如果两个有符号数比较时，使得 OF=1，而且 SF=1，那么，结果为被减数大，减数小。

同样，不难用被减数为-50，减数为 127 的情况说明，如果两个有符号数比较时，使得 SF=0，而且 OF=1 时，那么，结果为被减数小，减数大。

可见没有溢出时，只要用标志位 SF 来判断两数的比较结果就行了，当 SF=0 时，被减数比减数大，当 SF=1 时，被减数比减数小。

在有溢出时，OF=1，这时，如果 SF=0，则被减数比减数小，如果 SF=1，则被减数比减数大。

归纳上面两种情况以及两个正数和两个负数的情况(后面两种情况下，OF 始终为 0)，对于有符号数的比较可得出结论：

(1) 如果得到溢出标志 OF 和符号标志 SF 的值相同(均为 1 或者均为 0)，则说明被减数比减数大。

(2) 如果得到溢出标志 OF 和符号标志 SF 的值不同(一个为 0，另一个为 1)，则说明被减数比减数小。

因此，对于有符号数的比较，要根据 OF 和 SF 两者的关系来判断结果。

在讲转移指令时，8086/8088 指令系统中分别提供了判断无符号数比较结果的条件转移指令以及判断有符号数比较结果的条件转移指令。这两组条件转移指令在执行时的差别就是前者只根据标志位 CF 来判断结果，后者则根据标志位 OF 和 SF 的关系来判断结果。

第二节　分支结构程序设计

在实际问题中，往往需要对不同情况做不同的处理。解决这类问题的程序就要选用适当的指令来描述可能出现的各种情况及相应的处理方法。这样，程序不再是简单的顺序结构，而是分成了若干个支路。运行时，让机器根据不同情况做出判断，有选择地执行相应的处理程序。通常称这类为分支程序。分支程序常用的有双分支结构和多分支结构两种结构。

双分支结构
程序设计.mp44

一、分支结构

使用这种结构进行分支程序设计，首先要对处理的问题进行比较、测试或者进行算术运算、逻辑运算，以产生有效的状态标志。然后选择条件转移指令产生分支转移。例如比较两个单元的地址高低；两个数的大小；测试某数据的正负、是否为全 0；测试数据中某些位是为 0，还是为 1 等。把比较测试的结果反映在各状态标志位上，以产生转移判断的依据。通常一条条件转移指令只能产生两路分支。若要实现多路分支，必须使用多条转移指令。n 条条件转移指令可以产生 n+1 路分支。

对于这种结构的程序有两种程序流程，如图 6-1 所示。图 6-1(a)相当于高级语言中的 IF—THEN—ELSE 语句，根据条件成立与否，分两种情况分别处理。图 6-1(b)相当于高级语言中的 IF—THEN 语句，仅当某种条件成立才执行一段程序，否则跳过它。

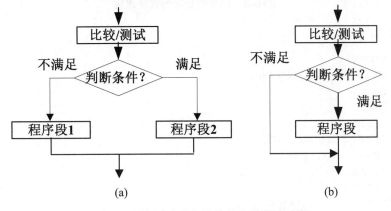

图 6-1　比较/测试分支结构的两种程序流程

注意：程序隐含是顺序执行的，在图 6-1(a)的结构中，程序段 2 中要安排一条 JMP 转移指令，来跳过程序段 1 的分支体。

二、分支结构程序设计举例

【例 6.1】 内存 ADR 单元开始存放两个带符号字数据，编制程序，若两数同号，将 FLAG 单元置 0，否则置全 1。

问题分析：判断两数是否同号，即判断两个数的最高位是否相同，若相同即为同号。判断的方法有两种。

(1) 第一种方法：先取出一个数，判断符号是否为正，若为正，再判断另一个数的符号是否为正，也为正，则两数同号，否则为异号；若第一个数的符号为负，判断另一个数的符号是否为负，也为负，则两数同号，否则为异号。

程序流程如图 6-2 所示。

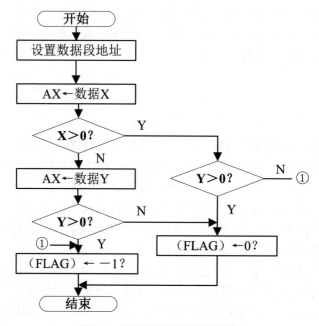

图 6-2　测试两数符号程序流程

程序清单如下：

```
DSEG    SEGMENT
ADR     DW       73A5H,924BH
FLAG    DB       ?
DSEG    ENDS
CSEG    SEGMENT
ASSUME  CS:CSEG,DS:DSEG
START:  MOV      AX, DSEG
MOV     DS, AX
MOV     AX,ADR
AND     AX,AX            ;置标志
```

```
        JNS      PLUS              ;正转
        MOV      AX,ADR+2
        AND      AX,AX             ;第二个数置标志
        JS       SAME              ;同为负
UNSAME: MOV      AL,0FFH           ;异号标志
        JMP      LOAD
PLUS:   TEST     ADR+2,8000H       ;第二个数置标志
        JS       UNSAME            ;异号
SAME:   XOR      AL,AL             ;同号标志
LOAD:   MOV      FLAG,AL           ;存标志
        MOV      AH,4CH
        INT      21H
CSEG    ENDS
        END      START
```

程序用 AND 指令，使数据自身"与"操作，就把自身符号状态反映到 SF 标志位，然后根据 SF 标志判断；也可以用 OR 指令，还可以用 TEST 指令直接测试最高位，结果反映到 ZF 标志位，然后根据 ZF 标志判断。

(2) 第二种方法：利用 XOR 指令，将两个数异或，异或结果的最高位状态为 1，则说明两数异号，否则两数同号。异或结果的最高位状态反映到符号标志 SF 位上。如：

    01110110   10011010
  ⊕ 10011010   ⊕ 10010110
    11101100   00001100
  符号位为 1，SF=1   符号位为 0，SF=0

程序清单如下：

```
DSEG    SEGMENT
ARG     DW       7654H,8A32H
FLAG    DB
DGEC    ENDS
CSEG    SEGMENT
        ASSUME   DS:DSEC,CS:CSEG
START:  MOV      AX,DSEG
        MOV      DS,AX
        MOV      AX,ARG
        XOR      AX,ARG+2          ;两数异或
        MOV      AL,0              ;同号标志
        JNS      LOAD              ;同号
        DEC      AL                ;异号标志
LOAD:   MOV      FLAG,AL           ;存标志
        MOV      AH,4CH
        INT      21H
CSEG    ENDS
        END      START
```

很显然，第二种算法比第一种算法简单。如果要判断多个数是否同号，应如何进行编程？

【例 6.2】 设 ASC 单元存放两个字符的 ASCII 码，编制程序检查其奇偶性，并将它们配制成奇校验存入原单元。

问题分析：字符的 ASCII 码是用七位二进制表示的，当用一个字节单元保存一个字符的 ASCII 码时，字节单元的第 7 位(最高位)空闲，因此，常对 ASCII 码字节的空闲位作如下利用。

(1) 作为奇偶校验位。
(2) 为 1，表示是扩充 ASCII 码，即 128 种特殊字符或图形代码(在西文状态下)。
(3) 作为汉字代码的标志位(在中文状态下)。

在字符 I/O 时，常把第 7 位作为奇偶校验位，其意义在于字符在传输过程中，可能由于某种原因，产生数位传输错，通过设置奇偶校验位可以检查字符传输中是否出错。所谓字符代码的奇偶性，是指代码中含 1 的个数是奇数还是偶数。例如，字符 A 的 ASCII 码为 41H(01000001B)，其中含有 2 个 1，即为偶性，要使之为奇性，则将最高位 0 变为 1；同理字符 C 的 ASCII 码为 43H (01000011B)，其中含有 3 个 1，即为奇性。把字符代码配制成奇校验，即使字符代码连同最高位共含有奇数个 1；配制成偶校验，即使字符代码连同最高位共含有偶数个 1。

本题要求将字符代码配置为奇校验。方法是先检查代码的奇偶性，然后根据测试结果 PF 标志状态决定是否将最高位置 1。

程序流程如图 6-3 所示。

程序清单如下：

```
DSEG    SEGMENT
ASC     DB   'AC'
DSEG    ENDS
CSEG    SEGMENT
ASSUME  CS:CSEG,DS:DSEG
MKODD:  MOV  AX,DSEG
        MOV  DS,AX
        MOV  AX,WORD PTR ASC    ;取两字符
        AND  AL,AL              ;置奇偶标志
        JPO  NEXT               ;奇转
        OR   AL,80H             ;配为奇性
NEXT:   AND  AH,AH              ;置奇偶标志
        JPO  LOAD               ;奇转
        OR   AH,80H             ;配为奇性
LOAD:   MOV  WORD PTR ASC,AX
        MOV  AH,4CH
        INT  21H
CSEG    ENDS
        END  MKODD
```

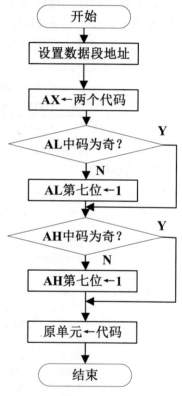

图 6-3 配奇校验位程序流程

第三节 多分支结构程序设计

在程序设计时经常遇到这样的情况：某些处理存在多条路径，需要根据具体情况选择其中一条路径，这就是多分支。

为了实现多路分支，常用跳转表。例如某程序需 n 路分支，每路程序的入口地址分别为 SUB1、SUB2、…、SUBn。把这些转移的入口地址组成一个表，叫跳转表。跳转表常用的有地址跳转表和指令跳转表。

多路分支结构
程序设计.mp4

一、地址跳转表法

地址跳转表法要求在数据段定义一个地址表，依次存放处理程序的入口地址。表内结构如图 6-4 所示，由于所有代码都在同一个段内，表内只需存放两个字节的处理程序的入口地址。因此，用 DW 伪指令定义地址表如下：

```
Addrtable  DW  SUB1,SUB2,SUB3,…,SUBn
```

如果主程序与各处理程序不在同一个段，则要用远转移指令，地址表中存放各处理程序的 32 位分段地址，用 DD 伪指令定义。

【例 6.3】 现有若干个程序段，每一程序段的入口地址分别是 SUB1、SUB2、…、SUBn。试编制一程序，根据指定的参数转入相应的程序段。

问题分析：首先组成处理程序的入口偏移地址跳转表。设指定的参数是 1、2、3、…，n，且当参数为 1 时转移到 SUB1，当参数为 2 转移到 SUB2，依次类推。这样，跳转表内的地址按照 SUB1、SUB2、…、SUBn 的顺序排列。程序中，只需把取出的参数减 1 乘以 2，再加上跳转表首址就可以实现转移。

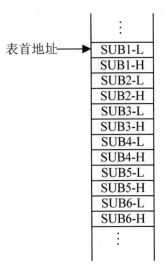

图 6-4 地址跳转表

源程序编制如下：

```
;用地址跳转表实现多分支的程序
DATA    SEGMENT
TABLE   DW      SUB1,SUB2,SUB3,…,SUBn   ;地址跳转表
PARAM   DB      3
DAIA    ENDS
CSEG    SEGMENT
        ASSUME CS:CSEG,DS:DATA
BEING:  MOV     AX,DATA
        MOV     DS,AX
        MOV     AL,PARAM
        XOR     AH,AH
        DEC     AL
        SHL     AL,1
        MOV     BX,OFFSET TABLE
        ADD     BX,AX
        JMP     WORD PTR [BX]
SUB1:   …                               ;处理程序 1
        JMP     ENDO
```

```
        SUB2:   …                      ;处理程序2
                JMP    ENDO
        SUB3:   …                      ;处理程序3
                JMP    ENDO
        SUBn:   …                      ;处理程序n
        ENDO:   MOV    AH,4CH
                INT    21H
        CSEG    ENDS
                END    BEING
```

二、指令跳转表法

指令跳转表法要求在代码段建立一个由若干跳转指令组成的转移表,如图 6-5 所示。跳转表由无条件转移指令组成,表内依次存放 JMP SUB1,JMP SUB2,…,JMP SUBn。根据输入值,转到指令跳转表的相应位置,从而执行相应的处理程序。

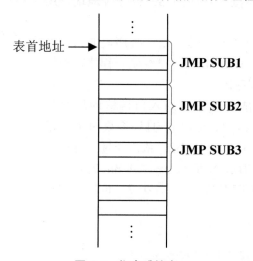

图 6-5　指令跳转表

注意:每条指令的目标代码长度要一致,否则分支程序的编制非常麻烦。

对于例 6.3 的问题,采用指令跳转表法如何实现呢?

问题分析:指令跳转表是由无条件转移指令组成的,那么程序在处理分支时要先转移到跳转表中相应的指令,然后再从这里转移到所要求的程序段。由于指令跳转表中每一条转移指令是三字节的指令代码,所以从 PARAM 中取出参数减 1 后要乘以 3,这样才能正确无误地找到跳转表中对应位置。例 6.3 的源程序可修改如下:

```
        ;用指令跳转表实现多分支的程序
        DATA    SEGMENT
        PARAM   DB     3
        DATA    ENDS
        CSEG    SEGMENT
                ASSUME CS:CSEG;DS:DATA
        BEING:  MOV    AX;DATA
                MOV    DS;AX
```

```
            XOR     BH,BH
            MOV     BL,PARAM
            DEC     BL
            MOV     AL,BL
            SHL     BL,1
            ADD     BL,AL
            ADD     BX,OFFSET TABLE
            JMP     BX
    TABLE:  JMP     SUB1            ;指令转移表
            JMP     SUB2
            JMP     SUB3
              ⋮
            JMP     SUBn
    SUB1:     ⋮                     ;处理程序 1
            JMP     END0
    SUB2:     ⋮                     ;处理程序 2
            JMP     END0
    SUB3:     ⋮                     ;处理程序 3
            JMP     END0
    SUBn:     ⋮                     ;处理程序 n
    END0:   MOV     AH,4CH
            INT     21H
    CSEG    ENDS
            END     BEING
```

分支结构程序设计.ppt

第七章 循环结构程序设计

学习要点及目标

- 熟悉循环程序的基本结构形式及各组成部分的内容和功能。
- 熟练掌握控制循环的常用设计方法和技巧。
- 熟练掌握单重循环和多重循环程序设计的方法和技巧。

核心概念

单重循环　多重循环

设内存 DATA1 和 DATA2 开始分别存放 50 个无符号字数据,编制程序将两个存储区对应字数据求和并存入 SUM 开始的单元。

```
        DATA    SEGMENT
        DATA1   DW  15H,36H,45H,27BH,…
        DATA2   DW  174H,03H,5BCH,293H,…
        SUM     DW  50 DUP(0)
        DATA    ENDS
        SSEG    SEGMENT STACK
        STACK   DB 50 DUP(0)
        SSEG    ENDS
        CSEG    SEGMENT
                ASSUME   CS:CSEG, DS:DATA, SS:SSEG
        START:  MOV  AX, DATA
                MOV  DS, AX
                MOV  AX, SSEG
                MOV  SS, AX
                LEA  BX, DATA1
                LEA  SI, DATA2
                LEA  DI, SUM
                MOV  CX, 50
        AGAIN:  MOV  AX, [SI]
                ADD  AX, [BX]
                MOV  [DI], AX
                ADD  BX, 2
                ADD  SI, 2
                ADD  DI, 2
                DEC  CX
                JNZ  AGAIN
```

```
            MOV   AH, 4CH
            INT   21H
CSEG   ENDS
       END   START
```

此案例实现两个存储区数据对应字求和的操作。涉及 50 次字数据相加,这是典型的循环处理案例。

由引导案例可知,在程序设计中,经常遇到某一段程序需要反复执行若干次的情况,通常用循环方法来实现,可以说,循环结构是程序设计中重要的控制结构。本章介绍循环结构程序设计的常用方法和编程技巧。通过本章的学习,要求掌握循环程序设计的常用控制方法、单重循环、多重循环设计的思想。

第一节　循环程序的控制方法

在顺序结构的程序中,每一个语句均被执行一次;而分支程序中的语句,有的被执行一次,有的却不被执行(未被选中的那些分支内的语句)。显然,出现在顺序结构程序或分支程序中的任一个语句,至多只被执行一次。但在实际问题的处理程序中,常常需要按照一定规律,多次重复执行一串语句,这类程序叫作循环程序。本章分别介绍循环程序的结构和控制方法,单重循环程序的设计和多重循环程序的设计及数据串处理的设计方法。

循环控制方法.mp4

一、循环程序的结构

循环程序一般由 4 部分组成。

(1) 循环初始化部分:这是为了保证循环程序能正常进行循环操作而必须做的准备工作。

(2) 工作部分:即需要重复执行的程序段。这是循环程序的核心,称为循环体。

(3) 修改部分:按一定规律修改操作数地址及控制变量,以便每次执行循环体时得到新的数据。

(4) 控制部分:用来保证循环程序按规定的次数或特定条件进行循环。

循环程序的常见结构形式如图 7-1(a)、图 7-1(b)所示。其中的工作部分与修改部分有时相互包含、相互交叉,不一定能明显区分开。

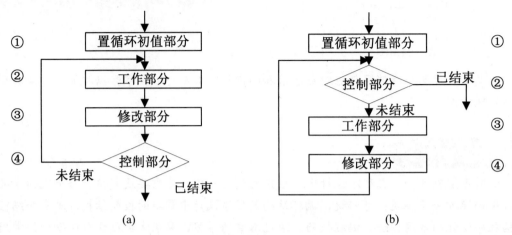

图 7-1 循环程序的结构形式

二、循环控制方法

如何控制循环是循环程序设计中一个重要环节。下面介绍最常见的两种控制方法：计数控制和条件控制。

1. 计数控制

当循环次数已知时，通常使用计数控制法。假设循环次数为 n，常常用以下两种方法实现计数控制。

(1) 先将循环次数 n 送入循环计数器中，然后，每循环一次，计数器减 1，直至循环计数器中的内容为 0 时结束循环。例如：

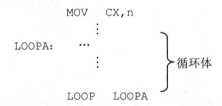

当 CX＝N，N-1，…，1 时，重复执行循环体，当 CX=0 时，结束循环。

(2) 先将 0 送入循环计数器中，然后每循环一次，计数器加 1，直至循环计数器的内容与循环次数 n 相等时退出循环。例如：

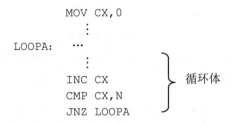

当 CX=0，1，2，…，n-1 时，重复执行；当 CX=N 时，结束循环。

上述两种计数方法的共同特点是每循环一次之后，在计数器中计数一次。通常，称第

1 种方法为倒计数，称第 2 种方法为正计数。

对于上述第一个示例中的 LOOP LOOPA 语句，默认循环计数器为 CX。所以，在置初值部分要为 CX 置正确的初值，工作部分不能改变 CX 的内容。如果在循环体内要使用 CX，可将 CX 中的计数值入栈保护，在执行 LOOP 指令之前，再从栈中弹出计数值送入 CX。

LOOP LOOPA 语句可以用 DEC CX 和 JNZ LOOPA 两条语句代替，也可根据寄存器的分配情况，选用任一通用寄存器或存储单元作为循环次数计数器。

2. 条件控制

有些情况下，循环次数无法事先确定，但它与问题中的某些条件有关。这些条件可以通过指令来测试。若测试比较的结果满足循环条件，则继续循环，否则结束循环。

示例：

```
            ...
        MOV  CL,0
    L1: AND  AX,AX
        JZ   EXIT       ;AX=0 时,结束循环转 EXIT
        SAL  AX,1       ;将 AX 中的最高位移入 CF 中
        JNC  L1         ;如果 CF=0,转 L1
        INC  CL         ;如果 CF=1,则 CL←(CL)+1
        JMP  L1         ;转 L1 处继续循环
    EXIT: ...
```

该程序段用来统计 AX 中 1 的个数。运行前并不知道 AX 的内容。若全是 0，则不必循环，直接转 EXIT，此时，寄存器 CL 中的 0 即为 AX 中 1 的个数。该程序循环次数随 AX 中的值的不同而不同。

以上介绍的两种循环控制方法是最常用的方法。在解决实际问题时，究竟应该选用哪种方式，往往要根据问题给定的已知条件，在认真分析算法之后才能确定。

第二节　单重循环程序设计

单重循环，其循环体内不再包含循环结构。下面分循环次数已知和未知两种情况讨论其程序设计法。

一、循环次数已知的单重循环

对于循环次数已知的情况，通常采用计数控制方法实现循环。

【例 7.1】 从键盘输入一字符串至 STR1 为首址的字节缓冲区中，试比较该串与字节字符串 STR2 是否相等，若相等，0→BX；否则，0FFFFH→BX。试编其程序。

单重循环程序设计.mp4

设计思想：比较两字符串是否相等的首要条件是看这两个字符串的长度是否相等，如不相等，则无再比较的必要，FFFFH→BX，比较结束；如果两串长度相等，则可用串比较指令并带条件的重复前缀，使两串元素逐一比较，如有一对元素不等，则中止重复，

FFFFH→BX；如果两串一直到比较完，仍未发现不相等元素，说明两串相等，0→BX。

寄存器分配如下。

根据串操作指令约定的寄存器的要求，设：

- SI：源操作数指针，初值指向 SIR1。
- DI：目的操作数指针，初值指向 STR2。
- CX：两串长度计数器，初值为 n。

另外设：

- DX：输入缓冲区指针，初值指向 STR1。
- BX：相等否标志寄存器，为 0 表示相等，为 FFFFH 表示不等。程序流程如图 7-2 所示。

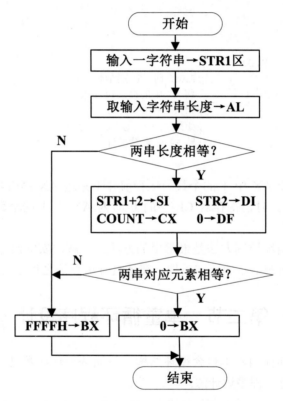

图 7-2 比较两串相等与否的程序流程

程序清单如下：

```
DATA    SEGMENT
STR1    DB    80                    ;定义
                                    ;接受字串 ATR1 的缓冲区
        DB    ?
        DB    80 DUP(0)
STR2    DB    'XCOPY.EXE'           ;样板串 STR2 中的内容
NUM     EQU   $-STR2                ;取得 STR2 串长度值
DATA    ENDS
CODE    SEGMENT 'CODE'
```

```
              ASSUME CS: CODE,DS: DATA, ES: DATA
       BEGIN: MOV  AX,DATA
              MOV  DS,AX
              MOV  ES,AX              ;建立附加数据段
              LEA  DX,STR1
              MOV  AH, 10             ;输入一字符串到STR1数据区
              INT  21H
              XOR  AH,AH
              MOV  AL,STR1+1          ;取STR1串的实际长度值
              CMP  AX,NUM             ;STR1串与STR2串长度作比较
              JNE  EXIT               ;长度不等,转EXIT
              LEA  SI,STR1+2          ;源区首址送SI
              LEA  DI,STR2            ;目的区首址送DI
              MOV  CX,NUM             ;串长度送CX
              CLD                     ;置串指针为自动增量
              REPZ CMPSB              ;比较两串的对应字符是否相等,相等
                                      ;重复比较,不等则中止比较
              JNE  EXIT               ;不等,则转EXIT
              MOV  BX,0               ;相等,作0→BX
              JMP  END1               ;分支出口
       EXIT:  MOV  BX,0FFFFH          ;不等,作0FFFFH→BX
       END1:  MOV  AH,4CH             ;终止当前程序并返回DOS状态
              INT  21H
       CODE   ENDS
              END  BEGIN              ;源程序结束,可从BEGIN标号处开始运行
```

程序分析:

(1) 程序中串比较指令的功能完全可以用前面所学的指令来实现,带重复前缀的串比较也可以用一个循环来代替,故程序结构仍属于循环结构,且为计数控制的循环。

(2) 使用串操作指令时,必要的准备工作是:程序中一定要定义附加数据段和事先要设置好方向标志DF。

(3) 使用串操作指令编写的程序简单、精练、方便阅读,程序代码短,编程效率高,占用存储空间小,运行速度快。

思考:

(1) 为什么源串的首址为STR2+2?源串的长度直接置为80对否?

(2) 当串长度相等后,串比较方向是否可从后面往前面进行?如何修改程序段?

(3) 当输入字符串为xcopy.exe(小写字母)时,BX=?

二、循环次数未知的单重循环

对于循环次数未知的情况,常用条件来控制循环。

【例7.2】 已知若干个非0整数 a_1, a_2, a_3, …存放在以A为首址的字存储区中,末尾以0作为这组数的结束标志。现要求将其中的负数抹掉,而把留下的正数仍连续地重新存储在以A为首址的字存储区中,并把结束标志改为-1,试编写其程序。

设计思想:这是一个查表程序,数组元素 a_1, a_2, a_3…存放在内存的一片连续字单元中,组成了一张表。表的长度未知,但以0结尾。因此,可用结束标志控制循环。处理的

过程为：从表中取一元素，检查其值是否为 0，即检查是否为结束标志。如果是，说明表中元素已处理完毕，则结束循环；否则对元素进行处理，判断其值正负，若为正，则将其送入重新组成的正数表中，然后开始下一次循环，处理下一元素；若为负，则不做任何处理，开始下一次循环。

寄存器分配如下。

- SI：原始表取数地址指针，其初值指向 A，每取出一个数之后，值增 2。
- BX：新表送数地址指针，其初值指向 A，每送入一个数之后，其值增 2。
- AX：用来存放待处理的元素 a_i。

注意：SI、BX 均指向同一张表，且初值均指向同一个首址。程序流程如图 7-3 所示。

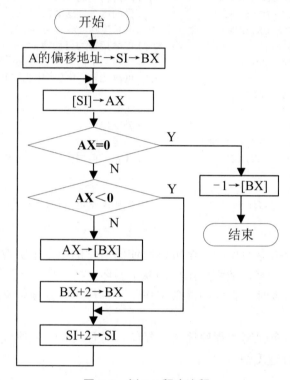

图 7-3　例 7.3 程序流程

程序清单如下：

```
DATA    SEGMENT 'DATA'
A       DW      -281,3,-200,4,-333,-5236,444
        DW      600,755,-44,67,-55,86, 775,555
        DW      100,200, 300,400,-300,-400,-500
        DW      -216,432,-528,3276,-32768,879,0
DATA    ENDS
CODE    SEGMENT
        ASSUME  CS: CODE,DS: DATA
BEGIN:  MOV     AX,DATA
        MOV     DS,AX
        LEA     SI,A
        MOV     BX,SI
```

```
LOPA:   MOV   AX,[SI]           ;从旧表中取一元素→AX
        OR    AX,AX             ;产生所需标志
        JZ    EXIT              ;若 AX=0 转 EXIT
        JL    NEXT              ;若 AX<0 转 NEXT
        MOV   [BX],AX           ;AX>0，送入新表中
        ADD   BX,2              ;新表指针指向下一可用单元
NEXT:   ADD   SI,2              ;旧表指针指向下一待处理元素
        JMP   LOPA              ;继续循环
EXIT:   MOV   WORD PTR[BX],-1   ;为新表送结束标志-1
        MOV   AH,4CH
        INT   21H
CODE    ENDS
        END   BEGIN
```

程序分析：

(1) 由题意可知，欲将旧表中负数抹掉而保存正数，故设置两个指针 SI、BX，在每一次循环后，旧表指针 SI 必增 2，而新表指针 BX 不一定增 2，保证新表指针总是滞后或同步于旧表指针。

(2) 程序中欲检查 AX 中内容是否为 0，可采用不同方法来实现，例如 CMP 指令、SUB 指令、ADD 指令等。

(3) 程序的最后将结束标志 -1 送新表的字单元中时须加上字类型说明，否则会产生语法错误。

结果分析：在 DEBUG 软件的环境中运行观察到以 A 为首址的字存储区的内容如下。

3,4,444,600,755,86,775,555,100,200,300,400,432,3276,879,-1

可见-1 标志之前的数全为正数的集合。

思考：

(1) 倘若旧表中无一个正数，则-1 结束标志最终被送到 A 区的哪一个字单元？

(2) 若旧表中无一个负数，则-1 结束标志最终被送到 A 区的哪一个字单元？

第三节　多重循环程序设计

单重循环程序的特点是在循环体内只有顺序程序和分支程序，不包含循环结构。但在实际应用中，循环体内包含有循环结构的情况经常遇到。这种循环体内包含有循环结构的程序叫作多重循环程序。

一、多重循环程序设计的含义

多重循环即循环体内再套有循环。设计多重循环程序时，可以从外层循环到内层循环一层一层地进行。通常在设计外层循环时，仅把内层循环看成一个处理粗框，然后再将该粗框细化，分成置初值、工作、修改和控制四个组成部分。当内层循环设计完之后，用其替换外层循环体中被视为一个处理粗框的对应部分，这样就构成了一个多重循环。对于程序，这种替换是必要的；对

多重循环
程序设计.mp4

于流程图，如果关系复杂，可以不替换，只要把细化的流程图与其对应的处理粗框联系起来即可。

下面举例说明多重循环程序的设计。

【例 7.3】 已知 m×n 矩阵 A 的元素 a_{ij} 按行序存放在以 BUFA 为首址的字节存储区中，a_{ij} 为 8 位二进制数。试编写程序，求每行元素之和 S_1，S_2，…，S_n，顺序存入 BUFS 开始的缓冲区中。

设计思想：确定每行元素之和的计算公式为：

$$S_i = \sum_{j=1}^{n} a_{ij} \, (i=1,2,\cdots,m)$$

即

$$S_1 = a_{11} + a_{12} + \ldots + a_{1n}$$
$$S_2 = a_{21} + a_{22} + \ldots + a_{2n}$$
$$\vdots$$
$$S_m = a_{m1} + a_{m2} + \ldots + a_{mn}$$

S_1，S_2，…，S_m 的计算过程完全一致，可用循环实现，其流程如图 7-4 所示。

图 7-4 中，计算 S_i 是一粗框，处理此框时，i 已确定，变化是以 j 值，求 S_i 的过程如下：

$$0 \to S_i$$
$$S_i + a_{i1} \to S_i$$
$$S_i + a_{i2} \to S_i$$
$$\vdots$$
$$S_i + a_{in} \to S_i$$

其流程如图 7-5 所示。

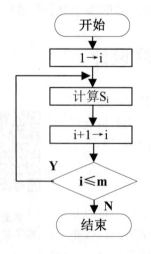

图 7-4 计算 S_1，S_2，…，S_m 的程序流程

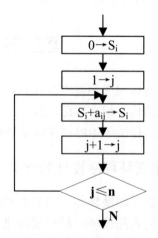

图 7-5 计算 S_i 的流程

图 7-5 是图 7-4 第三框细化后的流程图。显然，它包含在图 7-4 的循环体中。而图 7-5

自身也是一循环结构,即在图 7-4 的循环体中出现的循环结构,这就构成了两重循环。用图 7-5 替换图 7-4 中的第三框,就是该两重循环程序完整的处理流程图,如图 7-6 所示。

至此,算法的处理流程图已给出,但图中的变量 i、j、S_i 必须与计算机的存储单元或寄存器联系起来才能编制程序。

寄存器、存储单元分配如下。

- BX:存放外循环控制变量 i 的值,初值为 1,每循环一次加 1。
- CX:存放内循环控制变量 j 的值,初值为 1,每循环一次加 1。
- DX:累加一行元素之和 S_i(设 S_i 值不超过字范围)。
- AX:存放 a_{ij}(将 a_{ij} 扩展为字,以便累加)。
- 字存储区 BUFS:存放行元素之和 S_i。
- SI:BUFA 区的地址指针,初值指向 BUFA,每当取出一个 a_{ij} 之后,其值增 1。
- DI:BUFS 区的地址指针,初值指向 BUFS,每当存入一个 S_i 之后,其值增 2。

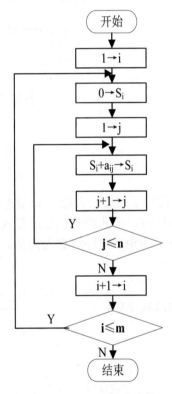

图 7-6 例 7.3 程序流程

程序清单如下:

```
DATA      SEGMENT
BUFA      DB 11H,12H,13H,14H,15H
          DB 21H,22H,23H,24H,25H
          DB 31H,32N,33H,34H,35H
          DB 41H,42H,43H,44N,45H
          M = 4
          N = 5
```

```
            BUFS        DW M DUP(?)
            DATA        ENDS
            CODE        SEGMENT
                        ASSUME CS: CODE,DS: DATA
            BEGIN:      MOV     AX,DATA
                        MOV     DS,AX
                        LEA     SI,BUFA
                        LEA     DI,BUFS
                        MOV     BX,1              ;1→BX,即 1→j
            LOPI:       MOV     DX,0              ;0→DX,即 0→S_i
                        MOV     CX,1              ;1→CX,即 1→j
            LOPJ:       MOV     AL,[SI]
                        CBW
                        ADD     DX,AX
                        INC     SI                ;SI 指向下一个 a_{ij}
                        INC     CX                ;j+1→j
                        CMP     CX,N
                        JBE     LOPJ              ; j≤N 继续累加
                        MOV     [DI],DX           ;S_i→[DI]
                        ADD     DI,2              ;DI 指向 BUFS 区中下一字单元
                        INC     BX                ;i+1→i
                        CMP     BX,M
                        JBE     LOPI              ;若 i≤M 转 LOPI,计算下一行元素之和
                        MOV     AH,4CH
                        INT     21H
            CODE        ENDS
                        END BEGIN
```

程序分析：程序中由于通过比较 i 的值是否超过 m 来控制外循环、比较 j 的值是否超过 n 来控制内循环，故多了两次比较，为此影响程序运行速度。如果内外循环都用 CX 进行循环计数，改用循环控制指令 LOOP，程序将更为简洁。下面给出使用这种方法设计的程序清单。

```
            CODE        SEGMENT
                        ASSUME CS: CODE,DS: DATA
            BEGIN:      MOV     AX,DATA
                        MOV     DS,AX
                        LEA     SI,BUFA
                        LEA     DI,BUFS
                        MOV     CX,M              ;行值 i→CX
            LOPI:       PUSH    CX                ;i 值压栈保存
                        MOV     DX,0              ;0→DX,即 0→S_i
                        MOV     CX,N              ;列值 j→CX
            LOPJ:       MOV     AL,[SI]           ;取 a_{ij}→AL
                        CBW                       ;扩展成字
                        ADD     DX,AX             ;累加
                        INC     SI                ;SI 指向下一个 a_{ij}
                        LOOP    LOPJ              ;j-1≠0 转 LOPJ
                        MOV     [DI],DX           ;S_i→[DI]
                        ADD     DI,2              ;DI 增 2,指向 BUFS 区中下一字单元
```

```
            POP    CX
            LOOP   LOPI           ;i-1≠0 转 LOPI,计算下一行元素之和
            MOV    AH,4CH
            INT    21H
    CODE    ENDS
            END    BEGIN
```

结果分析：在 DEBUG 软件的环境中运行观察到，以 BUFS 为首址的字存储区的内容如下：

```
005FH,00AFH,00FFH,014FH
```

二、多重循环程序设计举例

【例 7.4】 在以 BUF 为首址的字节存储区中存放有 n 个无符号数 $X_1, X_2, \cdots, X_n$，现需将它们按从小到大的顺序排列在 BUF 存储区中，试编写其程序。

设计思想：

对这个问题的处理可采用逐一比较法，其算法如下：

将第一个存储单元中的数与其后 N-1 个存储单元中的数逐一比较，每次比较之后，总是把小者放入第一个存储单元之中，经过 N-1 次比较之后，N 个数中最小者存入了第一个存储单元之中；接着，将第二个存储单元中的数与其后的 N-2 个存储单元中的数逐一比较，每次比较之后，总是把小者放在第二个存储单元之中，经过 N-2 次比较之后，N 个数中第二个小者存入了第二个存储单元之中……如此重复下去，当最后两个存储单元之中的数比较完之后，从小到大的顺序就实现了。

例如，N=4，4 个数的次序如下：

```
26,78,54,17
```

现要将它们按从小到大的次序重新排列。

4 个数的排序需要比较 3 遍才能完成。比较的情况如下。

(1) 第一遍(比较三次)将第一单元中的 26 与其后的 78、54、17 逐一比较，前两次比较因前者小、后者大，故不交换位置。第三次是将 26 与 17 比较，因后者更小，故两者交换位置。此时，4 个数的次序如下：

```
17,78,54,26
```

(2) 第二遍(比较两次)比较的处理过程和第一遍相同，只是比较的次数依次递减。

(3) 经过三遍比较，4 个数已排成递增序列。

从上述排序过程可知，对于 N 个数，经过 N-1 遍共[(n-1)+1] (n-1)/2 次比较之后，整个由小到大的次序就排好。若用 i 表示遍数，则第 i 遍是将第 i 个单元中的数与第 i+1、第 i+2……第 N 个单元中的数逐一比较，每次比较之后，总是将小者放入第 i 个单元中。显然，这是一个循环过程，当 i 从 1 到 N-1 循环之后，N 个数的排序就完成了。

由于 N 个数 $X_1, X_2, \cdots, X_n$ 依次存放在以 BUF 为首址的字节存储区，故 X_i 存放单元的地址为：BUF+i-1(i=1, 2, …, n-1, n)。

寄存器分配如下。

- SI：存放 i 的值，初值为 1，每循环一次之后，其值增 1。
- DI：存放 j 的值，初值为 i+1，每循环一次之后，其值增 1。
- AL：用来存放 Xi。

程序流程如图 7-7 所示。

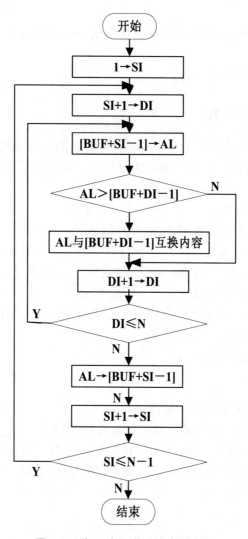

图 7-7 将 N 个数递增排序的流程

程序清单如下：

```
       DATA    SEGMENT
       BUF   DB  30H,10H,40H,20H,50H,70H,60H,80H,0,0FFH
        N    =   $-BUF
       DATA    ENDS
       CODE    SEGMENT
              ASSUME  CS:CODE, DS:DATA
       BEGIN: MOV    AX,DATA
              MOV    DS,AX
```

```
                MOV     SI,1                ;外循环计数器置初值为1
        LOPI:   MOV     DI,SI               ;内循环计数器置初值为SI+1
                INC     DI
                MOV     AL,[BUF+SI-1]       ;取被比较的数
        LOPJ:   CMP     AL, [BUF+DI-1]      ;与下一个数比较
                JBE     NEXT                ;AL 中的数小则转到 Next
                XCHG    [BUF+DI-1],AL       ;否则两数位置交换
        NEXT:   INC     DI                  ;内循环次数加 1
                CMP     DI,N                ;与内循环终值比
                JBE     LOPJ                ;低于等于则继续内循环
                MOV     [BUF+SI-1],AL       ;一边比较结束,存结果
                INC     SI                  ;外循环次数加 1
                CMP     SI, N-1             ;与外循环终值比
                JBE     LOPI                ;低于等于则继续外循环
                MOV     AH,4CH
                INT     21H
        CODE    ENDS
                END     BEGIN
```

程序分析:

程序中的外循环体被重复执行了 N-1 次,即当 i=1,2,…,N-1 时重复执行,i=N 时结束循环。第一次执行外循环体之后,将最小数存入字节单元 BUF 之中;第二次执行外循环体之后,将第二小的数存入字节单元 BUF+1 中;……第 N-1 次执行外循环体之后,将第 N-1 小的数存入字节单元 BUF+N-2 之中,而将最大数存入字节单元 BUF+N-1 之中。此时,存放在以 BUF 为首址的字节存储区中的 N 个 8 位无符号二进制数已排成递增序列。

结果分析:

在 DEBUG 软件的环境中运行,观察到以 BUF 为首址的字节存储区的内容如下:

00H,10H,20H,30H,40H,50H,60H,70H,80H,90H,OFFN

思考:

(1) 若使用 LOOP 指令实现循环控制,程序应如何改动?

(2) 若要对 N 个 16 位无符号数进行排序,应如何修改补充程序?

(3) 试用其他排序方法编制程序,并比较其优劣。

【例 7.5】 内存 DATA 开始存放 100 个单字节数据。编写程序统计这些数据内 0 和 1 个数相等的数据个数,将结果存入 NUMB 单元。

完成此例需要一个数据一个数据地检查 0 和 1 是否相等,相等时则计数加 1,直到 100 个数据检查完毕。

```
        DSEG    SEGMENT
        DATA    DB      12H,34H,56H,…      ;共 100 个数
        NUMB    DB      0
        DSEG    ENDS
        CSEG    SEGMENT
                ASSUME      CS:CSEG,DS:DSEG
            START:  MOV     AX,DSEG
```

```
                MOV     DS,AX
                MOV     SI,OFFSET  DATA
                MOV     CL,100
                XOR     AL,AL
L2:     MOV     CH,08H
                XOR     BH,BH
                MOV     AH,[SI]
L1:     ROR     AH,1
                JNC     L3
                INC     BH
L3:     DEC     CH
                JNZ     L1
                CMP     BH,04
                JNZ     L4
                INC     AL
L4:     INC     SI
                DEC     CL
                JNZ     L2
                MOV     DNUMB,AL
                MOV     AH,4CH
                INT     21H
CSEG    ENDS
                END     START
```

循环结构程序设计.ppt

第八章 子程序与多模块编程

学习要点及目标

- 了解子程序的定义方法、子程序调用和返回的过程和堆栈的变化。
- 掌握子程序设计时的注意事项、现场保护的方法,主、子程序之间参数传递方法。
- 掌握子程序说明文件的编写方法。
- 了解嵌套子程序和递归子程序的设计方法。
- 掌握模块的划分方法和多模块编程时模块间参数的传递方法。
- 掌握多模块程序设计时的连接方法。

核心概念

子程序 现场保护 参数传递 嵌套 递归 多模块

编程计算:$S = \sqrt{2X} + \sqrt{3Y} + \sqrt{230}$

在实际应用中经常会遇到如上面公式的计算问题,所以需要使用相同功能的程序段,使用该程序段的唯一差别是对程序变量赋不同的值。例如,计算上述函数需要多次使用开方运算,如果每次用到开方运算就编写一段开方程序,那么开方程序在程序中会多次出现,不仅书写麻烦,容易出错,编辑、汇编它时,也会花费较多时间。同时,由于代码冗长,占用内存也较多。如果把多次使用的功能程序编制为一个独立的程序段,每当用到这种功能时,就将控制转向它,完成功能后再返回到原来的程序,这就会大大减少编程工作量。

为解决诸如引导案例的问题,本章介绍子程序及多模块的设计。子程序是程序设计中最主要的方法与技术之一。本章着重介绍子程序的有关概念,子程序设计方法,主程序与子程序之间的参数传递以及多模块编程等问题。通过本章的学习,读者能够熟练地掌握并应用子程序设计技术。

第一节 子程序概念

将一些重复的或经常要使用的程序段设计成可供反复调用的独立程序段，在需要时用指令调用它，执行完之后，再返回到调用它的程序中继续执行。这样的独立程序段称为子程序。对众多用户经常要用到的公用程序，如输入输出程序、数制转换程序、三角函数、指数函数、解线性方程组等程序都是采用子程序方式编制的。通常，将这些公用子程序事先编好，组成子程序库，作为计算机系统软件的一部分提供给用户使用，这样的子程序称为标准子程序。当用户需要使用某个标准子程序时，只要按照系统规定的调用方式对它调用即可。除此之外，用户还可建立自己的子程序库。

子程序概念及设计方法.mp4

一、子程序的定义

子程序也叫过程，其定义格式为：

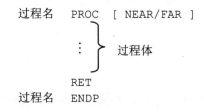

```
过程名    PROC  [ NEAR/FAR ]
           ⋮              过程体
          RET
过程名    ENDP
```

说明：

(1) 过程名(子程序名)用以标识不同的过程，是一个用户自定义的标识符号，命名原则要遵从标识符号的定义规则。

(2) PROC 与 ENDP 相当于一对语句括号，将子程序的处理过程(过程体)括在其内。过程体为一段相对独立的程序，是完成子程序功能的程序主体。这个程序除最后一条指令必须是返回指令(RET)之外，与以前所讲的程序设计没有区别。

(3) NEAR 或 FAR 是过程的属性说明参数，NEAR 属性的过程只允许段内调用，这时，过程的定义必须和调用它的主程序在同一代码段内，FAR 属性的过程允许段间调用，即允许其他段的程序使用。过程的属性决定了调用指令 CALL 和返回指令 RET 的操作。

属性参数的默认值为 NEAR。

二、子程序的调用和返回

子程序调用和返回由 CALL 和 RET 指令实现。

子程序调用有段内调用和段间调用、直接调用与间接调用两类。

1. 子程序和主程序

调用子程序的程序称为主程序(或称调用程序)。主程序和子程序的关系如图 8-1 所示。

图 8-1 中主程序在 K 处和 J 处均调用了子程序 A。当主程序调用子程序后，CPU 就转去执行子程序，执行完毕，则自动返回到主程序的断点处继续往下执行。断点指转子指令的直接后继指令的地址。如在 K 处调用子程序 A，断点就是 DK，子程序 A 执行完之后，返回到 DK 处继续往下执行。同理，在 J 处调用子程序 A，DJ 就是断点，子程序 A 执行完之后，返回到 DJ 处继续往下执行。

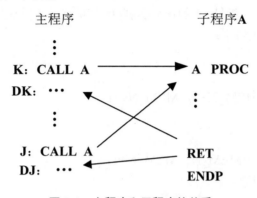

图 8-1　主程序和子程序的关系

2. 调用分类

从不同角度可对子程序调用进行以下分类。

1) 段内调用与段间调用

段内调用是指在调用和返回过程中，转返地址不涉及 CS 的变化，只通过 IP 内容的变化实现控制转返。

段间调用是指在调用和返回过程中，转返地址需要 CS 的变化，由 CS 和 IP 的变化共同决定控制转返。

显然，当主程序和子程序处于同一代码段时，可以把子程序定义成近过程进行近调用，也可以把子程序定义成远过程进行远调用。而当主程序与子程序不在同一代码段时，子程序必须被定义成远过程，否则无法实现调用。

2) 直接调用与间接调用

当调用指令使用过程名调用某过程时，调用是通过把该过程的指令入口地址偏移量直接送入 IP(远调用时还把该过程代码段地址送入 CS)来实现的，这个调用过程称为直接调用。

当调用指令是通过某寄存器或某存储器单元指出被调用子程序的入口地址时，这个调用过程称为间接调用。间接调用可分为寄存器间接调用和存储器间接调用两种。

在实际使用时，直接调用因方便清楚而用得较多。

3. 调用和返回指令

1) 子程序调用指令 CALL

指令格式：

    CALL　P_N 或 REG_N 或 MEM_N

操作：

(1) 当被调子程序定义为近过程时，此调用指令为段内调用。此时指令功能为：将当前指令指针 IP 的内容压栈(保存断点)，把子程序的入口偏移地址送入 IP。具体描述如下：

SP←SP-2

(SP+1，SP)←IP

IP←OFFSET　P_N 或 REG_N 或 MEM_N

(2) 当被调子程序定义为远过程时，此调用指令为段间调用，此时指令功能为：将当前代码段寄存器 CS 和指令指针 IP 的内容压栈(保存断点)，把子程序的段基址送入 CS，偏移地址送入 IP。具体描述如下：

SP←SP-2

(SP+1，SP)←CS

CS←SEG　P_N 或(MEM_N+2，MEM_N+3)

SP←SP-2

(SP+1，SP)←IP

IP←OFFSET　P_N 或(MEM_N，MEM_N+1)

受影响的寄存器：没有。

说明：

在指令中 P_N 为过程名或语句标号；REG_N 为寄存器名，如 SI、DI 等；MEM_N 为存储器操作数。显然，若指定过程名或语句标号，则为直接调用；若指定寄存器名或存储器操作数，则为间接调用，此时应事先将子程序的入口地址信息送入指定寄存器或指定内存单元。注意，对段间调用，不能使用寄存器指定子程序入口地址(因寄存器是 16 位的)。当用存储单元指定子程序入口时，段内调用为字单元，段间调用为双字单元，预先应设置正确。

这些不同类型的调用例子如下。

(1) 段内调用。

① 段内直接调用：

```
        CALL    PROC_N              ;IP←PROC_N 的偏移地址,PROC_N 为
                                    ;当前代码段中的过程(子程序)名
```

② 段内寄存器间接调用：

```
        CALL    SI                  ;IP←SI,SI 的内容为当前代码段中过程
                                    ;(子程序)的偏移地址
```

③ 段内存储器间接调用：

```
        CALL    MEM_W               ;IP←(MEM_W),MEM_W 为数据段中的
                                    ;一个字单元地址,该地址中的内容为当前
                                    ;代码段中过程(子程序)的偏移地址
        CALL    WORD PTR [BX]       ;IP←[BX],BX 的内容为字单元地址,该地
                                    ;址中的内容为过程(子程序)的偏移地址
        CALL    WORD PTR [SI+N]
        CALL    WORD PTR [BX+N]
        CALL    WORD PTR [BX+SI+N]
```

(2) 段间调用。

① 段间直接调用：

  CALL FAR PTR PROC_N ;CS←SEG PROC_N,IP ←OFFSET PROC_N
                ;PROC_N 为当前代码段或其他代码段中的过程
                ;(子程序) 名

② 段间存储器间接调用：

  CALL DWORD PTR MEM_D ; CS←(MEM_D+2,MEM_D+3)
                ;IP←(MEM_D,MEMD+1)，MEM_D 为
                ;数据段中的一个双字单元地址,它指出的
                ;连续四个字节的内容为过程(子程序)
                ;的偏移地和代码段基址。
  CALL DWORD PTR[BX] ;CS←(BX+2,BX+3)IP←(BX,BX+1)
                ;BX 的内容指出的数据段中连续四个字节的内
                ;容为过程的偏移地址和代码段地址
  CALL DWORD PTR [SI+N]
  CALL DWORD PTR [BX+N]
  CALL DWORD PTR [BX+SI+N]

注意：调用的类型与过程定义时的类型必须一致。

2) 返回指令

指令格式： RET〔VAL〕

操作：

(1) 段内返回：将当前栈顶内容弹出送入 IP，如果指令中选用了 VAL，则再将 VAL 的值加入到 SP 中。具体描述如下：

IP←(SP+1，SP)

SP←SP+2

SP←SP+VAL(如果选用了 VAL)

(2) 段间返回：将当前栈顶的连续四个字节出栈送入 IP 和 CS，如果指令中选用了 VAL，则再将 VAL 值加入 SP 中。具体描述如下：

IP←(SP+1，SP)

SP←SP+2

CS←(SP+1，SP)

SP←SP+2

SP←SP+VAL(如果选用了 VAL)

受影响的寄存器：没有。

说明：

(1) RET 指令实现从一个过程(子程序)返回到调用它的 CALL 指令的后续指令执行。汇编程序将其译为近返回(段内返回)还是远返回(段间返回)，取决于过程的属性是 NEAR 还是 FAR。

(2) 指令中的 VAL 是可选项。VAL 应为一个无符号偶数，执行 RET 的最后，将 VAL 加入 SP 中，实际上是从堆栈中弹出 VAL 个字节的数据，用以冲掉在 CALL 指令前压入堆

栈中的参数。

返回指令的使用例子如下。

① 段内返回：

```
RET      ;IP←(SP+1,SP),SP←SP+2
RET 4    ;IP←(SP+1,SP),SP←SP+2,SP←SP+4
```

② 段间返回：

```
RET      ;IP←(SP+1,SP),SP←SP+2
         ;CS←(SP+1,SP),SP←SP+2
RET 10   ;IP←(SP+1,SP),SP←SP+2
         ;CS←(SP+1,SP),SP←SP+2,SP←SP+10
```

第二节　子程序设计方法

一、现场的保护和恢复

现场的保护和恢复是子程序设计时必须考虑的问题。程序中需要使用的寄存器，有可能在调用子程序前主程序中正在使用，这些寄存器的值在从子程序返回后主程序还要继续使用，把这些寄存器的值或标志位的值等信息称为现场。显然，子程序执行前需要保护现场，返回时要恢复现场。

保护与恢复现场的工作可以在主程序中完成，也可在子程序中完成。一般情况下，是在子程序的开始安排一串保护现场的语句，在子程序返回前再恢复现场。这样处理，主程序在转子前后均不必考虑保护，恢复现场的工作，其处理流程显得清晰。尤其是当多处调用同一个子程序时，每处都省去了转子前后保护与恢复现场的语句串，使整个代码简短紧凑。

保护现场和恢复现场可采取用传送指令将寄存器的内容保存到指定的内存单元，恢复时再用传送指令取出的方法，但更简洁的方法是利用压栈和出栈指令，将寄存器内容或状态标志位内容保存在堆栈中，恢复时再从堆栈中取出。尤其在嵌套子程序设计时，由于压栈和出栈指令会自动修改堆栈指针，保存和恢复现场的工作层次清晰，只要注意堆栈操作的先进后出特点，绝不会造成混乱。

使用这种方法保护和恢复现场的一段子程序例子如下：

```
PN      PROC    NEAR
        PUSH    AX          ;保护现场(假设子程序中使用了
        PUSH    BX          ;AX、BX、CX 三个寄存器)
        PUSH    CX
          ⋮                ;子程序完成的功能

        POP     CX          ;恢复现场
        POP     BX
        POP     AX
        RET
PN      ENDP
```

二、主程序与子程序之间参数传递方法

主程序与子程序之间参数传递是子程序设计的一个重要问题。主程序在调用子程序之前，必须把需要子程序处理的原始数据传递给子程序，即为子程序准备入口参数。子程序对其入口参数进行一系列处理之后得到处理结果，该处理结果必须送给调用它的主程序，即提供出口参数以便主程序使用。这种主程序为子程序准备入口参数、子程序为主程序提供出口结果的过程称为参数传递。

主程序与子程序之间传递参数的方式是事先约定好的。每一个子程序设计之前，必须确定其入口参数到哪里去取，处理后的结果送往何处。一旦子程序按此约定设计出来，无论在何处对它进行调用都必须满足子程序的要求；否则，子程序将无法正常工作，或者得不到正确的结果。

常用的参数传递方式有寄存器法、约定存储单元法、堆栈法和约定参数地址指针法四种。

1. 寄存器法

寄存器法是子程序的入口参数和出口参数都在约定的寄存器之中。主程序通过事先约定的寄存器向子程序传送入口参数，子程序把结果(出口参数)通过约定的寄存器传送给主程序。此法的优点是信息传递快，编程简单、方便，且节省内存单元。但由于寄存器的个数是有限的，所以，只适用于要传递的参数较少的情况。

2. 约定存储单元法

约定存储单元法是将入口参数和出口参数都放到事先约定好的存储单元之中。

此法的优点是每个子程序要处理的数据或送出的结果都有独立的存储单元，编写程序时不易出错；缺点是要占用一定数量的存储单元。

3. 堆栈法

堆栈法通过堆栈来传递参数。

此法的优点是参数不占用寄存器，也无须另开辟存储单元，而是存放在公用的堆栈区，处理完之后堆栈恢复原状，不影响其他程序段使用堆栈。缺点是由于参数和子程序的返回地址混杂在一起，存取参数时必须小心计算它在栈中的位置。如果不慎，在执行 RET 指令时，栈顶存放的可能不是返回地址，从而导致运行的混乱。使用堆栈法，编制程序比较麻烦。

4. 约定参数地址指针法

当要传送的参数较多时，常用约定地址指针法。即调用程序将参数存放的地址送入约定的寄存器(地址指针)，然后调用子程序，子程序从地址指针指出的地址取出所需参数。子程序执行后将返回参数存入内存某区域，然后把其首地址放入约定的寄存器(地址指针)中，供调用程序使用。

到底采用哪一种方式传递参数，要根据具体情况而定。有时是几种方式混合使用。

下面以计算函数为例，详细说明几种参数传递方法的使用。

【例 8.1】 编制程序计算 $Z = \sqrt{2X} + \sqrt{3Y} + \sqrt{150}$，设 X、Y 为整数字数据，且存于 PX 和 PY 单元，计算结果存入 RLT 单元。

设计分析：

Z 是三项平方根之和，可以用一个子程序计算平方根。主程序三次调用该子程序就可完成 Z 的计算。

已知，从 1 开始连续 i 个奇数之和是 i 的平方值 N。例如：

$$1+3+5+7+9=25$$

这里，i=5，N=25。i 是 25 的平方根。现在，已知 N，求 N 的平方根 i，可以从 N 中依次减去从 1 开始的连续奇数，直到 N 为 0。减去奇数的个数 i 即为 N 的平方根。从 1 开始的连续奇数可以通过 2i+1(i=0，1，2，3…)形成。

下面，使用三种不同的方法设计该程序。

1) 约定寄存器法

下面设计的开平方子程序和调用程序(主程序)，约定将被开平方数放在 DX 中，平方根也放在 DX 中，其结果为求得平方根的整数部分。

调用程序的设计，必须满足子程序要求的条件，即把被开方数放在 DX 中。调用程序到 DX 中取平方根值。

程序清单如下：

```
DSEG    SEGMENT
PX      DW      12345
PY      DW      2469
        RLT     DW 0
DSEG    ENDS
CSEG    SEGMENT
        ASSUME     CS:CSEG,DS: DSEG
SQROOT1 PROC                    ;开平方根子程序
        PUSH    AX              ;保护现场
        PUSH    BX
        XOR AX,AX               ;i←0
        AND     DX,DX           ;测试被开方数
        JZ      SQRT2           ;被开方数为 0
SQRT1:  MOV     BX,AX           ;形成奇数
        SHL     BX,1
        INC     BX
        SUB     DX,BX           ;被开方数减去奇数
        JC      SQRT2           ;不够减转
        INC     AX              ;够减,i 加 1
        JMP     SQRT1           ;继续
SQRT2:  MOV     DX,AX           ;DX←平方根
        POP     BX              ;恢复现场
        POP     AX
        RET                     ;返回
SQROOT1 ENDP
MAIN1:  MOV     AX,DSEG         ;主程序开始
        MOV DS,AX
        MOV DX,PX               ;取 X
```

```
            ADD      DX,DX           ;计算 2x
            CALL     SQROOT1         ;调用开平方子程序
            PUSH     DX              ;暂存结果
            MOV      DX,PY           ;取 y
            MOV      AX,DX           ;计算 3y
            ADD      DX,DX
            ADD      DX,AX
            CALL     SQROOT1         ;调用开平方子程序
            POP      AX              ;取出 √2x
            ADD      AX,DX           ;计算 √2x + √3y
            PUSH     AX              ;暂存结果
            MOV  DX,150
            CALL     SQROOT1
            POP      AX              ;取出中间结果
            ADD      AX,DX           ;计算最终结果
            MOV   RLT,AX             ;保存结果
            MOV   AH,4CH
            INT      21H
CSEG        ENDS
            END      MAIN1
```

2) 约定存储单元法

下面设计的开平方子程序与调用程序，约定被开方数放在 ARGX 单元，计算结果放入 ROOT 单元。

```
      DSEG     SEGMENT
PX  DW  12345
PY  DW  2469
      RLT      DW         0
DSEG     ENDS
CSEG     SEGMENT
             ASSUME   CS:CSEG,DS: DSEG
MAIN2:     MOV AX,DSEG       ;主程序开始
           MOV DS,AX
           MOV DX,PX         ;取 x
           ADD DX,DX         ;计算 2x
           MOV ARGX,DX       ;被开方数存入约定单元
           CALL    SQROOT2
           MOV DX, ROOT      ;从约定单元取平方根
           PUSH    DX        ;暂存结果
           MOV DX,PY         ;取 y
           MOV AX,DX         ;计算 3y
           ADD     DX,DX
           ADD     DX,AX
           MOV ARGX,DX       ;被开方数存入约定单元
           CALL    SQROOT2
           POP     AX        ;取出前次平方根
           ADD     AX,ROOT
           PUSH    AX        ;暂存中间结果
           MOV ARGX,150      ;被开方数存入约定单元
```

```
                CALL    SQROOT2
                POP     AX              ;取中间结果
                ADD     AX,ROOT         ;求和
                MOV     RLT,AX          ;保存结果
                MOV     AH,4CH
                INT     21H
SQROOT2 PROC
                PUSH    AX
                PUSH    BX
                PUSH    DX
                MOV     DX,ARGX         ;从约定单元取被开方数
                XOR     AX,AX           ;i←0
                AND     DX,DX           ;测试被开方数
                JZ      SQRT2           ;被开方数为0
        SQRT1:  MOV     BX,AX           ;形成奇数
                SHL     BX,1
                INC     BX
                SUB     DX,BX           ;被开方数减去奇数
                JC      SQRT2           ;不够减转
                INC     AX              ;够减,i增1
                JMP     SQRT1           ;继续
SQRT2:          MOV     ROOT,AX         ;结果存入约定单元
                POP     DX              ;恢复现场
                POP     BX
                POP     AX
                RET
SQROOT2 ENDP
CSEG    ENDS
                END MAIN2
```

3) 堆栈法

下面设计的子程序要求调用程序将被开方数压入堆栈，平方根也放入堆栈。子程序开始将 SP 加 2，取出被开方数；计算出的平方根压入堆栈后，应将堆栈指针再减 2，指向返回地址(如果子程序的属性为 FAR，子程序开始需将 SP 加 4，取出被开方数；将平方根压入堆栈后，应将堆栈指针再减 4，指向返回地址)。

```
SQROOT3 PROC    NEAR
        PUSH    AX
        PUSH    BX
        PUSH    DX
        INC     SP              ;使SP指向被开方数
        INC     SP
        POP     DX              ;取出被开方数
        XOR     AX,AX           ;i←0
        AND     DX,DX           ;测试被开方数
        JZ      SQRT2           ;被开方数为0转,否则求平方根
        SQRT1:  MOV BX,AX       ;形成奇数
        SHL     BX,1
        INC     BX
        SUB     DX,BX           ;被开方数减去奇数
```

```
            JC       SQRT2        ;不够减转
            INC      AX           ;够减,i 增 1
            JMP      SQRT1        ;继续
            SQRT2:   PUSH    AX   ;平方根压栈
            DEC      SP           ;使 SP 指向返回地址
            DEC      SP
            POP      DX
            POP      BX
            POP      AX
            RET
SQROOT3 ENDP
```

利用堆栈传送参数的子程序也可以这样编写:

```
SQROOT4 PROC    NEAR
        PUSH    BP
        MOV BP, SP
        MOV DX,[BP+4]
           ⋮
SQRT2:  MOV [BP+4],AX
        POP     BP
        RET
SQROOT3 ENDP
```

调用程序把被开方数压入栈顶,然后调用,使用结果时,从堆栈中将结果取出。

```
MAIN3:    ⋮                      ;初始化和计算 2X(在 DX 中)
    PUSH    DX                   ;被开方数压栈
          CALL    SQROOT3
           ⋮                     ;计算 3Y(在 DX 中)
          PUSH    DX             ;被开方数压栈
          CALL    SQROOT3
          POP     DX             ;取后一次平方根
          POP     AX             ;取前一次平方根
          ADD     AX,DX          ;计算 $\sqrt{2x}+\sqrt{3y}$
          PUSH    AX             ;暂存中间结果
          MOV     DX,150
          PUSH    DX             ;被开方数压栈
          CALL    SQROOT3
          POP     AX             ;取 $\sqrt{150}$
          POP     DX             ;取中间结果
          ADD     AX,DX          ;计算最后结果
          MOV     RLT,AX         ;传送结果
          MOV     AH,4CH
          INT     21H
CSEG    ENDS
          END MAIN3
```

使用堆栈法传送参数时,一定要注意堆栈指针的变化及栈中数据存放的位置。

从上面的例子可以看到,子程序必须书写在代码段中,可以在主程序前,也可以在主程序后,当在主程序前时,END 语句必须指出主程序的入口标号(程序的起始执行地址)。

三、子程序说明文件

为了使子程序便于阅读、维护、使用,明确子程序功能和主程序与子程序之间的联系,完全不必关心所用子程序的算法及处理过程,一般应编制子程序说明文件。它包含下述几项内容。

(1) 子程序名(子程序入口地址):子程序名用过程定义伪指令定义该过程时的过程名。这时过程中第一条语句必须是子程序的入口指令;否则应写子程序入口指令的标号或地址。

(2) 子程序功能:用自然语言或数学语言等形式简单清楚地描述子程序完成的功能。

(3) 入口条件:说明子程序要求有几个入口参数和这些参数表示的意义及存放位置。

(4) 出口条件:说明子程序有几个输出参数(运行结果)和这些参数表示的意义、存放位置。

(5) 受影响的寄存器:说明子程序运行后,哪些寄存器的内容被破坏了,以便在调用该子程序之前注意保护现场。

(6) 其他说明:如本子程序是否又调用其他子程序等。

下面给出一个子程序说明文件的例子:

(1) 子程序名:SQROOT1。
(2) 子程序功能:求双字节整数的平方根(整数部分)。
(3) 入口条件:被开方数放在 DX 中。
(4) 出口条件:平方根在 DX 中。
(5) 受影响的寄存器:标志寄存器 F。

四、子程序设计及其调用举例

子程序设计与普通程序设计方法一样,只不过要考虑到它的通用性、使用方便以及参数传递和保护、恢复现场问题。一般按下述步骤进行。

(1) 根据对问题的分析确定主程序、子程序的功能界面,即决定主程序完成什么工作,子程序完成什么工作;确定其参数界面,即分析有哪些入口参数,哪些出口参数,进而确定合适的参数传送方法。

(2) 编制子程序说明文件,明确子程序名或入口标号、子程序功能、入口参数、出口参数等信息。这个文件在程序设计之前对参数传递、现场保护与恢复、子程序算法实现等许多方面有指导意义;在子程序设计完成之后又可以作为子程序使用、维护的说明和依据。

(3) 分别设计主、子程序并进行调试。在需要时也可能在最后对子程序说明文件有所修改。

下面给出子程序设计的例子。

【例 8.2】 计算三组字数据中正数、负数和零的个数,并分别存入 PCOUNT、MCOUNT 和 ZCOUNT 单元。设三组数据首地址分别为 ARRY1、ARRY2 和 ARRY3,数据个数分别在 CNT1、CNT2 和 CNT3 单元存放。

设计分析:

此例需反复计算一组字数据中正数、负数和零的个数,因此可以把这一功能设计成子程序，而在主程序中三次调用子程序。

子程序功能：统计一组字数据中正数、负数和零的个数。

主程序功能：三次调用子程序并将结果累加。

进一步考虑主程序、子程序的参数界面，由于入口参数需传送较多数据，可采用约定参数地址指针法，传递数据首地址和数据个数；而出口参数为便于主程序调用返回后累加，可采用约定寄存器方法。

按以上界面分析编写子程序说明文件如下：

(1) 子程序名(入口标号)：PMZN。

(2) 子程序功能：求一组数据中正数、负数和零的个数。

(3) 入口条件：数组首地址在 SI 中；数组数据(元素)个数在 CX 中。

(4) 出口条件：正数个数在 AX 中；负数个数在 BX 中；零的个数在 DX 中。

(5) 受影响的寄存器：AX、BX、DX 和标志寄存器 F。

按此说明文件和以上分析，设计的主程序和子程序如下。

子程序设计：

```
PMZN    PROC    FAR
        PUSH    SI                      ;保存数组首址
        PUSH    CX                      ;保存数据个数
        XOR     AX,AX                   ;清正数计数器
        XOR     BX,BX                   ;清负数计数器
        XOR     DX,DX                   ;清零数计数器
PMZN0:  TEST    WORD PTR[SI],0FFFFH     ;测试数据
        JS      MINUS                   ;负转
        JNZ     PLUS                    ;正且非0转
        INC     DX                      ;为0,零计数器加1
        JMP     PMZN1
PLUS:   INC     AX                      ;正数计数器加1
        JMP     PMZN1
MINUS:  INC     BX                      ;负数计数器加1
PMZN1:  ADD SI,2                        ;指向下一个数据
        LOOP    PMZN0                   ;循环计数减1,非0转
        POP     CX                      ;恢复CX
        POP     SI                      ;恢复SI
        RET
PMZN    ENDP
```

主程序设计：

```
DSEG    SEGMENT
ARRY1   DW      2315,500,-1, 5,0,123,964,-327,0
CNT1    DW      $-ARRY1
ARRY2   DW      21,34,-8,-2300,0,827,-936,0,18
CNT2    DW      $-ARRY2
ARRY3   DW      3012,-10,-137,-123,-4,110,-40,-6
CNT3    DW      $-ARRY3
PCOUNT  DW      0                       ;保存正数个数结果单元
MCOUNT  DW      0                       ;保存负数个数结果单元
```

```
ZCOUNT  DW   0                    ;保存零数个数结果单元
ADR     DW   OFFSET ARRY1,OFFSET CNT1
        DW   OFFSET ARRY2,OFFSET CNT2
        DW   OFFSET ARRY3,OFFSET CNT3
DSEG    ENDS
CSEG    SEGMENT
        ASSUME CS:CSEG,DS:DSEG
START:  MOV  AX,DSEG
        MOV  DS,AX
        LEA  DI,ADR
        MOV  CX,03               ;循环调用于程序计数
AGAIN:  MOV  SI,[DI]             ;取数组首址→SI
        MOV  BX,[DI+2]           ;取数组数据个数首址
        PUSH CX                  ;保存 CX 中的循环计数值
        MOV  CX,[BX]             ;取数组数据个数→CX
        CALL PMZN
        ADD  PCOUNT,AX           ;累加结果
        ADD  MCOUNT,BX
        ADD  ZCOUNT,DX
        ADD  DI,4                ;修改指针向下一数组
        POP  CX                  ;恢复 CX 中循环计数
        LOOP AGAIN               ;CX 计数值减 1.非 0 转
        MOV  AH,4CH
        INT  21H
CSEG    END
        END  START
```

程序分析：

数据段中将数组的首地址及存放数据个数的变量地址顺序存放在变量 ADR 中，并设置指针 DI 指向它。在程序中通过语句"MOV SI，[DI]"和"MOV BX，[DI+2]"取得每个数组的首地址和数据个数存放地址。主程序中 CX 用来存放数组个数值，该值用作控制循环次数，而子程序 PMZN 则要求将数组元素的个数放入 CX 中，因此在将元素个数放入 CX 之前把 CX 值保存起来，在判断是否退出循环后再重新恢复 CX 的循环计数值。

第三节 嵌套与递归子程序

一、子程序嵌套

在编制子程序时，可以将子程序作为调用程序去调用另一个子程序，这种在一个子程序中再调用其他子程序的情况称为子程序嵌套。嵌套的层次不限，其层数称嵌套深度，图 8-2 表示子程序嵌套情况。

嵌套与递归子程序.mp4

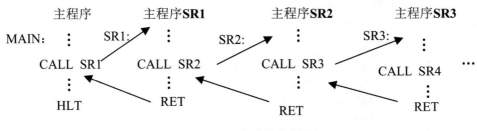

图 8-2 子程序的嵌套

嵌套子程序的设计并没有什么特殊要求,只是要注意寄存器的保护和恢复,以避免各层子程序之间发生因寄存器冲突而出错的情况。

下面通过例子说明子程序嵌套的应用。

【例 8.3】 假设有一现成的子程序 HTOA.ASM,其说明文件和程序清单如下。

子程序说明文件:

(1) 子程序名:HTOA。

(2) 子程序功能:将一位十六进制数转换为 ASCII 码。

(3) 入口条件:要转换的数据在 AL 中的低四位。

(4) 出口条件:十六进制数的 ASCII 码在 AL 中。

(5) 受影响的寄存器:AL 和标志寄存器 F。

程序清单如下:

```
;将一位十六进制数转换成 ASCII 码的子程序 HTOA.ASM
HTOA    PROC    FAR
        AND     AL, 0FH
        CMP     AL, 10
        JC      HTOA1
        ADD     AL, 07
HTOA1:  ADD     AL, 30H
        RET
HTOA    ENDP
```

现在要求编制将 AL 中两位十六进制数转换为 ASCII 码的子程序。

设计分析:

利用上述子程序 HTOA,两次调用 HTOA 就可以将 AL 中的两位十六进制数转换为相应的 ASCII 码。子程序设计如下。

子程序说明文件:

(1) 子程序名:BHTOA。

(2) 子程序功能:将两位十六进制数转换为 ASCII 码。

(3) 入口条件:两位十六进制数在 AL 中。

(4) 出口条件:转换的高位 ASCII 码在 AH 中;低位 ASCII 码在 AL 中。

(5) 受影响的寄存器:AX 和标志寄存器 F。

(6) 本程序调用将一位十六进制数转换成 ASCII 码的子程序 HTOA。

程序清单如下:

```
BHTOA         PROC    FAR
              PUSH    CX
              MOV     CH,AL
              MOV     CL,04
              SHR     AL,CL
              CALL    HTOA
              MOV     AH,AL
              MOV     AL,CH
              CALL    HTOA
              POP     CX
              RET
BHTOA         ENDP
```

【例 8.4】 编制一个将 AX 中的 4 位十六进制数转换为 ASCII 码的子程序。

设计分析：

可以利用例 8.3 的子程序 BHTOA，通过两次调用 BHTOA 就可以将 AX 中的 4 位十六进制数转换为相应的 ASCII 码。设计如下。

子程序说明文件：

(1) 程序名：QHTOA。

(2) 子程序功能：将 4 位十六进制数转换为 ASCII 码。

(3) 入口条件：要转换的数据在 AX 中。

(4) 出口条件：最高位数的 ASCII 码在 BH 中；次高位数的 ASCII 码在 BL 中；次低位数的 ASCII 码在 AH 中；最低位数的 ASCII 码在 AL 中。

(5) 受影响的寄存器：AX、BX 和标志寄存器 F。

(6) 本程序调用子程序 BHTOA。

程序清单如下：

```
QHTOA         PROC    FAR
              PUSH    AX
              MOV     AL,AH
              CALL    BHTOA
              MOV     BX,AX
              POP     AX
              CALL    BHTOA
              RET
QHTOA         ENDP
```

子程序 QHTOA 两次调用 BHTOA，子程序 BHTOA 两次调用 HTOA，BHTOA 和 QHTOA 都是嵌套子程序。

【例 8.5】 设内存 BIN 开始的单元存放若干个无符号字数据，数据个数存在 COUNT 单元。编制程序，将其转换为十六进制数的 ASCII 码存入 HASC 开始的存储区，以备输出。存储形式：数据高位的 ASCII 码存放在低地址。

设计分析：

利用 QHTOA 子程序，将各字数据转换为 ASCII 码。由于程序较简单，仅给出程序清单：

```
DSEG         SEGMENT
BIN          DW        2310, 256, 373, 15, 8624
COUNT        EQU       ($-BIN)/2
HASC         DB        25DUP(0)          ;定义保存转换结果缓冲区
DSEG         ENDS
CSEG         SEGMENT
             ASSUME    CS: CSEG,DS: DSEG
START:       MOV AX,DSEG
             MOV DS,AX
             LEA       SI,BIN            ;取原始数据首址
             LEA       DI,HASC           ;取字符存放首址
             MOV CX,COUNT                ;取数据个数
AGAIN:       MOV AX,[SI]                 ;取一个数据
             CALL      QHTOA             ;转换
             MOV [DI],BH                 ;保存结果
             MOV [DI+1],BL
             MOV [DI+2],AH
             MOV [DI+3],AL
             MOV BYTE   PTR[DI+4],','    ;送间隔符
             ADD DI,5                    ;修改指针
             ADD SI,2
             LOOP      AGAIN             ;CX—1≠0 继续转换
             MOV AH,4CH
             INT       21H
CSEG         ENDS
             END       START
```

程序中调用的子程序都定义为 FAR 类型，因此可与主程序不在同一代码段内。请分析这几个程序的调用关系并画出程序的完整嵌套结构图。

二、递归子程序

在子程序嵌套的情况下，如果子程序调用的子程序就是它自身，即子程序直接或间接地调用自身这种情况就称为递归调用。递归调用是子程序嵌套的特例。具有递归调用性质的子程序称为递归子程序。递归子程序一般用于解递归函数。这里以阶乘函数为例，说明递归子程序的设计方法。

【例 8.6】 编制计算 i!(i≥0)的程序。

设计分析：

$$f(i) = \begin{cases} 1, & i = 0 \\ i \times f(i-1) & i > 0 \end{cases}$$

和数学上许多递归形式给出的定义一样，自然数 i 的阶乘 f(i) 的定义为：

$$f(i) = \begin{cases} 1, & i = 0 \\ i \times f(i-1), & i > 0 \end{cases}$$

可以根据递归定义来设计该程序。求 i! 本身是一个子程序，由于 i!=i×(i−1)!，所以为求(i−1)! 可以递归调用求 i!的程序，只是这时参数 i 的值发生了变化。依此类推，(i−1)!=(i−1)×(i−2)!，计算(i−2)! 同样要递归调用求 i 的子程序，直到最后分解为计

算 0！，这就到了递归尽头或叫递归出口，于是逐层返回，进行乘法运算从而得到 i! 的值。

根据前面的分析，每次递归调用返回后，均要做一次乘法，故乘数(i-1)，(i-2)……都保存起来，以便返回后做乘法运算。比较简便的方法是借用堆栈传递参数实现阶乘的递归子程序设计，即每次递归调用前将要计算阶乘的数压入堆栈，返回后再弹出即可。

子程序说明文件：

(1) 子程序名：FACT。

(2) 功能：计算 i! 。

(3) 入口参数：CX 存放阶乘数 i。

(4) 出口参数：DX、AX 存放 i! 。

(5) 所用寄存器：DX，AX。

程序清单如下：

```
       FACT    PROC   FAR
①              CMP    CX, 0
②              JG     COME         ;CX>0,则转标号 COME 递归调用
③              MOV    AX,1         ;AX 存放连乘积
④              RET                 ;递归出口
⑤      COME:   PUSH   CX
⑥              DEC    CX
⑦              CALL   FACT         ;递归调用
⑧      X:      POP    CX           ;逐层返回
⑨              MUL    CX
⑩              RET                 ;返回递归调用处
       FACT    ENDP
```

程序分析：

设调用程序中给 CX 所赋初值为 3，则该子程序的执行顺序如下所述：

①→②→⑤→⑥→⑦→①→②→⑤→⑥→⑦→①→②→⑤→③→⑦→①→②→③→④→⑧→⑨→⑩→⑧→⑨→⑩→⑧→⑨→⑩→返回调用程序。

该子程序执行过程中堆栈最满时的内容如图 8-3 所示。根据上面的分析，可知子程序中的"CALL FACT"被执行了 3 次，不仅完成了将 i(=3)，i-1(=2)，i-2(=1) 依次存入堆栈中，同时保存了依次返回的断点 X，为依次乘 i 做好准备。

```
       DATA    SEGMENT 'DATA'
       N       DB     8
       DATA    ENDS
       CODE    SEGMENT
               ASSUME  CS:CODE,DS:DATA
       BEGIN:  MOV    AX, DATA
               MOV    DS, AX
               MOV    CL, N
               MOV    CH, 0
               CALL   FACT
               MOV    AH, 4CH
               INT    21H
```

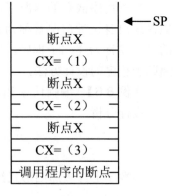

图 8-3 堆栈

```
          FACT    PROC
                    ⋮
          FACT    ENDP
          CODE    ENDS
                  END    BEGIN
```

结果分析：

(1) 在调试程序 DEBUG 的环境下可查看其运行的结果：

```
i=8 时,(DX)=0,(AX)=9D80H
```

(2) 在调试程序 DEBUG 的环境下，同样可查看其堆栈区的动态内容(略)。

思考：

(1) 试估计子程序阶乘乘积最大值为多少？对应 i 最大取值又是多少？

(2) 若要求实现两个以上的阶乘之和，如何重新设计调用程序？

(3) 若要求将阶乘结果以十进制形式显示出来，如何补充调用程序？

第四节　多模块编程

同一次汇编产生的一个目标文件(.OBJ)叫一个模块。用汇编语言程序完成一个较复杂的实际任务时，往往要采用多模块的组织结构来编写程序。这是因为：

(1) 源文件太大，难于一次汇编成功。

(2) 复杂的设计需要多人承担，若许多人在同一源文件上编程，显然不方便。

(3) 编程时，往往要利用已有的现成子程序，将这些用到的现成程序再重抄和汇编一遍显然不合理。

多模块编程.mp4

多模块编程要解决的关键问题是：如何正确地划分模块以及如何把模块连接、装配在一起。

一、模块的划分

模块的划分与设计可参考如下规则：

(1) 如果一个程序段被很多模块所公用，则它应是一个独立的模块。

(2) 如果若干个程序段处理的数据是公用的，则这些程序段应放在一个模块中。

(3) 若两个程序段的利用率差别很大，则应分属于两个模块。

(4) 一个模块既不能过大，也不能过小。过大则模块的通用性较差，过小则会造成时间和空间上的浪费。

(5) 力求使模块具有通用性，通用性越强的模块利用率越高。

(6) 各模块间应在功能上、逻辑上相互独立，尽量截然分开，避免出现模块间的转移。

(7) 各模块间的接口应该简单，要尽量减少公共标识符的个数，尽量不共用数据存储单元，在结构或编排上有联系的数据应放在一个模块中，以免互相影响，造成查错困难。

(8) 每个模块的结构应尽量设计成单入口、单出口的形式。这样的程序便于调试、阅读和理解，且可靠性高。

模块化程序设计的另一关键问题，是如何把各模块正确地装配在一起，可重定位技术和连接程序(LINK)的使用使这个装配工作变得很容易。因为由汇编程序汇编成的目标模块均是以浮动的 0 作为各段的起始地址，这样该模块就可以定位在主存中的任何地方。而连接程序可实现多个目标模块的连接，并按各段的新定位地址修改有关的目标代码，使之作为一个整体来运行。

连接程序将多个目标模块连接在一起时，必须要有以下两个方面的信息：各模块之间的通信方式和各段之间的组合方式。当一个大的程序由多个模块组成时，一般都是有一个主模块，其他为子模块，这就必然存在着模块间的相互通信问题，即一个模块会访问另外模块中定义的标号(包括过程名)、变量或符号常量。因此，在程序设计时，必须要对这些符号进行专门说明，连接程序在连接时才能正确完成各模块之间的通信工作。组合方式的提出是由于每个模块都可能包含多个段，在将多个模块连接在一起时，这些段之间将以什么方式组合在一起呢？这是连接程序必须要知道的信息，否则，它将无法按用户的要求对段进行正确的组合。以上这些信息都是在编程时，使用伪指令通过宏汇编程序产生的目标文件提供给连接程序的。下面将介绍这些伪指令的用法及如何使用连接程序。

二、程序的连接

程序的连接有两种情况，一是源程序的连接，二是各模块的连接。

(一)源程序的连接

当需要在源程序中插入一个已存在的子程序文件，或将若干个.ASM 文件连在一起，使之经汇编后形成一个目标模块(.OBJ)时，可使用下面的包含伪指令 INCLUDE 进行源程序的连接。

格式：INCLUDE　FNAME

说明：FNAME 为其他源程序文件名。该伪指令说明在对现行源程序文件汇编时，把另外的源程序文件 FNAME 加入现行源程序中的 INCLUDE 处。每一个 INCLUDE 后只允许有一个文件名。

例如，要将例 8.3、例 8.4 中的三个子程序 HTOA.ASM、BHTOA.ASM、QHTOA.ASM 和例 8.5 程序汇编为一个目标模块，可在例 8.5 程序中相应位置用 INCLUDE 语句插入其他三个文件。

这样书写的程序清单如下：

```
;例 8.5 源程序中连入子程序
        ⋮                      ;省略部分与例 8.5 程序相同
           MOV    AH,4CH
           INT    21H
INCLUDE    HTOA.ASM
INCLUDE    BHTOA.ASM
INCLUDE    QHTOA.ASM
```

```
CSEG    ENDS
        END     START
```

这样，汇编程序汇编 EXAM85.ASM 时，将四个文件汇编在一起，形成一个目标模块。

注意：

(1) 要汇编在一起的文件中自定义标识符号不允许重复。

(2) 如果 INCLUDE 后的文件不在当前驱动器的磁盘上，则在文件名前写上含有该文件的磁盘驱动器的名字。

(二)模块的连接

把多个模块(.OBJ 文件)连接在一起，生成一个可执行文件(.EXE)，这个工作是由连接程序 LINK 完成的。

模块连接需要解决的两个主要问题是：模块间的通信和各模块间段的组合方式。为了使连接程序正确地完成连接工作，就要求编程者在源程序中通过伪指令向连接程序提供相应的信息。

1. 通信伪指令

当程序由几个模块组成时，势必存在着一个模块使用另一个模块中定义的变量、标号以及子程序等问题。由于子程序与调用它的语句，定义变量、标号与使用变量、标号的语句分别在不同的模块中，汇编是分开进行的，汇编程序无法知道子程序入口地址及变量、标号的地址。因此，要由连接程序汇集各模块送来的地址信息，综合决定各个调用指令的转移地址及变量、标号地址。

为解决上述模块间的通信问题，在程序设计时，必须要对模块间使用的标识符号进行专门说明，EXTERN 和 PUBLIC 就是完成这种说明的伪指令。

1) 说明公共标识符号语句

格式：PUBLIC 标识符[,标识符，…]

功能：用来说明其后的标识符是公共标识符，可以被其他模块所引用。

说明：

(1) 这些标识符必须是在本模块中定义的符号常量、标号、过程名或变量，各名字之间用逗号隔开。但寄存器名、符号常量的值为实数或值超过两个字节的整数时，均不能作公共标识符使用。

(2) 在一模块中，同一个名字仅可被 PUBLIC 说明一次。该语句可以放在程序中的任何位置，一般将它放在程序的开头。

几个模块公用的子程序一般都属于 FAR 类型。例如，要把子程序 EXAM 说明为公共子程序，使得其他模块也能调用，可用以下伪指令：

```
PUBLIC      EXAM
EXAM        PROC    FAR
            ⋮
EXAM        ENDP
```

一经 PUBLIC 伪指令定义，EXAM 子程序就成为公共子程序，即可被多个不同模块调用。

2) 说明外部标识符号语句

格式：EXTERN 标识符：类型 [，标识符：类型，…]

功能：用来声明本模块中需要引用但没有定义的、由其他模块所定义的标识符，即外部标识符。

说明：被 EXTERN 声明的标识符必须是在它所定义的模块中被 PUBLIC 伪指令声明过的公共标识符。它们可以是符号常量、变量、标号或子程序名，可为如下类型。

(1) 符号常量类型：ABS。

(2) 变量类型：BYTE、WORD、DWORD 等。

(3) 标号和子程序类型：NEAR、FAR。

所有的标识符类型必须与它们原定义时的类型一致。例如，要引用上例中公用子程序 EXAM，必须用 EXTERN 伪指令进行说明，而且类型还必须与上例中的一致。即：

```
        EXTERN  EXAM: FAR
```

2. 段的组合方式

段组合方式由 SEGMENT 伪指令的参数决定。在第四章中已详细介绍了段定义伪指令 SEGMENT。它有三个参数：定位类型、组合类型和类别，决定了多模块连接时，模块间的段如何组合。凡是被段定义伪指令定义的同名、同组合方式和同类别的段，将被连接合并成一个段。因此，在多模块编程时，段定义伪指令 SEGMENT 后面的参数是非常有用的。

另外，汇编语言还提供了一个分组伪指令 GROUP，用来将不同名的段连接在同一物理段内。

格式：GN GROUP SN1[，SN2，…]

功能：该伪指令说明其后的程序段 SN1，SN2 等都组合在同一组名 GN 下，放在同一个 64KB 的物理段内。

说明：GN 为组名，SN1，SN2 等为段名，都是用户自定义标识符号。GN 不能与 SN1，SN2 等任一个重名。

例如：

```
        CSEGRP    GROUP   SEG_A,SEG_B
        DSEGRP    GROUP   SEG_DA,SEG_DB
        SEG_A     SEGMENT
                  ASSUME  CS: CSEGRP,DS: DSEGRP
                      …
        SEG_A     ENDS
        SEG_DA    SEGMENT
                  DW      4567H
                      …
        SEG_DA    ENDS
        SEG_B     SEGMENT
                  ASSUME  CS: CSEGRP,DS: DSEGRP
                      …
        SEG_B     ENDS
        SEG_DB    SEGMENT
                  DW      10 DUP(25)
                      …
```

```
        SEG_DB    ENDS
                  END
```

汇编程序对上述程序进行汇编时,把 SEG_A 和 SEG_B 组合在一个物理段 CSEGRP 内,把 SEG_DA 和 SEG_DB 组合在一个物理段 DSEGRP 内。

下面通过例子说明多模块编程方法。

【例 8.7】 将例 8.3,例 8.4 和例 8.5 作为三个模块设计,最后连接成一个程序,这时上述几个源程序应为如下格式:

```
;例 8.5 源程序的多模块编程格式
        EXTRN     QHTOA: FAR
    DSEG      SEGMENT

    DSEG      ENDS
    CSEG      SEGMENT   PUBLIC,'CODE'
                  ⋮               ;与 EXAM8.5 程序相同
    START:    …
                  ⋮
    CSEG      END
              END   START
;例 8.4 源程序 QHTOA.ASM 的多模块编程格式
              PUBLIC    QHTOA
              EXTRN     BHTOA: FAR
  CSEG    SEGMENT   PUBLIC 'CODE'
              ASSUME    CS: CSEG
  QHTOA   PROC      FAR
                           ;与 QHTOA 过程相同

  CSEG    ENDS
              END

;例 8.3 源程序 BHTOA.ASM 的多模块编程格式
    PUBLIC    BHTOA
    EXTRN     HTOA: FAR
      CSEG    SEGMENT   PUBlC ,'CODE'
              ASSUME    CS: CSEG
      BHT0A   PROC      FAR
                      ;与 BHTOA 过程定义相同

  CSEG    ENDS
              END
              ;例 8.3 中子程序 HTOA 的多模块编程格式
                  PUBLIC    HTOA
  CSEG    SEGMENT   PUBlC ,'CODE'
              ASSUME    CS:CSEG
      HTOA    PROC      FAR
                           ;与 HTOA 过程定义相同

  CSEG    ENDS
              END
```

各程序模块单独汇编成四个.OBJ 文件(设四个模块名为 EXAM85.OBJ，QHTOA.OBJ，BHTOA.OBJ，HTOA.OBJ)之后，用下述命令连接：

```
LINK   EXAM85＋QHTOA＋BHTOA＋HTOA
```

如果连接成功，将生成可执行文件 EXAM85.EXE。

思考：

(1) 为什么不规定：凡在本模块中找不到的名字，都作为外部名字处理，从而取消 EXTERN 伪指令呢？

(2) 如果规定汇编语言程序中的名字全部都是公共名字，就可以省去 PUBLIC 伪指令，什么原因不这样做呢？

子程序与多模块编程.ppt

第九章 宏功能程序设计

学习要点及目标

- 掌握宏的概念，宏定义和宏调用以及宏参数的使用方法。
- 掌握宏嵌套一般方法。
- 了解重复汇编和条件汇编伪指令的功能和使用方法。
- 了解宏库的建立和使用方法。

核心概念

宏概念　宏定义　宏调用　宏嵌套

引导案例

在程序设计中，经常要输出缓冲区中的字符串信息，这就需要反复进行 9 号功能的系统调用：

```
LEA   DX,BUF1
MOV   AH,9
INT   21H
  ⋮
LEA   DX,BUF2
MOV   AH,9
INT   21H
  ⋮
LEA   DX,BUF3
MOV   AH,9
INT   21H
  ⋮
```

在这三次的功能调用中，语句格式完全相同，只是每次输出缓冲区首址不同。为了减少源程序中重复编写相同程序段的工作，可以采用宏定义方式编写程序段，供源程序进行宏调用。引导案例中可以将调用的过程定义成一条宏指令，并将输出缓冲区首址选定为形式参数。其定义格式为：

```
WRITE  MACRO  B
       LEA DX, B
       MOV AH,9
       INT  21H
       ENDM
```

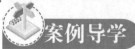

从上面的引导案例看出，作为一种高级汇编语言技术，宏功能是程序设计的一种有力工具。本章从宏的概念入手介绍宏指令、使用宏功能的程序设计方法。

第一节 宏 的 概 念

子程序是将程序中经常使用的程序段用 PROC 和 ENDP 伪指令括起来，并赋予一个名字(子程序名)，然后，只要使用 CALL 语句调用这个名字就能执行这段程序。类似地，汇编语言提供了另一种方法——宏。它将程序中经常使用的程序段用 MACRO 和 ENDM 伪指令括起来，赋予一个名字(宏指令)，然后只要直接使用这个名字就能调用这段程序。尽管子程序与宏指令都可以处理程序中重复使用的程序段，为程序设计带来极大的方便，但它们是两个完全不同的概念，有着本质的区别。

宏功能程序设计.mp4

(1) 处理的时间不同。宏指令是在汇编期间，由宏汇编程序处理的。而子程序调用是在程序运行期间，由 CPU 执行的。

(2) 处理的方式不同。宏指令必须先定义、后调用。宏调用是在汇编时用宏体置换宏指令名、实参数置换形式参数(即宏扩展)，汇编结束，宏定义也随之消失。而子程序的调用不发生这种代码和参数的置换，而是在程序执行时 CPU 将控制方向由主程序转向子程序。

(3) 目标程序的长度不同。由于对每一次宏调用都要进行宏扩展，因而使用宏指令会导致目标程序长，占用内存空间大。而子程序是通过 CALL 指令调用的，无论调用多少次，子程序的目标代码只会出现一次，因此，目标程序短，占用存储空间小。

(4) 执行速度不同。调用子程序需要使用堆栈保护现场和恢复现场，需要专门的指令传递参数，因而执行速度较慢。而宏指令不存在这些问题，因此执行速度快。

(5) 参数传递的方式不同。宏调用可实现参数的代换，参数的形式也不受限制，可以是语句、寄存器名、标号、变量、常量等。参数代换简单、方便、灵活、不容易出错，很容易为用户掌握。而子程序的参数一般为地址或操作数，传递方式是由用户编程时具体安排的，特别在参数较多时，很麻烦，容易出错。

在编写程序过程中，对于程序中的重复部分，究竟是采用宏指令还是子程序，需要权衡内存空间、执行速度、参数的多少等各方面的情况决定。在大多数情况下，宏指令扩展后占用的内存空间大，但执行速度快，在多参数时较子程序调用更为方便有效；但如果宏体较长且功能独立，采用子程序又比宏指令更能节省存储空间。

总之，熟练灵活地使用宏功能可以减少由于重复书写而引起的错误，并可扩充硬指令的功能，使源程序编写得像高级语言一样清晰、简洁，有利于阅读、修改、调试源程序，从而简化程序设计工作，提高编程效率。可见，宏功能是宏汇编语言独具的特色之一，是汇编语言程序设计的一种有力工具。因此，宏指令是必须掌握的一种高级程序设计技术。

第二节　宏定义和宏调用

宏指令的使用要经过以下三个步骤。

(1) 宏定义：使用伪指令 MACRO 和 ENDM 将重复使用的语句序列定义成宏指令，选定好形式参数，并为该宏指令取一宏名字(即宏指令)。

(2) 宏调用：在程序中需要的地方通过带实参的宏名字(宏指令)来调用宏定义。

(3) 宏扩展：由宏汇编程序用宏定义中的语句序列来代替宏调用中的宏名字，用实参代替形参。

其中，前两步工作须由用户自己完成，也是必须掌握的内容，而第三步是由宏汇编程序在汇编期间完成的。

一、宏定义

格式：

　　　　　宏名字　MACRO　[形式参数,…,形式参数]

　　　　　ENDM

功能：定义一个新指令(宏名字)，并用这个新指令来代表宏体全部内容。

说明：

(1) MACRO 为宏定义的头。

(2) 宏名字是宏定义为宏指令规定的名称，它与形式参数(或叫虚参数，简称形参或虚参)都应是宏汇编语言中的合法符号，并且可以与源程序中的其他的变量、标号或指令助记符同名。也就是说，宏指令具有比指令和伪指令更高的优先权。利用这个特点，程序员可以设计新指令系统，扩充某些指令或伪指令的含义与功能。

(3) 形参可有可无，且个数不限，但字符个数不得超过 132，各形参之间要用逗号隔开。

(4) 宏体为宏指令代替的程序段，它由一系列机器指令语句和伪指令语句组成。

(5) ENDM 表示宏定义的尾。它必须与伪指令 MACRO 成对出现。

注意：

(1) 宏指令一定要先定义，后调用。因此，宏定义一定要放在它的第一次调用之前。

(2) 宏指令名可以与伪指令、机器指令的助记符同名且具有比指令、伪指令更高的优先权，即当它们同名时，宏汇编程序将它们一律处理成相应的宏扩展，而不管与它同名的指令原来的功能如何。如果需要对某一宏指令重新定义，则直接重新定义即可。

(3) 允许对已定义好的宏定义取消定义，其取消宏定义伪指令格式为：

　　　　　PURGE　宏指令名 [,宏指令名]

宏定义一旦取消就不能再调用。

宏定义应用举例：

在某程序中需要多次用到回车换行的操作，可以定义一条宏指令。

```
CRLF    MACRO
        MOV  AH,2
        MOV  DL,0AH
        INT  21H
        MOV  DL,0DH
        INT  21H
        ENDM
```

二、宏调用

宏指令一旦完成定义之后，就可以在源程序中调用。

调用格式：

    宏指令名　[实参,…,实参]

功能：将宏定义中的宏体全部嵌入到宏调用处，并用实参按位置对应关系代替宏体中的虚参。

说明：

(1) 宏指令名必须与宏定义中的宏指令名一致。

(2) 实参要与宏定义中的形参按位置关系一一对应。如果实参的个数多于形参的个数，多余的实参被忽略。如果实参的个数少于形参的个数，则缺少的实参被处理为空白(即没有字符)。实参可以与形参同名。

对于引导案例中宏定义的三次调用，可以写成下面的形式：

```
            ⋮
    WRITE   BUF1
            ⋮
    WRITE   BUF2
            ⋮
    WRITE   BUF3
            ⋮
```

像这种宏指令名在源程序中的出现称为宏调用。在源程序中，由于宏定义在前，宏调用在后，宏汇编程序在汇编期间，先扫描宏定义，再将宏名字、形参、宏体等填入宏定义表中，在遇到宏调用时，则嵌入宏体，并用实参按位置对应关系一一替换宏体中的形参。为和其他语句区别，凡经宏扩展的每一语句前面设有一符号+或 1(不同汇编软件版本所致)。对于上面的三次宏调用，其展开后的形式为：

```
            ⋮
1   LEA   DX,BUF1
1   MOV   AH,9
1   INT   21H
            ⋮
1   LEA   DX,BUF2
```

```
       1    MOV   AH,9
       1    INT   21H
                              ⋮
       1    LEA   DX,BUF3
       1    MOV   AH,9
       1    INT   21H
                              ⋮
```

由此可见，有了 WRITE 宏定义，宏调用就相当于设计的一条新指令(宏指令)，新指令的语句格式为：

                WRITE　　字节缓冲区首址

它的功能是：将指定缓冲区(该缓冲区一定在当前数据段)中以＄结束的字符串在屏幕上显示输出。使用这个宏指令语句比起原来使用三个机器指令语句进行 9 号调用要易于记忆，方便得多。

第三节　参数的使用

一、宏定义与宏调用中参数的使用

在宏定义和宏调用中都可以使用参数(形参和实参)。前面已经说过，实参数与形式参数的意义和出现次序必须一致，否则就会出错。但参数的个数不一定相等，当实参的个数多于形参的个数时，多余的实参将被忽略。当实参的个数少于形参的个数时，多余的形参将被忽略。

在宏中使用的参数是非常灵活的，它可以用来表示用户自定义的符号、数值、指令、寄存器名、任一字符串或子字符串及标号等。

1. 用参数代表标识符号或数值

【例 9.1】 定义一个把内存某区域的数据块传送到另一区域的宏指令。

将要传送数据块的源地址、目的地址和数据块的长度都设计成形式参数，使该伪指令具有通用性。该伪指令定义如下：

```
;例 9.1 数据块传送宏定义 MACRO91.ASM
BMOVS   MACRO   SRC,DST,CNT
                LEA    SI,SRC
                LEA    DI,DST
                MOV    CX,CNT
                CLD
                REP    MOVSB
        ENDM
```

形参 SRC、DST 代表要传送数据块的源地址、目的地址，CNT 代表要传送的数据块的字节数，宏调用时用实参数替换。例如宏调用：

                BMOVS　　SBUF,DBUF,100

经汇编后宏扩展为：

```
        1    LEA    SI,SBUF
        1    LEA    DI,DBUF
        1    MOV    CX,100
        1    CLD
        1    REP    MOVSB
```

2. 用参数代表指令

【例 9.2】 定义将某存储区清零的宏指令。

```
;将某存储区清零的宏指令定义 MACRO92.ASM
CLEAR    MACRO  DIR,DST,CNT
         DIR
         LEA    DI,DST
         MOV    CX,CNT
         XOR    AL,AL
         REP    STOSB
         ENDM
```

宏调用：

```
         MAIN2:
             CLEAR   CLD,ADR1,80
```

经汇编后扩展为：

```
003A                    MAIN2:
                           ...
CLEAR CLD,ADR1,80
003A FC              1       CLD
003B 8D 3E 0000 R    1       LEA    DI,ADR1
003F B9 0050         1       MOV    CX,80
0042 32 C0           1       XOR    AL,AL
0044 F3/AA           1       REP    STOSB
```

很显然，宏定义中的形式参数 DIR 代表指令的助记符号，在宏调用中用 CLD 代替了它，当然也可以用其他指令代替它。该程序的功能是将 ADR1 开始的 80 个字节单元清零。如果在宏调用中用 STD 指令代替 DIR，程序将 ADR1 向前的 80 个单元清零。

3. 用参数代替寄存器名字

【例 9.3】 定义将任一个寄存器循环左移或右移 n 位的宏指令。

```
;将任一个寄存器循环左移或右移 n 位的宏指令定义 MACRO93.ASM
    RLS   MACRO    DIR,REG,CNT
          MOV      CL,CNT
          RO&DIR   REG,CL
          ENDM
```

宏调用：

```
        MAIN3:  …
                RLS    R,AX,5
                …
                RLS    L,CH,2
```

经汇编后扩展为：

```
0046        MAIN3:  …
                    RLS    R,AX,5
0046 B1 05      1   MOV    CL,5
0048 D3 C8      1   ROR    AX,CL
                    …
                    RLS    L,CH,2
004A B1 02      1   MOV    CL,2
004C D2 C5      1   ROL    CH,CL
                    …
```

从扩展后的程序清单看出，宏定义中的 DIR 代表指令助记符的一部分，在宏调用中分别用 R 和 L 代替它，从而形成循环右移指令 ROR 和循环左移指令 ROL，这就是说，参数不仅可以用来代表指令，也可以代表指令的一部分。

注意：当参数代表指令的一部分时，宏定义中的参数前必须用&符号，表示用实参代替它时，与其左侧字符紧紧相连。宏定义中的 REG 代表寄存器，可以用任何通用寄存器代替它。

4. 用参数代表任何一字符串或子字符串

例 9.3 中用参数代表指令助记符的一部分或整个指令，都说明了参数可以代表字符串或子字符串。

【例 9.4】 定义两个多精度数据求和的宏指令。

```
;例 9.4 两个多精度数据求和的宏指令定义 MACRO94.ASM
MADD1   MACRO   LABEL,SRC,DST,LEN,SUN
        LEA     SI,SRC
        LEA     DI,DST
        MOV     CX,LEN
        LEA     BX,SUN
        CLC
LABEL:  MOV     AL,[SI]
        ADC     AL,[DI]
        MOV     [BX],AL
        INC     SI
        INC     DI
        INC     BX
        LOOP    LABEL
        ENDM
```

宏调用：

```
MAIN4:
        MADD1   LOOP1,ADR3,ADR1,8,ADR2
```

经汇编后扩展为：

```
0084                    MAIN4:
                                MADD1   LOOP1,ADR3,ADR1,8,ADR2
0084 8D 36 0064 R       1       LEA     SI,ADR3
0088 8D 3E 0000 R       1       LEA     DI,ADR1
008C B9 0008            1       MOV     CX,8
008F 8D 1E 0032 R       1       LEA     BX,ADR2
0093 F8                 1       CLC
0094 8A 04              1 LOOP1: MOV    AL,[SI]
0096 12 05              1       ADC     AL,[DI]
0098 88 07              1       MOV     [BX],AL
009A 46                 1       INC     SI
009B 47                 1       INC     DI
009C 43                 1       INC     BX
009D                    1       LOOP    LOOP1
```

宏定义中 LABEL 代表标号，在宏调用中，用 LOOP1 代替它，这个例子既说明用参数可以代表字符串，也说明用参数可以代表标号。

二、宏操作符

为了在宏中灵活使用参数，宏功能定义了一些宏操作符，下面介绍几个常用宏操作符的使用方法。

1. 尖括号 < >

在宏调用中，有时实参是一串带间隔符(如空格、逗号等)的字符串，为了不致混淆，应该用尖括号将它们括起来，这时，尖括号中的内容为一个实参。

例如，程序中定义堆栈段的语句基本相同，只是各个程序对堆栈段的大小及初值的要求不一样，如果在宏库中放入一个定义堆栈段的宏定义：

```
STACK1  MACRO  S
 STACK   SEGMENT  STACK
        DW  S
 STACK   ENDS
        ENDM
```

则在当前程序中，需要建立 500 个字、初值均为 0 的堆栈段，宏调用应为：

```
STACK1  < 500 DUP(0)>
```

由于实参为一个重复子句，它中间带有空格，因此要用尖括号括起来，说明是一个实参而不是多个。相应的宏扩展为：

```
1       STACK    SEGMENT  STACK
1                DW 500 DUP(0)
1       STACK    ENDS
```

2. 连接操作符 &

在宏定义中，有些形参需要夹在字符串中。为了将这种形参标识出来，需在这样的形参前面加符号&；如果形参后面还跟有字符串，则还应在形参后面加符号&。这时，宏汇编程序即识别出夹在&之间的形参，在用相应的实参代替该形参后，仍与原来前、后符号连在一起形成一个完整的符号或字符串。

例如，宏指令 SHIFT 定义如下：

```
SHIFT   MACRO   A,B,C
        MOV     CL,A
        S&B     C,CL
        ENDM
```

在宏体中，B 与字符 S 相连。若之间没有符号&，宏汇编程序就不将 B 作为形参，而将 SB 作为一个符号。要说明 B 为形参，就必须在它前面加符号&，在宏扩展时，形参 B 将被对应的实参所代替，并仍与字符 S 相连形成一个整体。若有以下宏调用：

```
SHIFT   4,AL,AX
SHIFT   2,AR,BH
SHIFT   5,HR,DX
```

则在汇编这些宏指令语句时，所得到的宏扩展为：

```
1   MOV   CL,4
1   SAL   AX,CL      ;将 AX 内容算术左移位
1   MOV   CL,2
1   SAR   BH,CL      ;将 BH 内容算术右移 2 位
1   MOV   CL,5
1   SHR   DX,CL      ;将 DX 内容逻辑右移 5 位
```

3. 数值替换操作符 %

在某些情况下，需要以实参符号的值而不是符号本身来替换形参，这种参数的替换称数值参数的替换。特殊宏操作符%用来将其后的表达式(通常是符号常数)在宏扩展时转换成它所代表的数值。

例如：

```
DATA1   MACRO   A,B,C,D
        DW      A,B,C
        DB      D DUP(0)
        ENDM
```

如果宏调用为：

```
X=10
Y=20
DATA1   %X+2,5,%X,%Y-5
DATA1   X+2,5,X+Y,Y-5
```

则相应的宏扩展为：

```
1       DW      12,5,10
1       DB      15 DUP(0)
1       DW      X+2,5,X+Y
1       DB      Y-5 DUP(0)
```

比较这两个宏调用语句的扩展结果，就可以明显看出数值参数与一般实参的区别。

注意：%后的符号一定是直接用 EQU 或等号(=)赋值的符号常量，或者汇编时能计算出值的表达式，而不能是变量名和寄存器名。

4. 感叹号操作符!

当把&、%这样的符号当作一个普通字符使用时，要想使宏功能不将它们当作特殊宏操作符看待，必须在它们前面加上操作符!。

例如有宏定义：

```
DISP  MACRO  X
      DB  ' abc!&x=&x'
      ENDM
```

若进行如下宏调用：

```
            A    EQU  5
            DISP  %A
```

则相应的宏扩展为：

```
1     DB  ' abc &x=5'
```

三、宏中标号的处理

在某些宏定义中，常常需要定义一些变量或标号，当这些宏定义在同一程序中多次调用并宏扩展后，就会出现变量或标号重复定义的错误。例如，有以下宏定义：

```
SUM   MACRO  COUNT,N
      MOV    CX,COUNT
      MOV    BX,N
      MOV    AX,0
NEXT: ADD    AX,BX
      ADD    BX,2
      LOOP   NEXT
      ENDM
```

该宏定义的功能是用来求从形参 N 所规定的数开始，由形参 COUNT 所规定的若干个奇数(或偶数)的和存入 AX 中(不考虑溢出情况)。若某程序对此宏定义作两次调用：

```
            SUM  50,1        ;求从 1 开始 50 个连续奇数的和
            SUM  20,10       ;求从 10 开始 20 个连续偶数的和
```

宏汇编程序在汇编这两个宏指令语句时，所得到的宏扩展为：

```
1     MOV  CX,50
1     MOV  BX,1
1     MOV  AX,0
```

```
1 NEXT: ADD    AX,BX
1        ADD    BX,2
1        LOOP   NEXT
1        MOV    CX,20
1        MOV    BX,10
1        MOV    AX,0
1 NEXT: ADD    AX,BX
1        ADD    BX,2
1        LOOP   NEXT
```

由此可见，标号 NEXT 被定义了两次，引起了重复定义的错误。为了避免这种情况，可将标号 NEXT 定义成形参，在每次调用时，均用不同的实参去代换。但由于 NEXT 的定义和引用都局限在宏体内，是宏体内的局部符号，将它定义为形参既无必要，也给宏调用带来不便。为了解决这个问题，8086/8088 宏汇编语言提供了局部标号声明伪指令 LOCAL。

格式：LOCAL 形式参数 [,...,形式参数]

功能：在宏扩展时，让宏汇编程序自动为其后的形参顺序生成特殊符号(范围为??0000H～??FFFFH)，并用这些特殊符号来取代宏体中的形参，从而避免了符号重复定义的错误。

LOCAL 语句只能作为宏体中的第一条语句，它后面的形参为宏定义中所定义的变量或标号。

对于前面求若干个奇数(或偶数)的和的宏定义，可改写成以下形式：

```
SUM     MACRO  A,B
        LOCAL  NEXT
        MOV    CX,A
        MOV    BX,B
        MOV    AX,0
NEXT:   ADD    AX,BX
        ADD    BX,2
        LOOP   NEXT
        ENDM
```

这样一来，两次宏调用后的展开形式为：

```
1              MOV    CX,50
1              MOV    BX,1
1              MOV    AX,0
1   ??0000:    ADD    AX,BX
1              ADD    BX,2
1              LOOP   ??0000
1              MOV    CX,20
1              MOV    BX,10
1              MOV    AX,0
1   ??0001:    ADD    AX,BX
1              ADD    BX,2
1              LOOP   ??0001
```

第四节 宏 嵌 套

宏嵌套有两种形式：宏定义中嵌套宏定义和宏定义中嵌套宏调用，两种宏嵌套的深度不限。

一、宏定义中嵌套宏定义

这种宏嵌套形式是宏定义中还包含有宏定义，嵌套形式如下：

```
MAC1  MACRO
      ...
      MAC2  MACRO
            ...
            MAC3  MACRO
                  ...
                  ENDM
            ...
            ENDM
      ...
ENDM
```

注意：当宏定义中嵌套宏定义时，必须首先调用最外层宏定义，然后才能调用内层宏定义。下面是一个宏嵌套的例子。

【例9.5】 用嵌套的形式定义将 AL 中的数据转换为两个十六进制数的 ASCII 码的宏指令。

```
;将AL中的数据转换为两个十六进制数的ASCII码的宏指令 MACRO95.ASM
        BHTOA1  MACRO
                MOV     AH,AL
                AHTOA   MACRO
                LOCAL   AHHN1
                        MOV     CL,04
                        SHR     AH,CL
                        AND     AH,0FH
                        CMP     AH,10
                        JC      AHHN1
                        ADD     AH,07
                AHHN1:  ADD     AH,30H
                        ENDM
                ALTOA   MACRO
                        LOCAL   ALLN1
                        AND     AL,0FH
                        CMP     AL,10
                        JC      ALLN1
                        ADD     AL,07
                        ALLN1:  ADD     AL,30H
                        ENDM
        ENDM
```

最外层的宏定义 BHTOA1 内部含有两个宏定义 AHTOA 和 ALTOA，其中 AHTOA 将 AH 中的高四位转换为十六进制数的 ASCII 码，ALTOA 将 AL 中的低四位转换为十六进制数的 ASCII 码。当进行了外层的宏调用后，两个内层宏定义都可以单独使用。

宏调用：

```
MAIN5:    …
          BHTOA1
          MOV    AH,50H
          AHTOA
          MOV    AL,08H
          ALTOA
          …
```

二、宏定义中嵌套宏调用

宏嵌套的另一种形式是宏定义中嵌套宏调用。这种情况，各个宏定义可以单独调用。

宏定义中嵌套宏调用的形式如下：

```
MAC1   MACRO
           …
           MAC2          ;调用宏定义 MAC2
           …
           ENDM
MAC2   MACRO
           …
           ENDM
```

【例 9.6】 利用宏定义嵌套宏调用的形式，定义将 AL 中的数据转换为两位十六进制数的 ASCII 码。

```
;将 AL 中的数据转换为两位十六进制数的 ASC11 码的嵌套宏 MACRO96.ASM
        BHTOA2  MACRO
                PUSH   CX
                MOV    CH,AL
                MOV    CL,04
                SHR    AL,CL
                HTOA              ;宏调用
                MOV    AH,AL
                MOV    AL,CH
                AND    AL,0FH
                HTOA              ;宏调用
                POP    CX
                ENDM
        HIOA    MACRO
                LOCAL  HTOA1
                AND    AL,0FH
                CMP    AL,10
                JC     HTOA1
                ADD    AL,07
        HTOA1:  ADD    AL,30H
                ENDM
```

宏定义 BHTOA2 中两次调用宏定义 HTOA，宏定义 HTOA 完成将 AL 中低四位转换为十六进制数的 ASCII 码的功能。

宏调用：

```
MAIN7: …
       MOV   AL,05
       HTOA
       …
       MOV   AL,47H
       BHTOA2
```

第五节　重复汇编和条件汇编

一、重复汇编伪指令

宏指令可以用来缩写源程序中的公共语句部分，但有时源程序中会连续地重复完全相同或几乎完全相同的一组语句，这时采用重复汇编方式比把它们定义成宏指令更能简化程序设计。重复汇编是在程序汇编期间对某些语句序列进行重复的汇编，而不是在程序运行期间执行重复操作。重复汇编可分为给定次数的重复和不定次数的重复，分别用伪指令 REPT、IRP 和 IRPC 实现。

重复汇编和
条件汇编.mp4

1. 给定次数的重复汇编伪指令 REPT

格式：

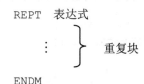

```
REPT  表达式
  ⋮          重复块
ENDM
```

功能：让宏汇编程序将重复块连续地汇编表达式所指定的次数。

说明：REPT 为重复块的开始语句，ENDM 为结束语句，它们必须成对出现。重复块为一组要重复的指令语句或伪指令语句序列。

【例 9.7】 使用重复汇编命令，将字符 A～Z 的 ASCII 码填入 26 个连续的字节单元中。

完成此功能的程序段为：

```
    CHAR ='A'
    REPT 26
    DB   CHAR         ;重复块
    CHAR = CHAR+1  ;
    ENDM
```

在汇编过程中，重复块被连续复制 26 次，其扩展后的形式为：

```
1    DB   CHAR        ;CHAR 的值为 41H    第 1 次汇编时产生
1    CHAR = CHAR+1  ;
```

```
       1       DB   CHAR        ;CHAR 的值为 42H    第 2 次汇编时产生
       1       CHAR = CHAR+1    ;
               ⋮
       1       DB   CHAR        ;CHAR 的值为 5AH    第 26 次汇编时产生
       1       CHAR=CHAR+1      ;
```

重复汇编伪指令可出现在源程序中的任何地方，既可以出现在宏定义的宏体中，也可以用于对宏定义的重复调用。

2. 不定次数的重复汇编伪指令 IRP／IRPC

与 REPT 不同的是，IRP 与 IRPC 对重复块的汇编次数不是由表达式直接给出，而是由实参的个数确定。根据实参形式的不同，可分别选用 IRP 和 IRPC 伪指令。

1) IRP

格式：　　 IRP　形参，＜实参 1，实参 2，…，实参 N＞

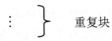

　　　　　　ENDM

功能：让宏汇编程序将重复块重复汇编由实参个数所给定的次数，并在每次重复时，依次用相应位置的实参代替形参。

说明：实参必须用尖括号括起来，并且各实参之间要用逗号隔开。

【例 9.8】 用 IRP 产生将 AX、BX、CX、DX 的内容压入堆栈的语句序列。

其语句如下：

```
               IRP  REG,<AX,BX,CX,DX>
               PUSH REG
               ENDM
```

当宏汇编程序在汇编时，将对语句"PUSH REG"连续汇编 4 次，并在每次重复时，依次以实参 AX、BX、CX、DX 代替形参 REG，最后所产生的重复语句为：

```
       1       PUSH  AX
       1       PUSN  BX
       1       PUSH  CX
       1       PUSH  DX
```

2) IRPC

格式：　　 IRPC　形参，字符串

　　　　　　ENDM

功能：将重复块重复汇编，重复的次数由字符串中的字符个数决定，并在每次重复时，依次用相应位置的字符代替形参。

说明：字符串不带引号，可以用尖括号括起来，也可以不括。

【例 9.9】 可以用 IRPC 产生将 AX、BX、CX、DX 中的内容从堆栈中恢复的语句序列。

语句如下：

```
IRPC  CHAR,DCBA
POP   CHAR&X
ENDM
```

宏汇编程序在汇编时，将产生以下语句序列：

```
1    POP  DX
1    POP  CX
1    POP  BX
1    POP  AX
```

二、条件汇编伪指令

汇编程序能根据条件汇编伪指令把某段源程序汇编成目标程序或者对它不进行汇编，这就是条件汇编。也就是说，在编制源程序时，可利用条件汇编伪指令，采用类似于分支的方法编写出程序。在汇编时，宏汇编程序就可以根据条件汇编伪指令指定的条件进行测试，只对满足条件的那部分语句生成目标代码，而对不满足条件的部分则不予汇编，也就不会生成目标代码。同重复汇编一样，条件汇编仅在程序汇编期间进行，而不是在程序执行期间进行。

条件汇编伪指令均采用如下的使用格式：

```
IF×     [条件表达式]
  ⋮  ⎫
      ⎬ 条件汇编块1
      ⎭
[ELSE]
  ⋮  ⎫
      ⎬ 条件汇编块2
      ⎭
ENDIF
```

其中，IF×代表所有条件汇编伪指令(见表 9-1)，它必须与 ENDIF 成对出现。在汇编过程中，宏汇编程序测试条件表达式(或参数)，如果条件成立，则汇编条件汇编块 1 中的语句；如果条件不成立且 IF 伪指令中带有 ELSE 及条件汇编块 2，宏汇编程序则跳过汇编块 1，而对条件汇编块 2 中的语句进行汇编；如果条件不成立且 IF 伪指令中不带 ELSE 及条件汇编块 2，宏汇编程序则跳过条件汇编块 1，而汇编 END IF 后面的语句。

表 9-1 中列出了各种条件汇编伪指令，表达式(或参数)的形式及测试条件。

表 9-1 条件汇编伪指令

助记符		表达式的形式	检测条件
正条件	反条件		
IF	IFE	数值表达式	表达式的值不为 0(为 0)为真

续表

助记符		表达式的形式	检测条件
正条件	反条件		
IF1	IF2		是第一次(第二次)扫描为真
IFDEF	IFNDEF	符号	符号已被(未被)定义或被(未被)说明为外部符号为真
IFB	IFNB	<参数>	该参数对应的实参存在(不存在)为真
IFIDN	IFDIF	<参数1>,<参数2>	参数1字符串与参数2字符串相等(不相等)为真

【例 9.10】 如果在 BUF 缓冲区中有 n 个数等待按从小到大的顺序排列(调用排序子程序 SORT)。为了排除当 n=0 也调用 SORT 子程序的情况。可以使用以下条件汇编语句：

```
;条件汇编伪指令的使用 EXAM910.ASM
        IFE    n
            JMP    EXIT    ;如果n=0,则该语句参加汇编,即转 EXIT 处
        ELSE                ;如果n≠0,则下面三条语句参加汇编
            MOV    CX,n
            LEA    BX,BUF
            CALL   SORT    ;调用排序子程序 SORT
        ENDIF
            ⋮
    EXIT:   MOV    AL,4CH;
            INT    21H     ;程序结束返回
```

需要说明的是，使用条件汇编伪指令时，条件表达式各项的值必须在第一遍扫描中求得，否则表达式的值不正确。

【例 9.11】 条件转移指令往上转的范围为 128 个字节。但在使用条件转移指令时，由于不可能逐一根据各指令的长度去计算位移量，常常会出现超出位移量范围的错误。为了避免这类错误发生，可采用条件汇编伪指令编写如下宏定义：

```
;用条件汇编伪指令定义根据指令的长度计算转移量的宏 MACRO911.ASM
BREAK   MACRO  ARG,LABEL
            LOCAL  L
            IF($ - OFFSET LABEL) LT 126
                J&ARG   LABEL           ;条件汇编块1
            ELSE
                JN&ARG  L               ;条件汇编块2
                JMP LABEL
            ENDIF
        L:  NOP
            ENDM
```

宏定义 BREAK 的功能是：在往上转移时(该宏定义只适用往回转的情况)，如果转移的目的地址 LABEL 到汇编地址计数器 $ 的字节距离小于 126，即表达式"($-OFFSET LABEL) LT 126"成立(表达式的结果为 0FFFFH)时，则取条件汇编块 1 参加汇编；如果大于 126，即表达式不成立(表达式的结果为 0)，则取条件汇编块 2 参加汇编。

由于汇编地址计数器 $ 记录了正在被宏汇编程序翻译的语句的地址，因此，"$-

OFFSET LABEL"表示该转移语句(即 J&ARG 语句或 JN&ARG 语句二者之一),而不是它的下一条语句到转移目的地址的字节距离,所以这里判定往上转的范围应是 126。

例如,在下面的程序段中,对宏定义 BREAK 调用两次:

```
P1:     MOV     BX,AX
        ORG     $+60        ;留空 60 个字节
        CMP     BX,CX
        BREAK   E,P1
        ORG     $+200       ;留空 200 个字节
        ADD     DX,AX
        BREAK   E,P1
```

在第一次进行宏调用"BREAK E,P1"时,由于往上转的范围未超过 126 个字节,因此,表达式"($-OFFSET LABEL)LT I26"成立,相应的宏扩展为:

```
1           JE  P1
1  ??0001:  NOP
```

在第二次进行宏调用"BREAK O,P1"时,由于往上转的范围超过了 126,因此,表达式不成立,相应的宏扩展为:

```
1           JNE ??0001
1           JMP P1
1  ??0001:  NOP
```

其中,NOP 为空操作指令,它不进行任何操作,但有目标代码,占用 CPU 的执行时间。

第六节 宏库的使用

一、宏库的建立

对于经常使用的宏定义,用户可将它们集中在一起,建成宏库供随时调用。由于宏库为文本文件,可用一般编辑程序建立或修改,文件名也可由用户任意指定。

例如:利用编辑程序,建立了一个宏库 MACRO.LIB,该库中包含以下内容:

```
READ    MACRO   A
        LEA     DX,A
        MOV     AH,10       ;10 号系统功能调用
        INT     21H
        ENDM
WRITE   MACRO   A
        LEA     DX,A
        MOV     AH,9
        INT     21H         ;9 号系统功能调用
        ENDM
CRLF    MACRO
        MOV     AH,2
        MOV     DL,0AH;
        INT     21H         ;输出回车换行
```

```
                MOV     DL,0DH
                INT     21H
                ENDM
    OUT1        MACRO   A
                MOV     DL,A
                MOV     AH,2
                INT     21H           ;输出一个字符
                ENDM
    STACKO      MACRO   A
    STACK   SEGMENT STACK
                DB      A             ;定义堆栈
    STACK   ENDS
                ENDM
```

二、宏库的使用

当程序中需要调用时，应首先将宏库用伪指令 INCLUDE 加入到自己的源文件中，然后按宏库中各宏定义的规定调用即可。

下面，通过具体例子介绍宏库的调用方法。

【例 9.12】 从键盘输入一串字符到 BUF 缓冲区，现需将其中的英文字母的小写字母换成大写字母(其余字符均不改变)后仍在显示器上输出，试编制其程序。

在该例中，需要进行 10 号调用从键盘输入一串字符到 BUF 缓冲区，进行 2 号调用将转换后的字符(如已是大写字母，则不转换)逐个输出；为了格式清晰，还需要输出回车换行。

以上操作均可调用 MACRO.LIB 中的宏定义 READ、OUT1、CRLF 实现。因此程序中应首先指定宏库，以便加入本程序一起汇编，然后再进行有关的宏调用：

```
        ;调用宏库的例子 EXAM912.ASM
        INCLUDE  MACRO.LIB    ;将指定的宏库加入本程序一起汇编
        DATA    SEGMENT
        BUF     DB      80
                DB      ?
                DB      80 DUP(0)
        DATA    ENDS
        CODE    SEGMENT
                ASSUME  DS:DATA,CS:CODE
        BEGIN:  MOV     AX,DATA
                MOV     DS,AX
                READ    BUF              ;输入一字符串→BUF 缓冲区
                CRLF                     ;输出回车换行
                LEA     SI,BUF+2
                MOV     CL,BUF+1         ;取输入的字符串长度→CX
                MOV     CH,0
                CLD
        L1:     LODSB                    ;从输入串中取一字符→AL
                CMP     AL,'a'
                JB      L2
                CMP     AL,'z'  ;该字符不是英文字母或不是小写英文字母则
                JA      L2               ;转 Y2
```

```
            SUB     AL,20           ;否则将小写字母代码转换为大写字母代码
    L2:     OUT1    AL              ;在显示器上显示一个字符
            LOOP    L1
            CRLF                    ;输出回车换行
            MOV     AH,4CH
            INT     21H
    CODE    ENDS
            END     BEGIN
```

高级宏汇编程序设计.ppt

第十章 输入输出程序设计

学习要点及目标

- 掌握外设与接口的概念，了解接口的编程结构。
- 掌握输入输出指令及输入输出的传送方式和 I/O 编程方法。

核心概念

接口　端口　输入输出

写出将一个字节数据从端口 40H 输入的程序段。

```
MOV  DX,40H
IN   AL,DX
```

输入输出
程序设计.mp4

计算机通过外部设备进行输入、输出是必不可少的操作，也是计算机实现计算机与外设信息交换的必要手段。

输入输出是汇编语言程序设计的重要技术之一。它与计算机系统的硬件环境密切相关，直接涉及硬件接口电路的编程，突出地体现了汇编语言对硬件的编程控制能力。是从事计算机应用人员必须掌握的技术。考虑接口电路的原理及编程在接口技术课程中有详细讨论，因此，本章仅从程序设计的角度介绍接口的概念、输入输出方式和编程方法，而不直接涉及接口电路的编程。

第一节　输入输出的概念

在本章之前所介绍的指令和程序所能处理的数据都局限在 CPU 内部寄存器和存储器中。但在一个微机系统中，主机不可避免地、甚至要很频繁地对各种外部设备进行控制，与它们交换信息。这种主机与外部设备间的数据交换叫输入输出(INPUT/OUTPUT)，简称 I/O。

虽然对于简单的 I/O 操作(如键盘输入字符、显示器输出字符等)可以借助系统功能调用完成，但这还不够。对从事计算机应用的技术人员，必须了解接口的概念，掌握其编程结构和数据的 I/O 传送方式，从而掌握 I/O 编程技术。

一、外部设备与接口电路

在一个计算机系统中，除了 CPU 和内部存储器(包括它们的外围支持电路)以外的部件或设备叫作外部设备，简称外设。常用的外设有两类：一类是输入输出设备，如键盘、鼠标器、扫描仪、显示器、打印机、绘图仪等；还有在实际应用的计算机系统中完成检测和控制的仪表装置或其他专用设备装置等。另一类是计算机本身正常工作所需的辅助设备，如磁盘驱动器、扬声器，等等。

计算机的外部设备根据数据交换的方式不同分为字符设备(如键盘、显示器、打印机等)和块设备(如磁盘驱动器)，在字符设备中又规定了标准字符设备和非标准的字符设备。标准的字符 I/O 设备规定如下：

(1) 标准输入设备，逻辑设备名为 CON，隐含指定为键盘；
(2) 标准输出设备，逻辑设备名为 CRT，隐含指定设备是显示器；
(3) 标准错误设备，逻辑设备名和隐含指定设备同标准输出设备；
(4) 标准辅助设备，逻辑设备名为 AUX，隐含指定设备为串行口；
(5) 标准列表设备，逻辑设备名为 PRN，隐含指定设备为打印机。

对于这些标准字符 I/O 设备，可以把它们视同文件进行读写操作。在第十二章中，将介绍如何利用文件操作对这些标准设备进行读写，以及如何改变这些标准设备的隐含指定。

二、I/O 接口及编程结构

所有的外设都要通过接口连接到 CPU 上，一个接口往往设置一个以上的端口(寄存器)来存放 CPU 与外设进行交换的信息(输入输出的数据、状态信息、控制信息等)。因此，CPU 与外设间的数据交换实际上是 CPU 通过接口中的端口用专门指令实现的。一般来说，接口电路具有以下编程结构。

1. 数据端口(寄存器)

数据端口一般有两个或两个以上。当 CPU 向外设输出数据时，将输出的数据写入接口中的数据输出寄存器(输出端口)，然后由接口控制传送给外设。当 CPU 从外设输入数据时，外设要将数据存入接口中的输入数据寄存器(输入端口)，由 CPU 通过专门的输入指令读取端口的数据。

2. 状态端口(寄存器)

接口中通常有一个状态寄存器来反映外设的工作状态，如是否空闲，工作是否正常等。不同的外设，接口中状态寄存器的位模式定义不同，以提供给主机进行查询。

3. 控制端口(寄存器)

外设的接口电路一般都是可编程的，CPU 通过向控制端口发出控制字，确定外设的工作方式、传送方向等。

上述三种端口分别由一个或多个寄存器构成，接口电路的编程结构示意如图 10-1 所示。

那么，如何访问不同的端口呢？Intel 系列微机将每个端口(寄存器)分配一个称为端口地址的编码，端口地址可以是 8 位，也可以是 16 位，编址在一个独立的地址空间中，这个空间允许设置 64K 个 8 位端口或 32K 个 16 位端口，对不同的计算机及其接口，I/O 端口的编号有时不完全相同。使用输入/输出指令进行 I/O 操作时，端口地址可直接在指令中以常数形式给出(仅 8 位端口地址时)或将端口地址送入 DX(8 位或 16 位端口地址)，用 DX 进行特殊间址。表 10-1 列出了 PC 部分端口地址的分配。

图 10-1　接口电路的编程结构示意

表 10-1　I/O 端口地址分配

地　　址	说　　明
00～0F	DMA 芯片 8237A
20～21	中断控制器 8259A
40～43	时钟/定时器
60～63	可编程序外围接口芯片(PPI)8255A
200～20F	游戏适配器
320～32F	硬磁盘控制器
378～37A	并行接口打印机适配器
3B0～3BF	单色显示和并行打印机适配器
3D0～3DF	彩色/图形适配器
3F0～3F7	软磁盘控制器
3F8～3FE	异步通信适配器(Primary)
2F8～2FE	异步通信适配器(Alternate)

第二节　I/O 指令

CPU 与外设间的信息交换是通过专门的输入输出指令实现的。8086/8088 CPU 提供下述两条指令。

1. 输入指令

格式：IN　　AL/AX，PORT

功能：将指定端口 PORT 的内容(字或字节)传送到累加器 AL 或 AX 中。即 AL/AX←(PORT)。

受影响的标志位：没有。

说明：PORT 为端口地址，当 PORT 是 0～255 时，可使用直接寻址，也可以使用间接寻址；当 PORT 是大于 255 时，必须使用间接寻址。用于间接寻址的寄存器一定是 DX，这是 DX 的一种特殊用法。采用 DX 寻址端口时，可借助于一段程序寻址一组连续的端口。目的操作数必须是累加器 AL 或 AX，外设是 8 位端口时，一定用 AL；16 位端口时，一定用 AX。

例如：

```
IN   AL,B_PORT      ;B_PORT(8 位端口) 数据送入 AL
IN   AX,W_PORT      ;W_PORT(16 位端口) 数据送入 AX
IN   AL,DX          ;DX 指出的 8 位端口数据送 AL
IN   AX,DX          ;DX 指出的 16 位端口数据送 AX
```

2. 输出指令

格式：OUT　　PORT，AL/AX

功能：将累加器 AL 或 AX 的内容传送到指定的端口。即(PORT)←AL/AX。

说明：同 IN 指令。

例如：

```
OUT  B_PORT,AL      ;AL 内容送 B_PORT(8 位端口)
OUT  W_PORT,AX      ;AX 内容送 W_PORT(16 位端口)
OUT  DX,AL          ;AL 内容送 DX 指出的 8 位端口
OUT  DX,AX          ;AX 内容送 DX 指出的 16 位端口
```

I/O 指令是与外部设备进行通信的最基本途径，即使使用系统功能调用的例行程序，其例行程序本身也是用 IN 和 OUT 指令与外部设备进行数据交换的。例如，当程序请求从键盘输入字符时，系统将调用 ROM BIOS 的一个键盘例行程序，在这个例行程序中就有一条 IN 指令从端口 60H 输入一个字符到 AL 寄存器。

使用 I/O 指令对端口地址进行直接的输入或输出，比调用系统功能调用例行程序更能提高数据的传送速度和吞吐量，但同时也要求程序员对计算机的硬件结构有一定的了解，其程序对硬件的依赖性也大，因此，对于一般的程序设计，还是尽可能使用系统功能调用。

第三节　I/O 传送方式

CPU 与外设之间的数据 I/O 方式主要有以下三种。

一、程序控制方式

这种方式的主要特点是：与外设交换信息完全在用户程序的控制下进行，在哪个端口、何时进行输入输出操作，均在程序中反映出来。在程序中如何实现程序控制，有两种办法。

1. 无条件传送方式

这种方法是在程序需要输入输出时，就向指定端口进行 I/O 操作，而无须询问外设是否准备好。当外设的数据传送是定时的，且时间是已知的情况下，CPU 定时取入数据，而

当 CPU 去取数据时，数据肯定已准备好；或 CPU 定时发送数据，外设肯定已准备好接收数据，这时采用这种传送方法。比如，当输入信息是开关量时，开关已设定，只要用输入命令，肯定会读入开关的状态；模拟量的输入输出等，也可用无条件传送。无条件传送是最简单的数据传送方式，采用这种方法所需的硬件和软件都较少，输入输出操作完全取决于程序的安排。当然，这种方法不能处理实时出现的问题。

2. 程序查询方式

无条件传送方法在使用上有局限性，它不了解外设的实时状态。有的外设不一定与计算机同步，或者不能及时响应计算机的输入输出操作。因此，在有的输入输出操作中，很难确保操作正确。例如，当要输出一信息时，程序必须确认上次送达端口的信息已被输出设备取走，否则就要覆盖上次的信息。程序查询方法就是当需要输入输出时，首先查询外设的目前状态(如输入设备是否已有信息送入端口，输出设备是否从端口取走上次的信息)，当确认可以进行 I/O 操作后，才能用输入/输出指令完成本次的 I/O 操作。

采用程序查询方法的程序须经过下列几个步骤实现输入输出操作，如图 10-2 所示。

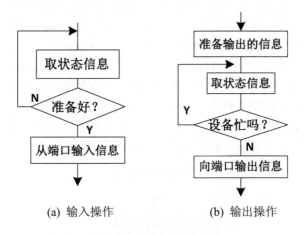

图 10-2　程序查询方法的输入输出操作

(1) 获得端口的状态信息。

(2) 判断是否可以进行新的输入输出操作。对输入操作：查询是否有新的信息已送入端口(即准备好否)；对输出操作：查询是否已完成上次的输出任务(即设备是否在忙)。如果已准备好或设备空闲，方可进行下一步，否则返回(1)。

(3) 执行一条输入输出指令，从连接输入设备的端口取回一个字或字节的信息，或向连接输出设备的端口送一个字或字节的信息。

二、中断控制方式

前述的程序控制方式，在程序设计时比较简单，但是实际应用时受限。无条件传送方法，完全不能反映设备实时状况；而程序查询方法，有时对设备的查询会浪费许多 CPU 时间。为了提高计算机系统效率，增加实时处理能力，常采用中断控制方式。它是独特的一种 I/O 控制方式。有关中断的概念、中断过程等诸多问题将在第十一章中详细论述。

三、直接存储器存取方式

这种方式又称为 DMA(Direct Memory Access)方式。这种方式为输入输出设备与存储器之间建立一条直接进行信息传送的渠道，程序控制和中断控制这两种方式下的 I/O 操作，均以 CPU 为中心，通过执行指令来实现 I/O 操作，因此花费大量 CPU 执行指令的周期。对于 I/O 设备与主存储器一次需进行数量较大的信息交换(如从磁盘读一文件)时，CPU 的开销太大。所以，为提高内存与外设之间交换信息的速度，最有效的办法是不通过 CPU，让它们之间直接进行信息传送，即以存储器为中心，在一个专门的控制电路(即 DMA 控制器)的控制下传送信息，不再需要 CPU 的干预。也就是不再借用执行指令的办法来传送信息。这种方法就叫作直接存储器存取。

为了进行外设与内存之间成批的信息交换，在进入 DMA 控制流程前，必须事先把要传送这批信息的源、目的和信息数量告诉 DMA 控制器。源和目的视输入或输出而异，它指明设备的起始位置和内存的首址。例如，从磁盘读一文件到内存，那么"源"就是指磁盘的驱动器号、磁道号、扇区号等，而"目的"就是信息传送到内存的首址。如把内存中一数据块存入磁盘，那么"源"和"目的"的含意就与上述输入相反。在发出 DMA 请求、CPU 响应后，CPU 把总线控制权转让给 DMA 控制器，进入 DMA 工作方式。图 10-3 给出了 DMA 传送流程示意。DMA 给出内存地址，把输入设备的数据送给存储器或把存储器的数据送给输出设备，然后 DMA 控制器修改内存地址，使它指向下一个存储单元，并对已传送数据的个数计数。如果计数未达到这次直传数据个数的要求，继续进行 DMA 传送，否则发出 DMA 结束信号，把总线控制权交还 CPU。DMA 控制方式对成批数据的传送是很方便的，也可获得高效率。由于它涉及硬件较多，已超过本书讨论范围，故不再详述。

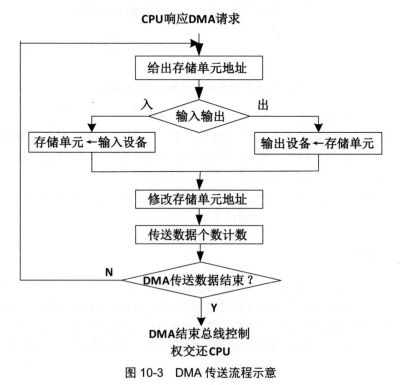

图 10-3　DMA 传送流程示意

第四节 I/O 程序举例

下面通过两个 I/O 程序的例子，说明使用 I/O 指令直接在端口级上输入输出的编程方法。

【例 10.1】 已知一 I/O 设备接口中有三个寄存器：数据寄存器、状态寄存器、命令寄存器。端口地址分别为 370H，371H，372H。其中，状态寄存器端口的第七位为 1 表示数据已准备就绪。现要求从端口输入 200 个字节并存入 BUFF 开始的内存单元中。

```
DSEG     SEGMENT
BUFF     DB   200 DUP(0)
DSEG     ENDS
CSEG     SEGMENT
         ASSUME  CS:CSEG,DS:DSEG
START:   MOV  AX,DSEG
         MOV  DS,AX
         LEA  SI,BUFF
         MOV  CX,200
WAIT:    MOV  DX,371H
         IN   AL,DX
         TEST AL,80H
         JZ   L1
         MOV  DX,370H
         IN   AL,DX
         MOV  [SI],AL
         INC  SI
         LOOP L1
         MOV  AH,4CH
         INT  21H
CSEG     ENDS
         END  START
```

【例 10.2】 设在系统中，8255A 作为 CPU 与打印机之间的并行接口。8255A 的 B、C 口、控制口的端口地址分别为 1F1H，1F2H，1F3H。其连接如图 10-4 所示。其中 PB 口作为输出口。设 8255A 工作在方式 0，PC 口高 4 位作为输出口，PC_5 输出 $\overline{STB}$(外设选通)。PC 口低 4 位为输入口，PC_1 输入 BUSY(忙信号)。现要求采用查询方式将存放在 BUFF 中的 100 个字符输出到打印机。

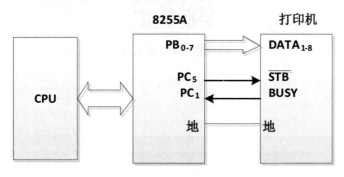

图 10-4　8255A 并行打印机接口

```
DSEG    SEGMENT
BUFF    DB  100 DUP(0)
DSEG    ENDS
CSEG    SEGMENT
        ASSUME  CS：CSEG,DS：DSEG
START:  MOV  AX,DSEG
        MOV  DS,AX
        MOV  SI,OFFSET  BUFF
        MOV  CX,100
        MOV  DX,1F3H
        MOV  AL,81H        ;8255A 工作方式字
        OUT  DX,AL
        MOV  AL,0BH        ;置 $PC_5=1$
        OUT  DX,AL
        MOV  CX,100
L1:     MOV  DX, 1F2H
        IN   AL,DX         ;查 BUSY=0
        AND  AL,02H
        JNZ  L1
        MOV  DX,1F1H       ;送数到 B 口
        MOV  AL,[SI]
        OUT  DX,AL
        MOV  DX,0AH        ;置 $PC_5=0$
        OUT  DX,AL
        NOP
        NOP
        MOV  AL,0BH        ;置 $PC_5=1$
        OUT  DX,AL
        INC  SI
        LOOP L1
        MOV  AH,4CH
        INT  21H
CSEG    ENDS
        END  START
```

输出输出程序设计.ppt

第十一章 中 断

学习要点及目标

- 了解中断的概念，了解 PC 中断系统的构成和中断的分类。
- 掌握中断管理和运行机制；掌握中断指令的功能和使用格式。
- 掌握中断驱动程序的开发方法，中断驱动程序的安装、初始化程序的设计方法。
- 掌握修改或替换系统中断的方法和技巧。
- 掌握在应用程序中调用系统中断的方法。

中断开发与应用.mp4

核心概念

中断　中断源　中断向量　外部中断　内部中断　中断向量表

CPU 对 IO 进行操作通常采用轮询的工作方式。在这种方式下，若 CPU 纠结在某一个 IO 上，则一直等待它的响应，如果它不响应，CPU 就在原地一直等下去。这样导致其他 IO 口也在等待 CPU 的服务，如果某个 IO 出现了异常情况或特殊要求，CPU 也不能去响应这个 IO。当出现以上的情况怎么办呢？

为了解决这类情况，计算机采用一种先进的管理机制：CPU 停止现行运行程序，转向对这些异常情况或特殊请求的处理，处理结束后再返回到现行程序的间断处，这种机制称为"中断"。中断是现代计算机不可缺少的技术。随着计算机系统结构的日益复杂以及应用技术的不断提高，"中断"一词的概念已不局限于外部设备提出服务请求这一范围，其定义已同时延伸到外部中断和软件中断等中断领域，这三种类型构成了一个完整的计算机中断系统。

本章在叙述 PC 中断系统构成、中断管理机制的基础上，着重对中断程序的开发以及对系统提供的中断服务程序的应用(中断调用)进行讨论。

第一节　中断的概念

当计算机正在执行程序时，系统发生了内部事件或外部事件的请求，要求 CPU 进行处理，这时，CPU 暂停现行程序执行，转去执行该事件的处理程序，待处理完毕，又返回到被中断的程序继续执行，这一过程叫中断。事件的处理程序称为中断处理程序或中断服务程序(也叫中断驱动程序)，引起中断的事件称为中断源。每个中断源都要有自身的中断处理程序，以完成中断源要求的处理。

从上面的定义可知，中断实际上是一种控制转移机制，但又完全不同于 JMP 和 CALL 指令的转移。不论是 JMP 指令还是 CALL 指令，它们总是在现行的程序控制下被启动，而中断是由现行程序以外的某个事件强制产生的转移，中断的产生是随机的、意外的、突发的。正因为如此，引入中断机制，能使计算机在处理一个任务的过程中间，根据中断源请求随机地执行其他任务，而又不影响原来任务的正确执行，使系统具有实时处理多个任务的能力。要掌握中断技术，就要掌握和解决 PC 中断系统的构成、中断管理机制、中断服务程序的编程方法和对系统提供的中断服务程序的应用等问题。

第二节　PC 中断系统

实现中断功能的软件和硬件装置称为中断系统。PC 的中断系统构成如图 11-1 所示。

PC 系列的中断系统可处理 256 个不同的中断。为识别每一个中断，将它们编号为 0～FFH(即 0～255)，中断的这个编号叫中断类型号，简称中断号。

从整个系统角度出发，中断可划分成如下 3 种类型。

(1) 外部中断(中断源是外部设备)，其中断号为 08H～0FH。
(2) 内部中断(中断源是内部处理器)，其中断号为 00H～07H。
(3) 软中断(中断源是中断指令)，其中断号为 10H～FFH。

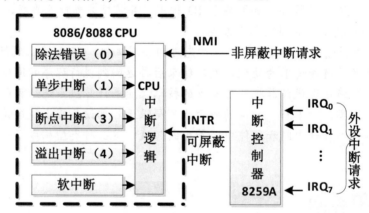

图 11-1　8086/8088 中断系统构成

一、外部中断

凡通过 CPU 的 INTR 输入引脚触发的 CPU 中断统称为外部中断。CPU 对这类中断的响应与否取决于中断允许标志 IF 的状态，可用开中断指令 STI 和关中断指令 CLI 加以允许和禁止。因此，外部中断是可屏蔽中断。

外部中断由各种外部设备请求产生，如键盘、打印机、串行口、磁盘驱动器以及各种专用设备等。它们都是通过中断方式与 CPU 进行通信的。由于外设较多，CPU 只有一个可屏蔽中断请求输入引脚 INTR，因此，外部中断源要通过可编程中断控制器 8259A 与 CPU 相连。8086/8088 系统使用一片 8259A 支持 8 个外中断源，80286/80386/80486 系统使用两片 8259A 级连支持 15 个外中断源。一个系统利用一个 8259A 主片和 8 个 8259A 从片的级连至多可管理 64 级外中断。

中断控制器 8259A 具有中断优先级判定功能，故多级外中断可实时地提出中断请求，中断控制器根据对其编程设定的优先级规则，决定将某个中断源的请求向 CPU 发出，并提供相应的中断类型号，使 CPU 接受中断请求后转到相应的中断处理程序为其服务。CPU 响应中断允许多层嵌套。

只要 CPU 在响应某级中断进入中断处理例程之后执行了开中断指令，那么，更高一级的中断请求随时会被响应。

CPU 可真正允许或禁止外中断，不仅通过开中断和关中断指令在程序某一部分允许或禁止外中断，而且，通过对中断控制器中的屏蔽寄存器的编程设定，能将这种允许或禁止中断随意地定位到任何一个外中断源上。

PC 为常用的外部中断安排了固定类型号的中断，如表 11-1 所示。它们的中断处理程序也由系统提供。

表 11-1 PC 的外部中断源

8259A 输入端	中断类型码	中断源
IR0	08H	8254 定时器中断
IR1	09H	键盘中断
IR2	0AH	彩色图像接口
IR3	0BH	第二异步通信接口
IR4	0CH	第一异步通信接口
IR5	0DH	硬盘中断
IR6	0EH	软盘中断
IR7	0FH	打印机中断
IR8	70H	CMOS 实时中断
IR9	71H	内部使用
IR10	72H	保留
IR11	73H	保留
IR12	74H	保留
IR13	75H	协处理器中断
IR14	76H	保留
IR15	77H	保留

二、内部中断

内部中断是在系统运行时，当内部硬件出错(如内存奇偶校验错、协处理器异常)，或微处理器遇到某些特殊事件(如除数零、运算溢出或跟踪标志置位)时引起的一类中断。它们不受中断允许标志 IF 的控制，其中断处理程序一般由系统提供。

内部中断有如下两类。

1. 非屏蔽中断

这是连接在 CPU、NMI 输入引脚上的中断源的中断，它不受中断允许标志 IF 的影响，比可屏蔽中断有更高的优先级，一旦在 NMI 引脚上产生了中断请求信号，CPU 都将响应这个中断请求。

在实模式下定义的非屏蔽中断是当系统出现内存奇偶校验错或协处理器异常所触发的 2 号中断。

2. 微处理器中断

在实模式下定义的微处理器中断有 4 种。

(1) 除法错(中断 0)。

当除法运算出现商超出机器表示范围或除数为 0 时，自动引发 0 号中断。

(2) 单步执行(中断 1)。

当执行一条指令后检测到跟踪标志 TF 置位时，产生 1 号单步中断。

(3) 断点(中断 3)。

当执行指令 INT3 时引发该中断，用于在程序某处设置断点，以便调试。

(4) 溢出(中断 4)。

在溢出情况下(OF=1)，若执行指令 INTO 时，便产生 4 号中断。

三、软中断

软中断是指当 CPU 执行指令"INT N"时，便转去执行一个中断类型号为 N 的中断服务程序这样一个过程。软中断无须硬件支持，也不能被屏蔽。

从中断的概念上来说，软中断并不是真正意义上的中断，它更类似于一个段间的过程调用，只是调用过程的机制同真正的中断是相同的。软中断的调用入口地址同所有的中断一样，存放在中断向量表中。这样，它既可被任何程序段调用(只要相应的中断服务程序存在于内存中)，又可通过改变中断向量使用一条中断指令实际上执行不同的中断服务程序。这些明显的特点是过程调用无可比拟的。因此，软中断形式不仅被系统支持的各种功能所利用，而且被大量的应用程序所利用。由于 PC 系列已定义 0～7 为内部中断号，8～0FH 为外部中断号，因此，软中断号定义从 10H 到 FFH。

第三节　中断管理和运行机制

PC 系列的中断系统尽管有 3 种类型的中断，但当 CPU 响应任意一个中断请求后，其处理过程是完全相同的。

一、中断向量表

所谓中断向量就是中断服务程序的入口地址。不同的中断源要求的中断处理是不相同的。因此，对每一个中断源都要设计一个中断处理程序，以便在 CPU 响应中断后调用对应的中断处理程序。如何找到要调用的中断处理程序入口地址呢？利用中断向量表，可以很快地找到所需的中断处理程序入口地址。

8086/8088 在内存最小地址的 1KB 空间建立了一个中断矢量表，它把中断类型码与该中断源所对应的中断处理程序之间确定了一一对应联系。图 11-2 给出中断矢量表的安排，表内存放有 256 个中断处理程序入口地址。每个入口地址由 4 个字节组成：两个低字节存放入口地址的偏移量，两个高字节存放它的段基值。待中断响应后，把表中对应的 4 个字节的内容分别送入 IP 和 CS，完成程序转移。因此，只要知道现在响应中断的中断类型码，就可以很方便地从中断矢量表中找到该中断源的处理程序入口地址。设中断类型码为 N，那么：

IP←(4*N，4*N+1)
CS←(4*N+2，4*N+3)
即把中断处理程序的入口地址(偏移量和段基值)分别送入 IP 和 CS。

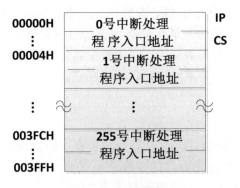

图 11-2　中断向量表

中断向量表是每当系统启动期间在内存中建立并初始化的。首先，由 ROM-BIOS 自举程序对向量表初始化，向其写入内中断向量、外中断向量和 ROM-BIOS 软中断向量。其次，由 DOS 的初始化程序设置 DOS 支持的中断向量。没有使用的自由中断向量，则留给应用程序根据需要设置。

中断向量表是中断管理机制的核心。不论系统处理哪一种类型的中断，都与这张中断向量表发生关联。而且对中断的进一步开发应用，也与这张表息息相关。从后面介绍的中断应用中，可以看到，通过对向量表中断向量的修改，应用程序可以接管系统程序，修改或增加系统功能。

二、中断优先级

PC 的中断源有许多个，因此会出现两个问题：一个问题是当同一时刻有若干个中断源发出了中断要求，CPU 先响应哪一个呢？第二个问题是当 CPU 响应某个中断源的中断请求，正在执行其中断处理程序时，又有新的中断源申请中断(中断嵌套的情况)，这时，CPU 是响应新的中断，还是不理睬它继续原有中断处理程序的执行呢？

上述两种情况，涉及中断优先级问题。所谓优先级，即在处理问题时，按问题的轻重缓急定义问题处理的先后次序。

对于上述两种情况，8086/8088 是采用中断优先级判别的办法：首先响应优先级高的中断源。每一个中断源都有一个优先级别，它们的优先级高低规定如表 11-2 所示。

表 11-2 中断优先级别

中断源	级别
除法错，INTn，INTO	最高
NMI	
单步中断	最低

可屏蔽中断 INTR 可能连接有多个中断源，它们的优先级别由 8259 的"优先权判别器"来确定。连接在 8259A 输入端的 $IRQ_0 \sim IRQ_7$ 各中断源优先级可通过编程方法进行排队。若 $IRQ_0 \sim IRQ_7$ 上同时有几个中断源提出请求，8259A 的"优先权判别器"进行优先级的判别，在 INTR 中断请求得到响应后，只给出优先级别最高的中断类型码。在中断嵌套中，只有优先级别比正在进行中断处理的优先级别更高时，CPU 才会暂停原有中断处理，响应新的中断请求，待这个新的优先级别更高的中断处理结束后，又返回到原来的中断处理。如果新的中断请求优先级别比正在进行中断处理的优先级低或相同，CPU 就不响应新的中断请求，待原有中断请求结束后，再响应它。

三、中断响应过程

CPU 在每执行完一条指令后，均要查询是否有中断请求。换句话说，当有中断请求时，至少要等到现行指令执行完后才能响应。不管哪一种类型中断的请求，一旦被 CPU 响应，均自动按下面的流程转入中断服务程序去执行。

(1) 标志寄存器 F 压栈保护。
(2) 关中断(IF=0)和清除跟踪标志(TF=0)。
(3) 当前代码段值(CS)和指令位移(IP)依次进栈保存(保护断点)。

根据中断号 n，到中断向量表中取出中断向量置入 CS 和 IP。

到此，CPU 转入由 CS:IP 指向的中断服务程序去执行。中断服务程序的最后一条指令即中断返回指令 IRET 使 CPU 从中断处理程序中返回到断点处继续执行中断前的任务。

四、中断指令

中断指令可以使 CPU 产生中断(软件中断)去执行一个中断处理程序。

1. 中断指令 INT

格式：INT TYPE

功能：SP←SP-2，(SP，SP+1)←F　　　(标志寄存器 F 内容压栈)
　　　IF←0，TF←0　　　　　　　　(中断标志和单步标志清 0，即关中断和禁止单步)
　　　SP←SP-2，(SP，SP+1)←CS　　(断点的段值压栈)
　　　SP←SP-2，(SP，SP+1)← IP　 (断点的偏移值压栈)
　　　IP← (TYPE*4，TYPE*4+1)　　 (从向量表中取中断处理程序入口的偏移量送 IP)
　　　CS ←(TYPE*4+2，TYPE*4+3)　(从向量表中取中断处理程序入口的段值送 CS)
说明：TYPE 为中断类型号，其值在 0～255 范围内。

2．中断返回指令 IRET

格式：IRET
功能：IP←(SP，SP+1)，SP←SP+2　　(取回断点偏移值)
　　　CS←(SP，+1)，SP←SP+2　　　(取回断点段值)
　　　F←(SP，SP+1)，SP←SP+2　　　(恢复保存的标志寄存器内容)

说明：IRET 指令是任何类型中断的处理程序的最后一条要执行的指令，它使 CPU 从中断处理程序返回到被中断的程序断点处继续执行。

第四节　中断的开发与应用

中断的开发与应用包括 3 个方面。
(1) 开发用户自己的中断。
(2) 修改或替换系统的功能。
(3) 在应用程序中调用系统中断。

一、开发用户自己的中断

1．中断服务程序的编程方法

中断服务程序从形式上看是一个 FAR 属性的子程序，但由于使用时并非用 CALL 语句调用，而是用中断指令"INT N 调用"(软中断的情况)或硬件中断申请信号激活(外部设备中断的情况)，因此，它又有别于子程序。编写中断服务程序时，要遵循如下原则。

(1) 中断服务程序必须定义成 FAR 属性的过程。
(2) 中断服务程序的最后一条指令是 IRET，而不是 RET。如果是外部中断服务程序，在 IRET 指令前，应向中断控制器 8259A 发出结束中断命令 EOI，命令字为 20H。不然的话，以后 8259A 将屏蔽对同级和较低级中断的处理。
(3) 保护现场和恢复现场工作应在中断服务程序中完成。
(4) 若中断是允许嵌套的，在中断服务程序入口处要立即开中断，以允许较高级的中断嵌套。
(5) 在中断服务程序中，不能使用"INT 21H"的系统功能调用。
(6) 中断服务程序要尽量简洁，避免占用较长的 CPU 时间，干扰其他同级和低级中断的实时处理。

下面给出一个中断服务程序的框架结构：

```
INT_P   PROC    FAR
        STI                     ;开中断
        PUSH    DS              ;保护现场
        PUSH    ES
        PUSH    SI
        PUSH    DI
        PUSH    AX
        PUSH    BX
        PUSH    CX
        PUSH    DX
            ⋮                   ;中段处理程序主体
            ⋮
        POP     DX              ;恢复现场
        POP     CX
        POP     BX
        POP     AX
        POP     DI
        POP     SI
        POP     ES
        POP     DS
        MOV     AL,20H          ;结束中断命令字 EOI 送入
        OUT     20H, AL         ;20H 端口,使 8259A 复位
        IRET                    ;中断返回
INT_P   ENDP
```

2. 软中断初始化程序设计方法

开发用户自己的中断，除了掌握中断服务程序的编程方法外，还要掌握中断初始化程序设计方法。由于外部中断的初始化涉及中断控制器 8259A 的初始化编程("接口技术"课程讨论的内容)，因此，这里仅介绍软件中断的初始化程序设计方法。

初始化工作一般要完成两个任务：一是将中断服务程序的入口地址写入中断向量表；二是根据需要将中断服务程序驻留在内存中。将中断服务程序常驻内存，它就会如同操作系统的一部分一样，供多个应用程序使用。否则，它会随主程序执行结束而消失。

下面举例说明其方法。

【例 11.1】 编程完成如下任务：开发一个名为 MYINT 的中断服务程序(具体功能略去)，使其能作为 60H 号中断被任何程序所调用。

实现上述功能的程序如下：

```
        ;中断初始化程序
CODE    SEGMENT
            ASSUME CS:CODE
MYINT   PROC    FAR
            ⋮                           ;中断服务程序
            IRET
MYINT   ENDP
```

```
INIT:       MOV   DX,SEG MYINT              ;初始化程序
            MOV   DS,DX
            MOV   AX,OFFSET MYINT           ;取中断服务程序入口地址到 DS:DX
            MOV   AX,2560H                  ;使用 25H 功能调用设置中断向量
            INT   21H
            MOV   DX,OFFSET INIT            ;计算 MYINT 的节长度,决定驻留空间
            ADD   DX,15                     ;考虑零头
            MOV   CL,4
            SHR   DX,CL
            MOV   AX,3100H                  ;驻留并退出程序
            INT   2LH
    CODE  ENDS
            END   INIT
```

从标号 INIT 开始为初始化程序,首先使用 25H 系统功能调用将中断服务程序入口地址置入向量表中 60H 向量处。接着使用 31H 功能使中断服务程序驻留并退出初始化程序。31H 功能入口要求在 DX 中给出驻留空间的节长度,一节等于 16 字节。

向中断向量表写中断向量也可以直接用指令写入而不使用 25H 功能。另外,程序驻留长度也可以简单地估计而省去精确计算过程。这样初始化程序可用下面的方法完成:

```
            ;另一种中断初始化程序
    INI:    XOR   AX,AX                     ;AX 清 0
            MOV   ES,AX                     ;向量表段值送 ES
            MOV   DI,60H*4                  ;使 ES:DI 指向向量表 60H 中断向量处
            CLI                             ;关中断
            MOV   AX,OFFSET MYINT           ;取服务程序偏移地址
            STOSW                           ;偏移地址写入向量表
            MOV   AX,SEG MYINIT             ;取服务程序段值
            STOSW                           ;段值写入向量表
            STI                             ;开中断
            MOV   DX,40H                    ;申请 40H 节(1K 字节)驻留空间(估计长度)
            MOV   DH,31H                    ;驻留并退出
            INT   2LH
```

思考:为什么在修改中断向量表时要关中断?

二、修改或替换系统中断

通过上面介绍的设置中断向量的方法,用自行开发的中断服务程序的入口地址替换系统原有的中断向量,从而方便地替换系统原有的中断功能。

还可以实现在原系统中断服务程序上增加某些功能。其方法是:将原系统中断服务程序的向量从向量表中移到其他未被占用的中断号中(即改变原中断的类型号),而将新增加的功能例程的入口置入原中断号中,在新的例程完成新增的功能之后再调用原中断服务程序,以实现原中断功能。

【例 11.2】 1BH 中断是 ROM-BIOS 提供的一个系统功能,每当有 Ctrl+Break 组合键按下时自动产生该中断,其服务程序的功能是中止当前程序的执行,返回操作系统状态。现要求编程修改其功能为:当按下 Ctrl+Break 组合键产生中断后,首先在屏幕上提示用户是

否真的中止当前程序,当用选择是(按下 y 键或 Y 键)时,就执行原 1BH 中断服务程序;当用户选择否(按下 n 键或 N 键)时,则不做任何处理,立即从中断返回,继续原程序执行。

程序如下:

```
;重新定义的1BH中断程序
CSEG        SEGMENT
ASSUME  CS:CSEG,DS:CSEG
DISP        DB      '中止当前程序吗?(Y/N)'
COUNT       EQU     $-DISP
NEW__KB PROC    FAR                 ;新的1BH中断处理程序
PUSH AX
PUSH BX
PUSH CX
PUSH DX
PUSH SI
PUSH DI
PUSH DS
PUSH CS
POP  DS
STI
MOV  CX,COUNT
MOV  SI,0
L:      MOV  AL,[SI+DISP]       ;该循环用INT 10H中断的14号功能显示提示信息
MOV  BH,0
MOV  AH,14
INT  10H
INC  SI
LOOP L
MOV  AL,20H         ;复位8259A中断控制器,以接受键盘中断
OUT  20H,AL
L1:     MOV  AH,0           ;使用INT 16H中断的0号功能读键盘
INT  16H
CMP  AL,'Y'         ;用户选择中止当前程序吗?
JZ   EXIT           ;是转EXIT
CMP  AL,'Y'
JE   EXIT
CMP  AL,'N'         ;用户选择不中止吗?
JZ   NEXT           ;是则退出中断,继续执行原程序
CMP  AL,'N'
JZ   NEXT
JMP  L1             ;用户未做选择,继续等待用户选择
EXIT:   INT  60H            ;执行原1BH中断功能
NEXT:   POP  DS
POP  DI
        POP  SI
POP  DX
POP  CX
POP  BX
POP  AX
IRET
```

```
NEW_KB    ENDP
INIT:     CLI                           ;初始化程序
    MOV   AX,351BH                      ;取原1BH中断改为60H中断
    INT   21H
    MOV   AX,ES
    MOV   DS,AX
    MOV   DX,BX
    MOV   AX,256H
    INT   21H
    MOV   AX,SEG NEW_KB
    MOV   DS,AX
    MOV   DX,OFFSET NEW_KB
    MOV   AX, 251BH                     ;将新的1BH中断NEW_KB入口置入向量表
    INT   21H
    STI
    MOV   AX,3100H                      ;驻留NEW_KB程序并退出初始化程序
    LEA   DX,INIT
    ADD   DX,15
    MOV   CL,4
    SHR   DX,CL
CSEG      ENDS
    END   INIT
```

程序的初始化部分先将原 1BH 中断的向量移到向量表 60H 中断处，此后，调用 60H 中断就相当于调用 1BH 中断，然后将新的 1BH 中断服务程序入口置入向量表 1BH 中断处，最后将新的 1BH 中断服务程序驻留。

程序中用到了系统调用的 35H、25H、31H 等系统功能调用，它们的调用参数请见附录。

【例 11.3】 定时任务的后台调度。

在实际应用系统中，很多任务需要定时处理，如定时采集数据、定时存盘、定时打印等。现假设有 3 个需要定时处理的任务，它们对应的 3 个处理程序为 SUB1、SUB2 和 SUB3，设 SUB1 每 10 秒钟需要执行一次，SUB2 每 10 分钟执行一次，SUB3 每小时执行一次，编程实现这 3 个任务的后台调度。

分析：所谓后台调度是指这个调度程序不能影响 CPU 执行其他程序(前台)，CPU 在运行某个程序时，并不感知调度程序的存在。因此，这个调度程序必须在中断方式下被启动，而且要经常被启动，以确保被它调度的任务得到实时处理。

在 BIOS 中断中，有一个 1CH 号中断，它是在 08H 时钟中断(由定时器每 55ms 产生一次，以处理日时钟变化)的中断处理程序中执行了一条"INT 1CH"指令产生的。而它的中断处理程序仅为一条返回指令。这样系统提供了一个每 55ms 就自动产生一次的中断，它是一个用户中断，其中断处理程序要由用户根据需要自己去开发。

可以将定时任务调度程序作为 1CH 中断的处理程序，这样调度程序就每隔 55ms 被系统自动执行一次，每次进入中断后可进行加 1 计数，判断某个任务执行时间是否到达。

定时调度流程如图 11-3 所示。

汇编语言程序设计

程序清单如下：

```
CSEG    SEGMENT
        ASSUME CS:CSEG, DS:CSEG
MY1CH   PROC  FAR          ;1CH中断服务程序,即任务调度程序
        INC   COUNT_S      ;计数器1加1(每次中断加1,即每55MS加1
        CMP   CS:COUNT_S,182 ;约加18.2次为1秒)
        JB    EXIT         ;不到10秒,EXIT
        MOV   COUNT_S,0    ;到10秒,计数器1清0
        CALL  SUB1         ;执行任务1
        INC   COUNT_M      ;计数器2加1(每10秒加1)
        CMP   COUNT_M,60   ;到10分
        JB    EXIT         ;没到,转EXIT
        MOV   COUNT_M,0    ;到10分,计数器2清0
        CALL  SUB2         ;执行任务2
        INC   COUNT_H      ;计数器3加1
        CMP   COUNT_H,6    ;到1小时吗
        JB    EXIT
        MOV   COUNT_H,0    ;到1小时,计数器3清0
        CALL  SUB3         ;执行任务3
EXIT:   IRET
MY1CH   ENDP
SUB1    PROC
        ⋮
        RET
SUB1    ENDP
SUB2    PROC
        ⋮
        RET
SUB2    ENDP
SUB3    PROC
        ⋮
        RET
SUB3    ENDP
COUNT_S DB    0            ;计数器1(秒计数)
COUNT_M DB    0            ;计数器2(分计数)
COUNT_H DB    0            ;计数器3(小时计数)
START:  PUSH  CS
        POP   DS
        LEA   DX,MY1CH
        CLI
        MOV   AX,251CH     ;安装MY1CH向量
        INT   21H
        STI
        MOV   AX,3100H     ;使用31H功能驻留MY1CH程序并退出
        MOV   DX,OFFSET START
        ADD   DX,15
        MOV   CL,4
        SHR   DX,CL
```

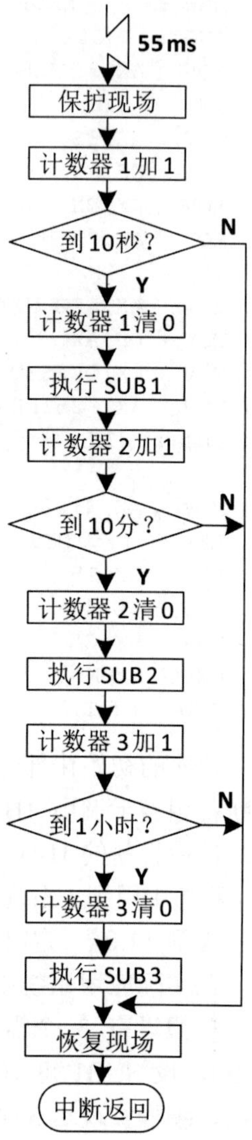

图 11-3 定时调度流程

```
            INT     2LH
    CSEG  ENDS
            END     START
```

作为练习，可将 3 个任务的子程序用显示 3 个不同的字串代替，来体验一下任务调度程序的执行情况。

三、在应用程序中调用系统中断

中断调用是汇编语言程序设计的一个重要手段。用户可调用的系统中断程序除了系统提供的用户中断(如"INT 21H"系统功能调用中断)外，主要是由 BIOS 提供的用于设备驱动的中断，如显示驱动程序(INT 10H)、硬盘驱动程序(INT 13H)等。系统将这些功能程序的入口都初始化在中断向量表中，使应用程序能够用 INT 指令方便地调用。常用的 BIOS 中断调用见附录的说明。

由于很多中断调用涉及其他一些原理的概念，所以这里不再举例。

中断开发与应用.ppt

第十二章 文件操作编程

- 了解文件操作的有关概念。
- 掌握有关文件操作的系统功能调用方法。
- 掌握使用文件句柄功能实现文件操作的编程方法。

核心概念

文件　文件句柄

编程将用户指定的文本文件的内容在屏幕上显示出来。用户通过输入文件名来指定要显示的文件。

上面的引导案例经常出现在实际应用中，要解决实际问题，文件操作的应用编程是必不可少的。所谓文件操作，是指在磁盘上建立文件、打开文件、删除文件、读或写文件内容、关闭文件等操作。汇编语言的文件操作编程，是通过直接使用系统提供的一组有关文件操作的系统功能调用实现的。

本章主要讲述文件操作编程方法，有关文件的更深入的概念和内容，可通过本章后面的课外阅读资料去掌握。

第一节　文件操作的有关概念

一、文件名字串和文件句柄

在使用系统功能调用建立文件、打开文件、删除文件或修改文件属性等操作时，这些系统功能仅要求应用程序用一个以零结尾的 ASCII 字串指定文件名。该文件名字串包括驱动器名、路径名、文件名及扩展名。同时应用程序要设置 DS:DX 指向该文件名字串(系统功能调用的入口参数所要求)，以告之系统功能要对哪个指定的文件进行操作。例如：

文件相关概念.mp4

```
FNAME   DB  'C:\MASM\FILE1.DAT',0
            ⋮
        MOV DX,SEG FNAME
        MOV DS,DX
        MOV DX,OFFSET FNAME
```

特别需要注意的是，文件名字串后面的 0 是文件名字串的结尾标志，不能漏掉。

当文件名串被系统确认后，DOS 将在系统保留区内建立一个有关文件名、路径、读写位置指针等信息的文件控制块 FCB(详见课外阅读资料)而返回给应用程序的是一个 16 位二进制的控制字，这个字称为文件句柄或文件号，它代表文件名串指定的那个文件。其后，应用程序只需要凭借这个句柄，就可对该文件进行读写等操作。

DOS 不但为每一个打开的文件设置句柄，还可为字符设备设置句柄。事实上，DOS 在启动后，已对常用的字符 I/O 设备预置了 5 个句柄，如表 12-1 所示，并使这些设备处于打开状态，应用程序可将这些设备视同文件一样进行操作，对它们实现数据的 I/O 读写。

表 12-1 常用字符 I/O 设备的句柄

句 柄	逻辑设备名	设备名称	默认设备
0	CON	标准输入设备	键盘
1	CON	标准输出设备	显示器
2	CON	标准错误设备	显示器
3	AUX	标准辅助设备	串行口
4	PRN	标准列表设备	打印机

二、文件指针与读写缓冲区

系统为每一个打开的文件安排一个读写指针(在 FCB 内)以记录文件当前存取的位置，对文件的存取是从当前指针开始，以字节为单位，文件指针值即文件字节偏移值。文件打开时，指针值为 0，即位于文件开始处。可以通过 42H 号系统功能调用设置指针位置，这样可以在一个文件的任意指定的字节位置上读取或写入任意指定字节长度的内容。

对文件进行存取操作，还要求应用程序在数据段中设置一个存储区域，即读写缓冲区，并使 DS:DX 指向缓冲区首址。写文件时，要将准备写入文件的内容放入缓冲区，再调用写文件功能(40H)写入文件；读文件时，3FH 功能把从文件中读出的内容放入缓冲区。

三、文件属性

文件属性用来赋予文件的某些特性，用一个字节表示，属性字节的各位含义如图 12-1 所示，说明如下。

- D0=1，只读文件，该文件只能读出不能写入内容。
- D1=1，隐藏文件，列表命令不显示该文件。
- D2=1，系统文件，列表命令查不到该文件。
- D3=1，卷标，此文件只是软盘的卷标号，不是具体的文件。

- D4=1，子目录，此文件是一个子目录，不是具体文件。
- D5=1，归档，已写入并关闭了文件，则归档位置 1。

属性字节全 0，为普通文件。一个文件可同时具有几种属性，例如，属性字 02H 表示隐藏文件；03H 表示既是只读的，又是隐藏的；12H 表示是一个子目录，且是隐藏的。

使用 43H 功能调用可以读取或设置文件属性(见附录)。

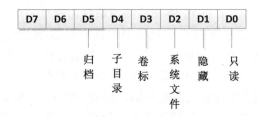

图 12-1　文件的属性字节

第二节　常用的文件操作系统功能调用

系统提供了一组关于句柄文件操作的功能调用。常用的有建立文件(3CH，5BH，5AH)、打开文件(3DH)、关闭文件(3EH)、读文件(3FH)、写文件(40H)、删除文件(41H)和设置文件指针位置(42H)等。这些功能调用有一个共同的出口参数：功能调用成功 CF=0，调用失败 CF=1，返回错误码在 AX 中，错误码的含义如表 12-2 所示。

常用的文件操作系统功能调用.mp4

一、建立并打开文件

建立并打开文件的常用功能调用包括 3CH、5BH、5AH 三个。

功能号：3CH、5BH、5AH

入口参数：DS:DX = 文件名字串首址，CX = 文件属性。

出口参数：CF = 0 文件建立成功，AX=文件句柄，CF=1 建立文件失败，AX=错误代码。

3 个功能调用的区别如下。

(1) 5AH 为建立临时文件，入口参数 DS:DX 指向的文件名串中只给出路径，而文件名处保留 13 个字节空间，由该功能添入指定的临时文件名。

(2) 当要建立的文件已存在时，3CH 功能将其长度截为 0(使已存在文件丢失)，而 5BH 功能则不予建立(建立文件失败)以保护已存在的文件。

表 12-2　错误返回表

错误码	意　义	错误码	意　义
1	非法功能号	5	拒绝方向
2	文件未找到	6	无效的文件句柄
3	路径未找到	7	内存控制块被破坏
4	同时打开文件太多(无句柄可用)	8	内存不够

续表

错误码	意 义	错误码	意 义
9	非法存储地址	14	(未用)
10	非法环境	15	非法指定设备
11	非法格式	16	试图删除当前的目录
12	非法存取代码	17	设备不一致
13	非法数据	18	没有指定的文件

【例 12.1】 在 C 盘子目录 MASM 下建立一个属性为隐含、名为 FILE1.DAT 的文件，其代码如下：

```
FNAME       DB  'C:\MASM\FILE1.DAT',0
HANDLE      DW  ?
MOV   AH, 3CH              ;使用 3CH 功能建立文件
        MOV   CX, 02H          ;设置隐含属性
        MOV   DX, SEG FNAME    ;取文件名串地址
        MOV   DS, DX
        MOV   DX, OFFSET FNAME
        INT   21H
        JC    ERROR            ;建立失败转
        MOV   HANDLE, AX       ;保存句柄
ERROR:  …                      ;错误显示或进行其他处理
```

二、打开文件

打开文件的功能调用为 3DH。

功能号：3DH

入口参数：DS:DX = 文件名字串首址；AL = 打开方式码，其中 0 表示打开文件供只读，1 表示打开文件供只写，2 表示打开文件供读写。

出口参数：同建立文件功能。

注意：

(1) 打开方式与文件属性应相一致，例如，不能以 1 方式打开一个只读文件。

(2) 文件可重复打开，每打开一次系统就要重新分配一个句柄，这样会占用同时打开的文件数。

三、关闭文件

关闭文件的功能调用为 3EH。

功能号：3EH

入口参数：BX = 文件句柄。

出口参数：无。

四、读文件或设备

读文件或设备的功能调用为 3FH。

功能号：3FH

入口参数：BX = 文件句柄，CX = 读字节数，DS:DX = 缓冲区首址。

出口参数：AX = 实际读出的字节数(成功的情况，否则为错误码)。

五、写文件或设备

写文件或设备的功能调用为 40H。

功能号：40H

入口参数：BX = 文件句柄，CX = 写字节数，DS:DX = 缓冲区首址。

出口参数：AX = 实际写入的字节数(成功的情况，否则为错误码)。

六、改变文件指针

改变文件指针的功能调用为 42H。

功能号：42H

入口参数：BX = 文件句柄，CX:DX = 指针字节位移置；AL = 移动方式，其中 0 表示绝对移动(即文件头加位移量，位移量为正)，1 表示相对移动(即当前指针位置加位移量，位移量可正可负)，2 表示绝对倒移(即文件尾加位移量，位移量可负可正)。

出口参数：DX:AX = 新的文件指针值。

文件关闭后重新打开时，指针位于文件头处。每当对文件进行读或写操作时，一般都要使用该功能，把指针定位到需要读或写的地方，注意到指针位置是 32 位的，就会知道被 DOS 操作的文件长度允许达 4 千兆字节长。

用移动方式 2 来改变文件指针是一个很有用处的功能，可有如下两种使用技巧。

(1) 获取文件长度。如果把位移量设为 0(CX:DX=0)，则用移动方式 2 进行该功能调用后，我们可在出口 DX:AX 中得到文件的实际字节长度。这是在应用程序中获取文件长度的常用方法。

(2) 给文件预先分配盘空间。如果位移量设为一个正值，则用移动方式 2 进行该功能调用，将从文件尾开始给文件分配位移量大小的盘空间，这是一个不用写文件内容而预先给文件分配盘空间的快速方法。

第三节　文件操作编程

文件操作的一般过程如下。

(1) 打开文件。

(2) 移动文件指针到指定读或写的位置。

(3) 读或写文件。

(4) 关闭文件。

【例 12.2】将 C 盘子目录 ASM 下的数据文件 FILE1.DAT 从

文件操作编程.mp4

1KB 处开始读取 512 字节的数据到缓冲区 BUFFER 中。

程序如下：

```
;读文件程序 EXAM122.ASM
DATA    SEGMENT
BUFFER  DB      512 DUP(0)
HANDLE  DW      ?
FNAME   DB      'C:ASM\FILE1.DAT',0
DATA    ENDS
CODE    SEGMENT
        ASSUME  CS:CODE,DS:DATA
START:  MOV     DX,DATA
        MOV     DS,DX
        LEA     DX,FNAME
        MOV     AX,3D02H        ;打开文件
        INT     21H
        MOV     BX,AX           ;句柄送 BX
        MOV     AX,4200H        ;从文件头开始移动文件指针(移动方式 0)
        XOR     CX,CX           ;位移值高位
        MOV     DX,1024         ;位移值低位
        INT     21H
        MOV     AH,3FH          ;读文件
        MOV     CX,512          ;读字节数
        LEA     DX,BUFFER
        INT     21H
        MOV     AH,3EH          ;关闭文件
        INT     21H
        MOV     AH,4CH
        INT     21H
CODE    ENDS
        END     START
```

【例 12.3】 将某一字符串输出显示。

显示一字串可以使用 09H 系统功能调用实现，也可以使用文件操作功能来实现。

方法 1   直接利用系统预置给显示器的句柄号对显示器进行写操作。

```
        DISPLAY DB      '……………'      ;要显示的内容
        LEN     EQU     $-DISPLAY
MOV     AH,40H          ;写功能调用
MOV     BX,1            ;显示器句柄
MOV     CX,LEN          ;;显示的字串长度
MOV     DX,SEG DISPLAY
MOV     DS,DX
LEA     DX,DISPLAY
INT     21H
```

方法 2   对显示器进行打开操作，系统会再分配一个句柄，凭借这个句柄对显示器进行写操作。有时，系统可能做了改向操作，比如将标准输出设备定义(改向)为别的设备，这样系统预置的句柄 1 将不再代表显示器，而代表改向后的设备。本方法就会绕过这种改向操作，正确地实现显示器的写操作。程序如下：

```
        FNAME   DB      'CON',0         ;文件名串给出显示器的逻辑设备名
        DISPLAY DB      '……………'
```

```
            LEN     EQU     $-DISPLAY
                    MOV     AX,3D01H            ;打开文件供写
                    MOV     DX,SEG FNAME
                    MOV     DS,DX
                    MOV     DX,OFFSET FNAME
                    INT     21H
                    MOV     BX,AX               ;保存显示器句柄
                    MOV     AH,40H              ;写功能调
                    MOV     CX,LEN
                    MOV     DX,OFFSET DISPLAY
                    INT     21H
```

【例 12.4】 编程将用户指定的文本文件的内容在屏幕上显示出来。用户通过输入文件名来指定要显示的文件。

要将一个文件的内容在屏幕上显示出来,首先需要将文件内容从磁盘上读入到内存缓冲区中(3FH),然后再将其写到屏幕上(40H),程序中定义了 512 字节的缓冲区,每次从文件中读出 512 字节内容显示,直到读完。图 12-2 给出了程序流程,程序清单如下:

```
;将用户指定的文本文件的内容在屏幕上显示的程序 EXAM124.ASM
        DSEG      SEGMENT
        DISPLAY   DB      'PLEASE INPUT FILENAME:$'
        FNAME     DB      30,?,30 DUP(0)
        ERROR     DB      'FILE NOT FOUND!$'
        BUFFER    DB      512 DUP(0)
        CR        DB      0AH, 0DH,'$'
        HANDLE    DW      ?
        DSEG      ENDS
        IN-OUT    MACRO   BUF,N               ;字符串输入输出宏定义
                  MOV     DX, OFFSET BUF
                  MOV     AH,N
                  INT     21H
                  ENDM
        READ_WIRT MACRO   HAN,M               ;文件读写宏定义
                  MOV     DX, OFFSET BUFFER
                  MOV     CX,512
                  MOV     BX,HAN
                  MOV     AH,M
                  INT     21H
                  ENDM
        POINT_MOVE MACRO  X,Y,Z               ;移动文件指针宏定义
                   MOV    BX,HANDLE
                   MOV    CX,X
                   MOV    DX,Y
                   MOV    AL,Z
                   MOV    AH,42H
                   INT    21H
                   ENDM
        CSEG SEGMENT
                ASSUME  CS:CSEG,DS:DSEG
        START:  MOV     AX,DSEG
                MOV     DS,AX
                IN-OUT  DISPLAY,9            ;输出提示信息
                IN-OUT  FNAME,10             ;接收输入的文件名
```

```
        MOV     BL,FNAME+1              ;用户输入文件名的长度送BL
        MOV     BH,0
        MOV     [BX+FNAME+2],BH         ;文件名后加0,构成文件名字串
        MOV     AX,3D00H                ;以读方式打开用户指定的文件
        LEA     DX,FNAME+2
        INT     21H
        JC      ERR                     ;打开失败转
        MOV     HANDLE,AX               ;保存文件句柄
        IN-OUT  CR,9                    ;输出回车换行
 AGAIN          READ-WIRT  HANDLE,3FH   ;读文件512字节
                PUSH       AX           ;保存实际读出的字节数
                READ-WIRT  1,40H        ;写到显示器上显示
                POP        AX           ;恢复实际读出的字节数
                CMP        AX,512       ;实际读出的字节数不够512表示已读完
                JE         AGAIN        ;未读完转继续读
                MOV        AH,3EH       ;读完;关闭文件
                MOV        BX,HANDLE
                INT        21H
                JMP        EXIT
 ERR:           IN-OUT     CR,9
                IN-OUT     ERROR,9      ;显示出错的信息
 EXIT:          MOV        AH,4CH
                INT        21H
 CSEG           ENDS
                END        START
```

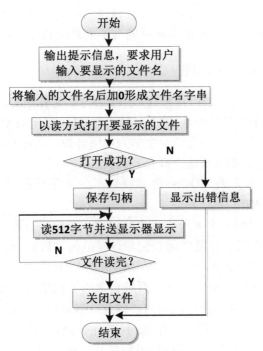

图 12-2　例 12.4 程序流程

第四节 课外阅读

一、打开文件和关闭文件的作用

要对一个文件进行读写操作前，为什么要首先打开这个文件？这是因为，对文件的读写等操作都是由应用程序调用操作系统功能具体完成的，而不是由应用程序本身的语句完成的。所谓打开文件，就是应用程序通过某种规定的方式(如使用文件名字串)告知操作系统要对哪个文件进行操作，进行何种操作，该文件存放在磁盘上什么位置。

文件被打开，就意味着系统已接受了应用程序的申请，并在系统内部为打开的文件建立了一个登记，即文件控制块 FCB。把这个文件的名字、路径、长度、在磁盘上存放的地址等信息记录在 FCB 中，并为该文件设置一个读/写指针。这样，系统功能程序和被操作文件之间就建立起了一个信息接口，凭借这个信息接口，系统才能根据用户程序的要求，对文件进行具体操作。同时系统将这个 FCB 与一个句柄发生关联并把这个句柄返回给应用程序，使应用程序和系统之间在操作上取得默契。

如果文件未经打开，操作系统对它就一无所知，因此无法对其操作。

对文件操作后，一般要进行关闭操作。关闭文件有两个意义：一是使得操作系统撤销对该文件的管理，清理对应的登记项(释放 FCB，收回句柄)，以腾出资源管理其他打开的文件(同时打开的文件个数受登记项即 FCB 数的限制)。二是清理文件缓冲区，同时根据文件操作后的情况(长度、修改时间等)重新进行目录项登记，并修改文件分配表。如果不进行关闭文件操作，对文件所做过的操作都可能得不到系统的确认。

二、系统内部句柄的分配和管理

在系统启动初始化期间，DOS 根据 CONFIG.SYS 文件中"FILES=N"命令，在内存低端(系统区)驻留了 N 个文件控制块 FCB。对 DOS 3.0 以上版本，每个 FCB 占 53 个字节，其结构如图 12-3 所示，其中头两个字节为使用计数，该域指示本 FCB 使用次数，若此域为 0，表示空闲，可分配给新建立或打开的文件。

为管理句柄与文件的关系，DOS 内部设置了一个系统打开文件表(SYSTEM OPEN FILE TABLE)，简称 SOFT。

SOFT 占 20 个字节，每一个字节为一个登记项，登记项的顺序号 0～19 即是句柄号。其登记项的内容有两种情况：若是空闲登记项，其值为 FFH(-1)，表示该句柄为自由句柄可供分配；若是已分配的登记项，则为文件所对应的 FCB 号。

每当应用程序要求打开一个文件时，系统自上而下扫描 SOFT，直到找到其登记项为 FFH(-1)的自由句柄。如果找不到自由句柄，则意味着同时打开的文件已达到限额(字符设备占用了前 5 个句柄 0～4，所以，留给应用程序的句柄至多 15 个)，系统会返回错误信息。但是，即使找到自由句柄，文件是否可被打开，还要取决于是否存在空闲的 FCB(即 FCB 的使用计数域值为 0 者)。如果存在，则把该空闲的 FCB 号填入 SOFT 的自由句柄登记项字节内。只有同时满足存在空闲句柄和空闲文件控制块 FCB 的情况下，一个文件才能打开成功，获得句柄，否则，均视文件打开失败。图 12-4 描述了句柄与 FCB 的对应关系。

字节长度	
使用计数	2
存取方式	2
文件属性	1
设备信息字节	1
驱动器号	1
字符设备程序地址/UPB地址	4
文件首簇号	2
文件建立时间	2
文件建立日期	2
文件长度（文件尾指针）	4
文件当前指针位置	4
已完成簇数	2
文件当前指针处的簇号	2
保留	3
文件名或设备名	8
拓展名	3
与网络文件有关的信息	10

图 12-3　FCB 结构

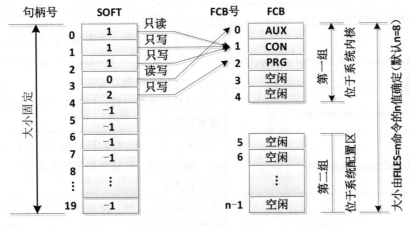

图 12-4　句柄与 FCB 关系示意

文件.ppt

附 录

附录 A 出错信息

汇编程序在对源程序的汇编过程中，如检查出某语句有语法错误，可随时在屏幕上给出错误信息。如果操作人员指定了列表文件名(即.LST)，汇编程序亦将在列表文件中出错行的下面给出出错信息，以便操作人员即时查找错误，给予更正。MASM 5.0 出错信息格式如下：

  源程序文件行号： WARNING/ERROR 错误信息码：错误描述信息

  其中，错误信息码由五个字符组成。第一个是字母 A，表示汇编语言程序出错；接着由一个数字指明出错类别：2 为严重错误，4 为严重警告，5 为建议性警告；最后三位为错误编号。

错误编号	错误描述	解 释
0	Block nesting error	嵌套出错，嵌套的过程、段、结构、宏指令或重复块等非正常结束。例如在嵌套语句中有外层的结束语句，而无内层的结束语句
1	Extra characters on line	语句行有多余字符，可能是语句中给出的参数太多
2	Internal error-Register already defined	这是一个内部错误。如出现该错误，请记下发生错误的条件，并使用 Product Assistance Request 表与 Microsoft 公司联系
3	Unknown type specifer	标识符指定类型出错。例如类型字符拼错：NEAR 写成 NAER 等
4	Redefinition of symbol	符号重定义。同一标识符在两个位置上定义。如汇编第一遍扫描时，在这个标识符的第二个定义位置上给出这个错误
5	Symbol is multidefined	符号重复定义。同一标识符在两个位置上定义。如汇编第二遍扫描时，每当遇到这个标识符都给出这个错误
6	Phase error between passes	一个标号在二次扫描时得到不同的地址值。若在启动 MASM 时使用/D 选项，产生第一遍扫描的列表文件，它可帮助你查找这种错误
7	Already had ELSE clause	已有 ELSE 语句。在一个条件块里使用多于一个的 ELSE 语句
8	Must be in conditional block	没有在条件块里。通常是有 ENDIF 或 ELSE 语句，而无 IF 语句

续表

错误编号	错误描述	解　释
9	Symbol not defined	符号未定义。在程序中引用了未定义的标识符
10	Syntax error	语法错误。不是汇编程序所能识别的一个语句
11	Type illegal in context	指定非法类型。例如对一个过程指定 BYTE 类型，而不是 NEAR 或 FAR
12	Group name must be unique	组名应是唯一的。作为组名的符号被作为其他符号使用
13	Must be declared during pass 1	必须在第一遍扫描期间定义。在第一遍扫描期间，如一个符号在未定义前就引用，就会出现这种错误。例如在 HEX1 未定义前就出现 IF HEX1 语句
14	Illegal public declaration	一个标识符被非法地指定为 PUBLIC 类型
15	Symbol already different kind	重新定义一个符号为不同种类符号。例如一个段名重新被当作变量名定义使用
16	Reserved word used as symbol	把汇编语言规定的保留字作标识符使用
17	Forward reference illegal	非法的向前引用。在第一遍扫描期间，引用一个未定义符号。例如： 　　DB　CUNT DUP(0) 　　CUNT　EQU　10H 如果调换上述二语句的顺序即为合法。并非任何前向引用都是错误的
18	Operand must be register	操作数位置上应是寄存器，但出现了标识符
19	Wrong type of register	使用的寄存器类型出错。如"LEA　AL,VAR"就属于这种错误
20	Operand must be segment or group	应该给出一个段名或组名(group)。例如 ASSUME 语句中应为某段寄存器指定一个段名或组名，而不应是别的标号或变量名等
21	Symbol has no segment	不知道标识符的段属性
22	Operand must be type specifier	操作数应给出类型说明符，如 NEAR，FAR，BYTE 等
23	Symbol already defined locally	已被指定为内部(Local)的标识符，企图在 EXTERN 语句中又定义外部标识
24	Segment parameters are changed	段参数被改变。如同一标识符定义在不同段内
25	Improper align/combine type	段定义时的定位类型/组合类型使用出错
26	Reference to multidefined symbol	指令引用了多重定义的标识符
27	Operand expected	需要一个操作数，只有操作符，如"MOV BX, OFFSET"
28	Operator expected	需要一个操作符，但只有操作数
29	Division by 0 or overflow	除以 0 或溢出出错

续表

错误编号	错误描述	解　释
30	Negative shift count	运算符 SHL 或 SHR 的移位表达式值为负数
31	Operand type must match	操作数类型不匹配。双操作数指令的两个操作数长度不一致，一个是字节，一个是字
32	Illegal use of external	外部符号使用出错
33	Must be record field name	应为记录字段名。在记录字段名位置上出现另外的符号
34	Must be record name or field name	应为记录名或记录字段名。在记录名或记录字段名位置上出现另外的符号
35	Operand must be size	应指明操作数的长度(如 BYTE，WORD 等)。通常使用 PTR 运算即可改正错误
36	Must be variable,label or constant	在变量名、标号或常数的位置上出现了其他信息
37	Must be structure field name	应为结构字段名。在结构字段名位置上出现了另外的符号
38	Left operand must segment	操作数的左边应该是段的信息。如设 DA1、DA2 均是变量名，下列语句就是错误的："MOV AX，DA1:DA2"。DA1 位置上应使用某段寄存器名
39	One operand must constant	操作数必须是常数。例如一个表达式中用"+"运算符把两个变量名相加出错。而用"+"运算符必须有一个是常数
40	Operand must be in same segment or one constant	"−"运算符用错。例如"MOV AL，-VAR"，其中 VAR 是变量名，应有一常数参加运算。又如两个不同段的变量名相减出错
41	Normal type operand expected	要求给出一个正常的操作数。例如在变量名的位置上出现了另外的符号或信息
42	Constant expected	要求给出一个常数。例如给出了一个不是常数的操作数或表达式
43	Operand must have segment	运算符 SEG 用错。如 SEG 后跟一个常数，而常数是没有段属性的
44	Must be associated with data	在必须与数据段有关的位置上出现了代码段有关的项。例如"MOV　AX,LENGTH CS:VAR"，其中 VAR 是数据段中的变量名
45	Must be associated with code	在必须与代码段有关的位置上出现了数据段有关的项
46	Multiple base registers	同时使用了多个基址寄存器。例如："MOV AX，[BX][BP]"
47	Multiple index registers	同时使用了多个变址寄存器。例如："MOV AX，[SI][DI]"

续表

错误编号	错误描述	解 释
48	Must be index or base register	指令仅要求使用基址寄存器或变址寄存器,而不能使用其他寄存器,如:"MOV AX,[SI+CX]"
49	Illegal use of register	非法使用寄存器出错
50	Value is out of range	数值太大,超过允许值。例如:"MOV AL,100H"
51	Operand not in current CS ASSUME segment	操作数不在当前代码段内。通常指转移指令的目标地址不在当前 CS 段内
52	Improper operand type	操作数类型使用不当。例如:"MOV VAR1,VAR2",两个操作数均为存储器操作数,不能汇编出目标代码
53	Jump out of range by %ld byte(s)	条件转移指令跳转范围超过-128~127 个字节。出错信息同时给出超过的字节数
54	Index displacement must be constant	变址寻址的位移量必须是常数
55	Illegal register value	非法寄存器的值。目标代码中表达寄存器的值超过 7
56	Immediate mode illegal	不允许使用立即数寻址。例如:"MOV DS,CODE",其中 CODE 是段名,不能把段名作为立即数传送给段寄存器 DS
57	Illegal size for operand	使用操作数大小(字节数)出错。如:使用双字(32 位)的存储器操作数
58	Byte register illegal	要求用字寄存器的指令使用了字节寄存器。如 PUSH、POP 指令的操作数寄存器必须是字寄存器(16 位)
59	Illegal use of CS register	指令中错误地使用了段寄存器 CS。如"MOV CS,AX",CS 不能做目的操作数
60	Must be accumulator register	要求用 AX 或 AL 的位置上使用其他寄存器。如 IN、OUT 指令必须使用累加器 AX 或 AL
61	Improper use of segment register	不允许用段寄存器的位置上使用了段寄存器,如"SHL DS,1"指令
62	Missing or unreachable CS	试图跳转去执行一个 CS 达不到的标号。通常是指缺少 ASSUME 语句对 CS 与代码段相关联的指定
63	Operand combination illegal	双操作数指令中两个操作数组合出错
64	Near JMP/CALL to different CS	试图用 NEAR 属性的转移指令跳转到不在当前段的一个地址
65	Label cannot have segment override	段前缀使用出错
66	Must have instruction after prefix	在重复前缀 REP、REPE、REPNE 后面必须有指令
67	Cannot override ES for destination	串操作指令中目的操作数不能用其他段寄存器替代 ES

续表

错误编号	错误描述	解　释
68	Cannot address with segment register	指令中寻找一个操作数，但 ASSUME 语句中未指明哪个段寄存器与该操作数所在段有关联
69	Must be in segment block	指令语句没有在段内
70	Cannot use EVEN or ALIGN with byte alignment	在段定义伪指令的定位类型中选用 BYTE，这时不能使用 EVEN 或 ALIGN 伪指令
71	Forward need override or FAR	转移指令的目标没有在源程序中说明为 FAR 属性，可用 PTR 指定
72	Illegal value for DUP count	操作符 DUP 前的重复次数是非法的(如负数)或未定义
73	Symbol is already external	在模块内试图定义的符号，它已在外部符号伪指令中说明
74	DUP nesting too deep	操作数 DUP 的嵌套太深
75	Illegal use of undefined operand(？)	不定操作符"？"使用不当。例如"DB 10H DUP(？+2)"
76	Too many value for struc or record initialization	在定义结构变量或记录变量时，超出定义值的个数
77	Angle brackets required around initialized list	定义结构体变量时，初始值未用尖括号"<>"括起来
78	Directive illegal structure	在结构体定义中的伪指令使用不当。结构定义中的伪指令语句仅两种：分号(;)开始的注释语句和用 DB、DW 等数据定义伪指令语句
79	Override with DUP illegal	在结构变量初始值表中使用 DUP 操作符出错
80	Field cannot be overridden	在定义结构变量语句中试图对一个不允许修改的字段设置初值
81	Override id of wrong type	在定义结构变量语句中设置初值时类型出错
82	Circular chain of EQU aliases	用等值语句定义的符号名，最后又返回指向它自己。如："A EQU B" "B EQU A"
83	Cannot emulate coprocessor opcode	仿真器不能支持的 8087 协处理器操作码
84	End of file,no END directive	源程序文件无 END 语句
85	Data emitted with no segment	数据语句没有在段内

附录 B 8086/8088 指令系统

附录 B-1 符号说明

符 号	说 明	符 号	说 明
r16:	16 位寄存器(AX, BX, CX, DX, SI, DI, BP, SP)	m8:	字节单元
r8:	8 位寄存器(AH, AL, BH, BL, CH, CL, DH, DL)	m:	字节或字单元
r:	8 位或 16 位寄存器	EA:	有效地址计算时间
rs:	段寄存器(CS, DS, ES, SS)	Eadd:	有效地址
a:	8 位或 16 位累加器(AL 或 AX)	ODITSZAPC:	九个标志位
i16:	16 位立即数	?:	受影响
i8:	8 位立即数	U:	不确定
i:	8 位或 16 位立即数	•:	不受影响
i6:	6 位立即数	prt:	8 位 I/O 端口地址
m32:	双字单元	i_type:	中断类型码(0~255)
m16:	字单元	lab-s:	短属性
lab-r:	近属性	2ab-s:	远属性

附表 B-2 数据传送指令

指令格式	操 作	时钟个数	字节数	标志位 O D I T S Z A P C
MOV m/a, a/m	m←a/a←(m)	10	3	• • • • • • • • •
MOV r, r	r←r	2	2	• • • • • • • • •
MOV r, m	r←(m)	8+EA	2~4	• • • • • • • • •
MOV m, r	m←r	9+EA	2~4	• • • • • • • • •
MOV r, i	r←i	4	2~3	• • • • • • • • •
MOV m, i	m←i	10+EA	3~6	• • • • • • • • •
MOV rs, r16	rs←r16	2	2	• • • • • • • • •
MOV rs, m16	rs←(m16)	8+EA	2~4	• • • • • • • • •
MOV r16, rs	r16←rs	2	2	• • • • • • • • •
MOV m16, rs	m16←rs	9+EA	2~4	• • • • • • • • •
LEA r16, m16	r16←Eaddr	2+EA	2~4	• • • • • • • • •
LDS r16, m32	r16←(m32), DS←(m32+2)	16+EA	2~4	• • • • • • • • •
LES r16, m32	r16←(m32), ES←(m32+2)	16+EA	2~4	• • • • • • • • •

续表

指令格式	操 作	时钟个数	字节数	标志位 O D I T S Z A P C
PUSH r16	SP←SP−2, (SP,SP+1)←r16	11	1	· · · · · · · · ·
PUSH m16	SP←SP−2, (SP,SP+1)←(m16)	11 10	1	· · · · · · · · ·
PUSH rs	SP←SP−2, (SP,SP+1)←rs		1	· · · · · · · · ·
POP r16	r16←(SP,SP+1), SP←SP+2	8	1	· · · · · · · · ·
POP m16	m16←(SP,SP+1), SP←SP+2	17+EA 8	2～4	· · · · · · · · ·
POP rs (除 CS 外)	rs←(SP,SP+1), SP←SP+2		1	· · · · · · · · ·
PUSHF	SP←SP−2, (SP,SP+1)←F	10	1	· · · · · · · · ·
POPF	F←(SP,SP+1), SP←SP+2	8	1	? · · · ? ? ? ? ?
LAHF	AH←F 第 0～7 位	4	1	· · · · · · · · ·
SAHF	F 第 0～7 位←AH	4	1	· · · · ? ? ? ? ?
XLAT	AL←(BX+AL)	11	1	· · · · · · · · ·
XCHG AX, r16	AX←→r16	3	1	· · · · · · · · ·
XCHG r, m	r←→(m)	17+EA	2～4	· · · · · · · · ·
XCHG r, r	r←→r	4	2	· · · · · · · · ·

附表 B-3　算数运算指令

指令格式	操 作	时钟个数	字节数	标志位 O D I T S Z A P C
ADD r, r	r←r+r	3	2	? · · · ? ? ? ? ?
ADD r, m	r←r+m	9+EA	2～4	? · · · ? ? ? ? ?
ADD m, r	m←(m)+r	16+EA	2～4	? · · · ? ? ? ? ?
ADD r, i	r←r+i	4	3～4	? · · · ? ? ? ? ?
ADD m, i	m←(m)+i	17+EA	3～6	? · · · ? ? ? ? ?
ADD a, i	a←a+i	4	2～3	? · · · ? ? ? ? ?

续表

指令格式	操作	时钟个数	字节数	标志位 O D I T S Z A P C
ADC r, r	r←r+r+CF	3	2	? • • • ? ? ? ? ?
ADC r, m	r←r+m+CF	9+EA	2～4	? • • • ? ? ? ? ?
ADC m, r	m←(m)+r+CF	16+EA	2～4	? • • • ? ? ? ? ?
ADC r, i	r←r+i+CF	4	3～4	? • • • ? ? ? ? ?
ADC m, i	m←(m)+i+CF	17+EA	3～6	? • • • ? ? ? ? ?
ADC a, i	a←a+i+CF	4	2～3	? • • • ? ? ? ? ?
INC r16	r16←r16+1	2	2	? • • • ? ? ? ? •
INC r8	r8←r8+1	3	2	? • • • ? ? ? ? •
INC m	m←(m)+1	15+EA	2～4	? • • • ? ? ? ? •
SUB r, r	r←r−r	3	2	? • • • ? ? ? ? ?
SUB r, m	r←r−m	9+EA	2～4	? • • • ? ? ? ? ?
SUB m, r	m←(m)−r	16+EA	2～4	? • • • ? ? ? ? ?
SUB r, i	r←r−i	4	3～4	? • • • ? ? ? ? ?
SUB m, i	m←(m)−i	17+EA	3～6	? • • • ? ? ? ? ?
SUB a, i	a←a−i	4	2～3	? • • • ? ? ? ? ?
SBB r, r	r←r−r−CF	3	2	? • • • ? ? ? ? ?
SBB r, m	r←r−m−CF	9+EA	2～4	? • • • ? ? ? ? ?
SBB m, r	m←(m)−r−CF	16+EA	2～4	? • • • ? ? ? ? ?
SBB r, i	r←r−i−CF	4	3～4	? • • • ? ? ? ? ?
SBB m, i	m←(m)−i−CF	17+EA	3～6	? • • • ? ? ? ? ?
SBB a, i	a←a−i−CF	4	2～3	? • • • ? ? ? ? ?
DEC r16	r16←r16−1	2	2	? • • • ? ? ? ? •
DEC r8	r8←r8−1	3	2	? • • • ? ? ? ? •
DEC m	m←(m)−1	15+EA	2～4	? • • • ? ? ? ? •
CMP r, r	r−r	3	2	? • • • ? ? ? ? ?
CMP r, m	r−(m)	9+EA	2～4	? • • • ? ? ? ? ?
CMP m, r	(m)−r	9+EA	2～4	? • • • ? ? ? ? ?
CMP r, i	r−i	4	3～4	? • • • ? ? ? ? ?
CMP m, i	(m)−i	10+EA	3～6	? • • • ? ? ? ? ?
CMP a, i	a−i	4	2～3	? • • • ? ? ? ? ?
NEG r	r←0−r	3	2	? • • • ? ? ? ? ?
NEG m	m←0−(m)	16+EA	2～4	? • • • ? ? ? ? ?
MUL r8	AX←AL*r8	70～77	2	? • • • U U U U ?
MUL r16	DX,AX←AX*r16	118～133	2	? • • • U U U U ?
MUL m8	AX←AL*(m8)	76～83+EA	2～4	? • • • U U U U ?
MUL m16	DX,AX←AX*(m16)	124～139+EA	2～4	? • • • U U U U ?

续表

指令格式	操 作	时钟个数	字节数	标志位 O D I T S Z A P C
IMUL r8	AX←AL*r8	80～98	2	? · · · · U U U ?
IMUL r16	DX,AX←AX*r16	128～154	2	? · · · · U U U ?
IMUL m8	AX←AL*(m8)	86～104+EA	2～4	? · · · · U U U ?
IMUL m16	DX,AX←AX*(m16)	134～160+EA	2～4	? · · · · U U U ?
DIV r8	AL←AX/r8, AH←AX%r8	80～98	2	U · · · U U U U U
DIV r16	AX←DX:AX/r16, DX←DX:AX%r16	144～162	2	U · · · U U U U U
DIV m8	AL←AX/(m8), AH←AX%(m8)	86～96+EA	2～4	U · · · U U U U U
DIV m16	AX←DX:AX/(m16), DX←DX:AX%(m16)	150～168+EA	2～4	U · · · U U U U U
IDIV r8	AL←AX/r8, AH←AX%r8	101～112	2	U · · · U U U U U
IDIV r16	AX←DX:AX/r16, DX←DX:AX%r16	165～184	2	U · · · U U U U U
IDIV m8	AL←AX/(m8), AH←AX%(m8)	107～118+EA	2～4	U · · · U U U U U
IDIV m16	AX←DX:AX/(m16), DX←DX:AX%(m16)	171～190+EA	2～4	U · · · U U U U U
CBW	If AL<0 AH←-1, Or AH←0	2	1	· · · · · · · · ·
CWD	If AX<0 AH←-1, Or AH←0	2	1	· · · · · · · · ·

附表 B-4　逻辑运算指令

指令格式	操 作	时钟个数	字节数	标志位 O D I T S Z A P C
AND r, r	r←r∧r	3	2	0 · · · ? ? U ? 0
AND r, m	r←r∧m	9+EA	2～4	0 · · · ? ? U ? 0
AND m, r	m←(m)∧r	16+EA	2～4	0 · · · ? ? U ? 0
AND r, i	r←r∧i	4	3～4	0 · · · ? ? U ? 0
AND m, i	m←(m)∧i	17+EA	3～6	0 · · · ? ? U ? 0
AND a, i	a←a∧i	4	2～3	0 · · · ? ? U ? 0

续表

指令格式	操作	时钟个数	字节数	标志位 O D I T S Z A P C
OR r, r	r←r∨r	3	2	0 · · · ? ? U ? 0
OR r, m	r←r∨m	9+EA	2~4	0 · · · ? ? U ? 0
OR m, r	m←(m)∨r	16+EA	2~4	0 · · · ? ? U ? 0
OR r, i	r←r∨i	4	3~4	0 · · · ? ? U ? 0
OR m, i	m←(m)∨i	17+EA	3~6	0 · · · ? ? U ? 0
OR a, i	a←a∨i	4	2~3	0 · · · ? ? U ? 0
XOR r, r	r←r⊕r	3	2	0 · · · ? ? U ? 0
XOR r, m	r←r⊕m	9+EA	2~4	0 · · · ? ? U ? 0
XOR m, r	m←(m)⊕r	16+EA	2~4	0 · · · ? ? U ? 0
XOR r, i	r←r⊕i	4	3~4	0 · · · ? ? U ? 0
XOR m, i	m←(m)⊕i	17+EA	3~6	0 · · · ? ? U ? 0
XOR a, i	a←a⊕i	4	2~3	0 · · · ? ? U ? 0
TEST r, r	r∧r	3	2	0 · · · ? ? U ? 0
TEST r, m	r∧m	9+EA	2~4	0 · · · ? ? U ? 0
TEST m, r	(m)∧r	16+EA	2~4	0 · · · ? ? U ? 0
TEST r, i	r∧i	5	3~4	0 · · · ? ? U ? 0
TEST m, i	(m)∧i	17+EA	3~6	0 · · · ? ? U ? 0
TEST a, i	a∧i	4	2~3	0 · · · ? ? U ? 0
NOT r	r←r	3	2	· · · · · · · · ·
NOT m	m←(m)	16+EA	2~4	· · · · · · · · ·

附表 B-5 移位与循环指令

指令格式	操作	时钟个数	字节数	标志位 O D I T S Z A P C
SHL/SAL r, 1	CF ← dest	2	2	? · · · ? ? U ? ?
SHL/SAL r, CL		8+4/bit	2	U · · · ? ? U ? ?
SHL/SAL m, 1		15+EA	2~4	? · · · ? ? U ? ?
SHL/SAL m, CL		20+EA4/bit	2~4	U · · · ? ? U ? ?
SHR r, 1	dest → CF	2	2	? · · · ? ? U ? ?
SHR r, CL		8+4/bit	2	U · · · ? ? U ? ?
SHR m, 1		15+EA	2~4	? · · · ? ? U ? ?
SHR m, CL		20+EA4/bit	2~4	U · · · ? ? U ? ?
SAR r, 1	dest → CF	2	2	? · · · ? ? U ? ?
SAR r, CL		8+4/bit	2	U · · · ? ? U ? ?
SAR m, 1		15+EA	2~4	? · · · ? ? U ? ?
SAR m, CL		20+EA4/bit	2~4	U · · · ? ? U ? ?

续表

指令格式	操 作	时钟个数	字节数	标志位 O D I T S Z A P C
ROL r, 1		2	2	? · · · · · · · ?
ROL r, CL		8+4/bit	2	U · · · · · · · ?
ROL m, 1		15+EA	2～4	? · · · · · · · ?
ROL m, CL		20+EA4/bit	2～4	U · · · · · · · ?
ROR r, 1		2	2	? · · · · · · · ?
ROR r, CL		8+4/bit	2	U · · · · · · · ?
ROR m, 1		15+EA	2～4	? · · · · · · · ?
ROR m, CL		20+EA4/bit	2～4	U · · · · · · · ?
RCL r, 1		2	2	? · · · · · · · ?
RCL r, CL		8+4/bit	2	U · · · · · · · ?
RCL m, 1		15+EA	2～4	? · · · · · · · ?
RCL m, CL		20+EA4/bit	2～4	U · · · · · · · ?
RCR r, 1		2	2	? · · · · · · · ?
RCR r, CL		8+4/bit	2	· · · · · · · · ?
RCR m, 1		15+EA	2～4	· · · · · · · · ?
RCR m, CL		20+EA4/bit	2～4	? · · · · · · · ?

附表 B-6 状态标志位操作指令

指令格式	操 作	时钟个数	字节数	标志位 O D I T S Z A P C
CLC	CF←0	2	1	· · · · · · · · 0
STC	CF←1	2	1	· · · · · · · · 1
CMC	CF←$\overline{CF}$	2	1	· · · · · · · · ?
CLD	DF←0	2	1	· 0 · · · · · · ·
STD	DF←1	2	1	· 1 · · · · · · ·
CLI	IF←0	2	1	· · 0 · · · · · ·
STI	IF←1	2	1	· · 1 · · · · · ·

附表 B-7 转移指令

指令格式	操作	时钟个数	字节数	标志位 O D I T S Z A P C
JMP lab_s(短)	IP←OFFSET lab_s	15	2	• • • • • • • • •
JMP lab_n(近)	IP←OFFSET lab_n	15	3	• • • • • • • • •
JMP lab_f(远)	IP←OFFSET lab_f, CS←SEG lab_f	15	5	• • • • • • • • •
JMP r16(近)	IP←r16	11	2	• • • • • • • • •
JMP m16(近)	IP←(m16)	18+EA	2～4	• • • • • • • • •
JMP m32(远)	IP←(m32), CS←(m32+2)	24+EA	2～4	• • • • • • • • •
JAE/JNB lab_s JNC lab_s	如果 CF=0，则 IP←lab_s 否则 IP←IP+2	16 4	2	• • • • • • • • •
JB/JNAE lab_s JC lab_s	如果 CF=1，则 IP←lab_s 否则 IP←IP+2	16 4	2	• • • • • • • • •
JNZ/JNE lab_s	如果 ZF=0，则 IP←lab_s 否则 IP←IP+2	16 4	2	• • • • • • • • •
JZ/JE lab_s	如果 ZF=1，则 IP←lab_s 否则 IP←IP+2	16 4	2	• • • • • • • • •
JNS lab_s	如果 SF=0，则 IP←lab_s 否则 IP←IP+2	16 4	2	• • • • • • • • •
JS lab_s	如果 SF=1，则 IP←lab_s 否则 IP←IP+2	16 4	2	• • • • • • • • •
JNP/JPO lab_s	如果 PF=0，则 IP←lab_s 否则 IP←IP+2	16 4	2	• • • • • • • • •
JP/JPE lab_s	如果 PF=1，则 IP←lab_s 否则 IP←IP+2	16 4	2	• • • • • • • • •
JNO lab_s	如果 OF=0，则 IP←lab_s 否则 IP←IP+2	16 4	2	• • • • • • • • •
JO lab_s	如果 OF=1，则 IP←lab_s 否则 IP←IP+2	16 4	2	○ • • • • • • • •
JA/JNBE lab_s	如果(CF∨ZF)=0，则 IP←lab_s 否则 IP←IP+2	16 4	2	• • • • • • • • •
JBE/JNA lab_s	如果(CF∨ZF)=1，则 IP←lab_s 否则 IP←IP+2	16 4	2	• • • • • • • • •
JG/JNLE lab_s	如果((SF⊕OF)∨ZF=0，则 IP←lab_s，否则 IP←IP+2	16 4	2	• • • • • • • • •

续表

指令格式	操 作	时钟个数	字节数	标志位 O D I T S Z A P C
JGE/JNL lab_s	如果(SF⊕OF)=0,则 IP←lab_s, 否则 IP←IP+2	16 4	2	• • • • • • • • •
JL/JNGE lab_s	如果(SF⊕OF)=1,则 IP←lab_s, 否则 IP←IP+2	16 4	2	• • • • • • • • •
JLE/JNG lab_s	如果((SF⊕OF)∨ZF=1,则 IP←lab_s, 否则 IP←IP+2	16 4	2	• • • • • • • • •

附表 B-8 循环控制与数据串操作指令

指令格式	操 作	时钟个数	字节数	标志位 O D I T S Z A P C
JCXZ lab_s	如果 CX=0 则 IP←lab_s，否则 IP←IP+2	18 4	2	• • • • • • • • •
LOOP lab_s	CX←CX-1,如果 CX≠0 则 IP←lab_s, 否则 IP←IP+2	17 5	2	• • • • • • • • •
LOOP/ lab_s LOOPE	CX←CX-1,如果 CX≠0 且 ZF=1，则 IP←lab_s, 否则 IP←IP+2	18 6	2	• • • • • • • • •
LOOPNE/ lab_s LOOPNZ	CX←CX-1,如果 CX≠0 且 ZF=0，则 IP←lab_s, 否则 IP←IP+2	19 5	2	• • • • • • • • •
REP	如果 CX≠0，则重复，CX←CX-1	2	1	• • • • • • • • •
REPZ/REPE	如果 CX≠0 且 ZF=1，则重复，CX←CX-1	2	1	? • • • ? ? ? ? ?
REPNZ/REPNE	如果 CX≠0 且 ZF=0，则重复，CX←CX-1	2	1	? • • • ? ? ? ? ?
MOVS src, dst	ES:DI←[DS:SI] DI←DI±1/2,SI←SI±1/2	18 9+17/REP	1	• • • • • • • • •
MOVSB	ES:DI←[DS:SI] DI←DI±1,SI←SI±1	18 9+17/REP	1	• • • • • • • • •
MOVSW	ES:DI←[DS:SI] DI←DI±2,SI←SI±2	18 9+17/REP	1	• • • • • • • • •

续表

指令格式	操 作	时钟个数	字节数	标志位 O D I T S Z A P C
CMPS src, dst	DS:SI－[ES:DI]	22	1	? • • • ? ? ? ? ?
	DI←DI±1/2,SI←SI±1/2	9+22/REP		
CMPSB	DS:SI－[ES:DI]	18	1	? • • • ? ? ? ? ?
	DI←DI±1,SI←SI±1	9+22/REP		
CMPSW	DS:SI－[ES:DI]	22	1	? • • • ? ? ? ? ?
	DI←DI±2,SI←SI±2	9+22/REP		
LODS src	AL/AX←[DS:SI]	12	1	• • • • • • • • •
	SI←SI±1/2	9+13/REP		
LODSB	AL←[DS:SI]	12	1	• • • • • • • • •
	SI←SI±1	9+13/REP		
LODSW	AL←[DS:SI]	12	1	• • • • • • • • •
	SI←SI±2	9+13/REP		
STOS dst	[ES:DI]←AL/AX	11	1	• • • • • • • • •
	DI←DI±1/2	9+10/REP		
STOSB	[ES:DI]←AL/AX	11	1	• • • • • • • • •
	DI←DI±1	9+10/REP		
STOSW	[ES:DI]←AL/AX	11	1	• • • • • • • • •
	DI←DI±2	9+10/REP		
SCAS dst	AL/AX－[ES:DI]	15	1	? • • • ? ? ? ? ?
	DI←SI±1/2	9+15/REP		
SCASB	AL/AX－[ES:DI]	15	1	? • • • ? ? ? ? ?
	DI←SI±1	9+15/REP		
SCASW	AL/AX－[ES:DI]	15	1	? • • • ? ? ? ? ?
	DI←SI±2	9+15/REP		

附表 B-9　子程序调用与返回指令

指令格式	操 作	时钟个数	字节数	标志位 O D I T S Z A P C
CALL proc_n(近)	SP←SP-2, (SP,SP+1)←IP, IP←OFFSET prc_n	19	3	•　•　•　•　•　•　•　•　•
CALL r16(近)	SP←SP-2, (SP,SP+1)←IP, IP←r16	16	2	•　•　•　•　•　•　•　•　•
CALL m16(近)	SP←SP-2, (SP,SP+1)←IP, IP←(m16)	21+EA	2~4	•　•　•　•　•　•　•　•　•
CALL prc_f(远)	SP←SP-2, (SP,SP+1)←CS, CS←SEG prc_f SP←SP-2, (SP,SP+1)←IP, IP←OFFSET prc_f	28	5	•　•　•　•　•　•　•　•　•
CALL m32(远)	SP←SP-2, (SP,SP+1)←CS, CS←(m32+2) SP←SP-2, (SP,SP+1)←IP, IP←(m32)	28	5	•　•　•　•　•　•　•　•　•
RET (远)	IP←(SP,SP+1),SP←SP+2 CS←(SP,SP+1),SP←SP+2	17	1	•　•　•　•　•　•　•　•　•
RET(远) val	IP←(SP,SP+1),SP←SP+2 CS←(SP,SP+1), SP←SP+2+val	18	3	•　•　•　•　•　•　•　•　•
RET(近)	IP←(SP,SP+1),SP←SP+2	8	1	•　•　•　•　•　•　•　•　•
RET(近) val	IP←(SP,SP+1), SP←SP+2+val	12	3	•　•　•　•　•　•　•　•　•

附表 B-10　BCD 码调整指令

指令格式	操　作	时钟个数	字节数	标志位 O D I T S Z A P C
AAA	如果 AL&0FH>09 或 AH=1 则 AH←AH+1, AL←(AL+6)&0FH	4	2	U・・・U U ? U ?
AAS	如果 AL&0FH>09 或 AH=1 则 AH←AH−1, AL←(AL−6)&0FH	4	2	U・・・U U ? U ?
AAM	AH←AL/10,AL←AL%10	83	1	U・・・? ? U ? U
AAD	AL←AH*10+AL,AH←0	60	1	U・・・? ? U ? U
DAA	如果 AL&0FH>09 或 AF=1 则 AL←AH+06, 如果 AL&0FH>90 或 AF=1 则 AL←AH+60H	4	1	? ・・・? ? ? ? ?
DAS	如果 AL&0FH>09 或 AF=1 则 AL←AH−06, 如果 AL&0FH>90 或 AF=1 则 AL←AH−60H	4	1	? ・・・? ? ? ? ?

附表 B-11　输入输出、中断及其他指令

指令格式	操　作	时钟个数	字节数	标志位 O D I T S Z A P C
IN　AL/AX, prt	AL/AX←(prt)	10		・・・・・・・・・
IN　AL/AX, DX	AL/AX←(DX)	8	12	・・・・・・・・・
OUT　prt, AL/AX	(prt)←AL/AX	10	2	・・・・・・・・・
OUT DX, AL/AX	(DX)←AL/AX	10	2	・・・・・・・・・
INT　i_type	SP←SP−2 (SP,SP+1)←F,IF←0,TF←0 SP←SP−2 (SP,SP+1)←CS, CS←(i_type×4+2) SP←SP−2 (SP,SP+1)←IP, IP←(i_type×4) 否则 IP←IP+1	51/52	1～2	・・0 0・・・・・

续表

指令格式	操 作	时钟个数	字节数	标志位 O D I T S Z A P C
INTO	如果 OF=1，则 SP←SP-2 (SP,SP+1) ←F,IF←0,TF←0 SP←SP-2 (SP,SP+1) ←CS, CS←(4×4+2) SP←SP-2 (SP,SP+1) ←IP, IP←(4×4) 否则 IP←IP+1	53 4	1	• • 0 0 • • • • •
IRET	IP←(SP,SP+1),SP←SP+2 CS←(SP,SP+1),SP←SP+2 F←(SP,SP+1),SP←SP+2	18	3	• • • • • • • • •
LOCK	封锁总线前缀	3	1	• • • • • • • • •
WAIT	等待同步	3+5n	1	• • • • • • • • •
ESC i6, m ESC i6,r	数据总线←(m) 数据总线←r	8+EA 2	2～4	• • • • • • • • •
HLT	CPU 暂停(动态)	2	1	
NOP	空操作	3	1	• • • • • • • • •

附录 C BIOS 调用说明

附表 C-1 显示驱动程序(INT 10H)

功能号	功 能	入口参数	出口参数
00H	设置显示方式	AL=方式 00H：40×25 16 色 单色文本 01H：40×25 16 色 彩色文本 02H：80×25 16 色 单色文本 03H：80×25 16 色 彩色文本 04H：320×200 4 色 彩色图形 05H：320×200 4 色 单色图形 06H：640×200 2 色 单色图形 07H：80×25 2 色 单色文本 (MDA, HGC,EGA, VGA) 08H：160×200 16 色图形 09H：320×200 16 色图形 0AH：640×200 4 色图形	无

续表

功能号	功 能	入口参数	出口参数
		0BH：保留(EGA)	
		0CH：保留 (EGA)	
		0DH：320×200 16 色图形(EGA,VGA)	
		0EH：640×200 16 色图形(EGA,VGA)	
		0FH：640×350 2(单色)图形(EGA,VGA)	
		10H：640×350 4 色图形	
		(64K EGA)	
		640×350 16 色图形	
		(256K EGA,VAG)	
		11H：640×480 2(单色)图形	
		(VGA,MCGA)	
		12H：640×480 16 色图形(VGA)	
		13H：640×480 256 色图形	
		(VGA,MCGA)	
		50H：80×X30 16 色文本(TVGA)	
		51H：80×43 16 色文本(TVGA)	
		52H: 80×43 16 色文本(TVGA)	
		53H：132×25 16 色文本(TVGA)	
		54H:132×25 16 色文本(TVGA)	
		55H：132×43 16 色文本(TVGA)	
		56H: 132×60 16 色文本(TVGA)	
		57H：132×25 16 色文本(TVGA)	
		58H：132×30 16 色文本(TVGA)	
		59H：132×43 16 色文本(TVGA)	
		5AH: 132×60 16 色文本(TVGA)	
		5BH: 800×600 16 色图形(TVGA)	
		5CH: 640×400 256 色图形(TVGA)	
		5DH: 640×480 256 色图形(TVGA)	
		5EH: 800×600 256 色图形(TVGA)	
		5FH: 1024×768 16 色图形(TVGA)	
		60H: 1024×768 4 色图形(TVGA)	
		61H: 768×1024 16 色图形(TVGA)	
		62H: 1024×768 2566 色图形(TVGA)	
01H	设置光标类型	CH 低四位＝光标的起始线 CL 低四位＝光标的终止线	无

续表

功能号	功　能	入口参数	出口参数
02H	设置光标位置	DH＝行(Y 坐标)，DL＝列(X 坐标) BH＝显示页码(图形方式时为 CGA 方式)	无
03H	读光标位置	BH＝显示页码(图形方式时为 0)	CH，CL＝当前光标模式 DH，DL＝行，列值
04H	读光笔位置	无	AH＝0 光笔未按下/未触发 AH=1 下列寄存器中的值有效 BX＝像素列号(0～319/639) CH＝扫描线号(图形方式 04H~06H) CX＝扫描线号(图形方式 200 线) DH，DL＝光笔所在行列
05H	选择当前显示页(文本方式有效)	AL＝显示页 0～7 方式 0、1 时 0～3 方式 2、3 时	无
06H	当前页上滚	AL＝滚动行数(从底部算起，空白的行数，0 为整个窗口空白) CH、CL＝滚动区左上角行、列 DH、DL＝滚动区右下角行、列 BH＝空白行的属性	无
07H	当前页下滚	AL＝行数(从顶部算起，空白的行数，0 为整个窗口空白) CH、CL＝滚动区左上角行、列 BH＝空白行的属性	无
08H	读当前光标字符的代码和属性	BH＝显示页码	AH＝读出字符的属性(字符方式有效) AL＝读出字符的代码
09H	在当前光标处写字符的代码和属性	BH＝显示页码 CX＝字符计数 AL＝欲写字符的代码 BL＝欲写字符的属性(字符方式)或颜色(图形方式)	无

续表

功能号	功能	入口参数	出口参数
0AH	在当前光标处写字符的代码	AL=欲写字符的代码 BH=显示页码 CX=字符计数	无
0BH 子功能号 00H 即 BH=00H	设置背景、边缘颜色	BL=背景/边缘颜色	无
0BH 子功能号 01H 即 BH=01H	设置 CGA 调色板	BL=彩色标识	无
0CH	写点	AL=彩色值(若 AL 的第 7 位为 1，表示与指定当前点颜色异常) BH=页码 DX、CX=行、列号	无
0DH	读点	BH=页码 DX、CX=行、列号	AL=指定点的彩色值
0EH	以 TTY 方式在当前显示页写字符	AL=欲写字符的代码 BL=图形方式下字符的前景颜色	无
0FH	读当前的显示状态	无	AH=屏幕字符的列数 AL=显示模式 BH=当前显示页码
10H 子功能号 00H 即 AL=00H	设定一个调色板寄存器(EGA,VGA)	BL=调色板寄存器号(00H～0FH)或属性寄存器号 BH=颜色	无
10H 子功能号 01H 即 AL=01H	设定边界(扫描)	BL=边界色 BH=颜色	无
10H 子功能号 02H 即 AL=02H	设定所有调色板寄存器(EGA,BGA)	ES:DX=调色板寄存器表地址	无
10H 子功能号 03H 即 AL=03H	选择背景高亮度/闪烁(EGA,VGA)	BL=00H, 选择背景高亮度 BL=01H, 选择背景闪烁	无
10H 子功能号 07H 即 AL=07H	读单个调色寄存器的值(VGA)	BL=调色板寄存器号(00H～0FH)或属性寄存器号	BH=调色板寄存器或属性寄存器的值

续表

功能号	功　能	入口参数	出口参数
10H 子功能号 08H 即 AL=08H	读过扫描寄存器的值(VGA)	无	BH=过扫描寄存器的值
10H 子功能号 09H 即 AL=09H	读全部调色板寄存器和过扫描寄存器的值(VGA)	ES:DX=缓冲区首地址	无
10H 子功能号 10H 即 AL=10H	设单个 DAC 寄存器(VGA)	BX=寄存器号　CL=蓝色新值 CH=绿色新值　DH=红色新值	无
10H 子功能号 12H 即 AL=12H	设一组 DAC 寄存器(VGA)	BX=起始彩色寄存器号 CX=要设定寄存器数目 ES:DX=颜色表地址	无
10H 子功能号 13H 即 AL=13H	选视频 DAC 彩色页面(VGA)	BL=00H 选页面模式 BH=00H 选 4 组 64 BH=01H 选 16 组 16 BL=01H 选页面 BH=页号	无
10H 子功能号 15H 即 AL=15H	读单个 DAC 寄存器(VGA, MCGA)	BL=调色板寄存器号	DH=红色值 CH=绿色值 CL=蓝色值
10H 子功能号 17H 即 AL=17H	确定某一组 DAC 寄存器的 RGB 值(VGA, MCGA)	BX=起始调色板寄存器 CX=要读的调色板寄存数 ES:DX=缓冲区首址	红/绿/蓝三色组在缓冲区中
10H 子功能号 18H 即 AL=18H	设 PEL 掩模值(VGA, MCGA)	BL=PEL 掩模值	无
10H 子功能号 19H 即 AL=19H	读 PEL 掩模值(VGA, MCGA)	无	BL=PEL 掩模值
10H 子功能号 1AH 即 AL=1AH	取视频 DAC 彩色页面状态(VGA)	无	BL=分页方式 00H=4 页 64 01H=16 页 16 BH=当前页
10H 子功能号 1BH 即 AL=1BH	将彩色转换成灰度(VGA, MCGA)	BX=起始调色板寄存器 CX=要转换的寄存器数量	无

续表

功能号	功　能	入口参数	出口参数
11H 子功能号 00H 10H 即 AL=00H 或 AL=10H	装用户规定的字模 (EGA, VAG, MCGA)	ES:BP=用户表首址 CX=要存储的字模数 DX=图式 2 内存块的字符偏移量 BL=要装入图式 2 的块 BH=字符字模行的字节数	无
11H 子功能号 01H 11H 即 AL=01H 或 AL=11H	装 ROM 单色 8×14 字模 (EGA, VGA, MCGA)	BL=要装入块	无
11H 子功能号 02H 12H 即 AL=02H 或 AL=12H	装 ROM 单色 8×8 双点字模 (EGA, VGA, MCGA)	BL=要装入块	无
11H 子功能号 03H 即 AL=03H	设块规定符 (EGA, VGA, MCGA)	BL=块规定符	无
11H 子功能号 04H 14H 即 AL=04H 或 AL=14H	装 ROM 单色 8×16 字符集 (VGA)	无	无
11H 子功能号 20H 即 AL=20H	设用户 8×8 图形字符 (EGA, VGA, MCGA)	ES:BP=用户表首址	无
11H 子功能号 21H 即 AL=21H	设用户图形字符 (EGA, VGA, MCGA)	ES:BP=用户表首址 CX=每个字符字节数 BL=行规定符 00H=用户设定(DL=行数) 01H=14 行 02H=25 行 03H=43 行	无
11H 子功能号 22H 即 AL=22H	设 ROM 8×14 图形字符 (EGA, VGA, MCGA)	BL=行规定符 00H=用户设定(DL=行数) 01H=14 行 02H=25 行 03H=43 行	无

续表

功能号	功能	入口参数	出口参数
11H 子功能号 23H 即 AL=23H	设 ROM 8/8 双点图形字符(EGA, VGA, MCGA)	同功能 11H 子功能 22H	无
11H 子功能号 24H 即 AL=24H	装入用户 8×16 图形字符(EGA, VGA, MCGA)	同功能 11H 子功能 22H	无
11H 子功能号 30H 即 AL=30H	返回指针指定的字体表 (EGA, VGA, MCGA)	BH=指针规定符 00H=INT 1FH 指针 01H=INT 43H 指针 02H=ROM 8×14 字符字体指针 03H=ROM 8×8 双点字体指针 04H=ROM 8×8 字符字体指针（上半） 05H=ROM 字母替换(9×14)字体指针 06H=ROM 8×16 字体指针 07H=ROM 9×16 字体指针	ES:BP=规定指针 CX=字节数/字符 DL=屏幕字符行数
12H 子功能号 10H 即 BL=10H	确定系统视频特性(EGA, VGA, MCGA)	无	BH=00 有效彩色模式(I/O 口 3DXH) BH=01H 有效单色模式(I/O 口 3BXH) BL=00 装 64KB 存储器 BL=01 装 192KB 存储器 BL=03 装 256KB 存储器 CH=特征位 CL=开关设置
12H 子功能号 20H 即 BL=20H	用显示卡的 PrtScr 例程替换 ROM BIOS 的 PrtScr(EGA, VGA, MCGA)	无	无
12H 子功能号 30H 即 BL=30H	设定扫描线数(VGA)	AL=扫描线数 00H=200 01H=350 02H=400	AL=12H 如果支持该功能
12H 子功能号 31H 即 AL=31H	控制默认调色板的装入(VGA, MCGA)	AL=00H 允许默认调色板装入 01H 禁止默认调色板装入	AL=12H 如果支持该功能

续表

功能号	功 能	入口参数	出口参数
12H 子功能号 32H 即 AL=32H	控制 CPU 对视频存储器的访问 (VGA, MCGA)	AL=00H 允许视频寻址 01H 禁止视频寻址	AL=12H 如果支持该功能
12H 子功能号 33H 即 AL=33H	控制彩色到灰度的转换(VGA, MCGA)	AL=00H 允许转换 01H 禁止转换	AL=12H 如果支持该功能
12H 子功能号 34H 即 AL=34H	控制字母数字光标仿真(VGA)	AL=00H 允许仿真 01H 禁止仿真	AL=12H 如果支持该功能
12H 子功能号 35H 即 AL=35H	两个视频显示切换(VGA, MCGA)	AL=00H 初始适配卡显示关 01H 初始适配卡显示开 02H 关活动显示 03H 开不活动显示 ES:BX=128 字节缓冲区首址	AL=12H 如果支持该功能
12H 子功能号 36H 即 AL=36H	允许/禁止视频刷新(VGA, MCGA)	AL=00H 允许刷新 01H 禁止刷新	AL=12H 如果支持该功能
13H	显示字符串	ES:BP=要写字符串的首地址 CX=字符串长度 DX=光标的起始位置 BH=当前显示页号 AL=0 BL=属性 字符串格式=(c,c,c,…) 光标不移动 AL=1 BL=属性 字符串格式=(c,c,c,…) 光标移动 AL=2 字符串格式=(c,a,c,a,…) 光标移动 AL=3 字符串格式=(c,a,c,a,…) 光标移动 注：以上字符串格式中的 c 代表字符代码，a 代表属性代码	无

附表 C-2　磁盘驱动程序(INT 13H)

功能号	功能	入口参数	出口参数
00H	磁盘复位	无	无
01H	读磁盘状态	无	AH=状态 00H=成功 01H=功能号或参数无效 02H=找不到地址标识 03H=磁盘写保护(软盘) 04H=找不到扇区 05H=复位失败 06H=磁盘被换过了(软盘) 07H=驱动器参数作用失效(硬盘) 08H=DMA 过速 09H=DMA 超过 64K 边界 0AH=坏的扇区(硬盘) 0BH=坏的磁道(硬盘) 0CH=不支持的磁盘或无效的介质 0DH=格式化的扇区数无效(硬盘) 0EH=检测到控制数据地址标志(硬盘) 0FH=DMA 判断电平出界(硬盘) 10H=不可纠正的 CRC 或 ECC 读错 11H=数据 ECC 被纠正 20H=控制器故障 40H=寻道失败 80H=超时(未准备好) AAH=驱动器未准备好(硬盘) BBH=未定义错(硬盘) CCH=写 错 E0H=状态寄存器错 FFH=传感器作错(硬盘)
02H	读指定扇区	DL=驱动器号(0～3 表示软盘，80H～87H 表示硬盘，值检查) DH=磁头号(软盘 0～1，硬盘 0～7 值不检查) CH=柱面号(值不检查，见 CL) CL=扇区号(值不检查)，扇区号的高 2 位放入 CL 的最高 2 位 AL=扇区个数 ES:BX=缓冲区首地址	CF=0 操作成功 AL= 实际读出的扇区数 CF=1 操作失败 AH= 状态

续表

功能号	功能	入口参数	出口参数
03H	写指定扇区	同上	CF=0 操作成功 CF=1 操作失败 AH= 状态
04H	检验指定扇区	同上	同2号功能
05H	格式化磁盘	同上	同2号功能

附表 C-3 异步串行通信驱动程序(INT 14H)

功能号	功能	入口参数	出口参数
00H	初始化通信接口	AL=通信参数 第7~5位规定波特率： 000-110　100-1200 001-150　101-2400 010-300　110-4800 011-600　111-9600 第4、3位规定校验位： 　X0-无校验 　01- 奇校验 　11-偶校验 第2位规定停止位数： 　0-1 位 　1-2 位 　1.5 位(字符位数是 5 时) 第1、0 位规定字符位数： 　00-5 位　01-6 位 　10-7 位　11-8 位 DX=串行接口号(0 或 1)	AX=串行接口状态(AH 中通信线状态，AL 中为 MODEM 状态)
01H	发送一个字符	AL=欲发送字符 DX=串行接口号	AH=通信线状态,若第 7 位为 1，表示传送失败
02H	接收一个字符	DX=串行接口号	AH=通信线状态,若第 7 位为 1，表示未能收到字符，否则收到的字符在 AL 中
03H	读通信接口状态	DX=串行接口号	AX=串行接口的状态(格式同功能 0)

附表 C-4 键盘驱动程序(INT 16H)

功能号	功 能	入口参数	出口参数
00H	读键盘	无	AH=输入字符的扫描码 AL=输入字符的 ASCII 码
01H	判断有无输入	无	AX=同上 ZF=1 无输入，0 有输入
02H	读特殊键状态	无	AL=特殊键状态 第 7 位：Ins 键 第 6 位：Caps Lock 键 第 5 位：Num Lock 键 第 4 位：Scroll LOCK 键 第 3 位：Alt 键 第 2 位：Ctrl 键 第 1 位：左 Shift 键 第 0 位：右 Shift 键
05H	程序控制模仿按键	CH=字符的扫描码 CL=字符的 ASCII 码	AL=00H 成功 AL=01H 键盘缓冲区满
10H	读键盘(与 00H 功能类似，但不丢弃扩充码)	无	AH=输入字符的扫描码 AL=输入字符的 ASCII 码
11H	判断有无输入(与 01H 功能类似，但不丢弃扩充码)	无	AX=同上 ZF=1 无输入，0 有输入
12H	读特殊键状态(与 02H 功能类似)	无	AH=特殊键状态 第 15 位：SysReq 键 第 14 位：Caps Lock 键 第 13 位：Num Lock 键 第 12 位：Scroll LOCK 键 第 11 位：右 Alt 键 第 10 位：右 Ctrl 键 第 9 位：左 Alt 键 第 8 位：左 Ctrl 键 第 7 位：Ins 键 第 6 位：Caps Lock 键 第 5 位：Num Lock 键 第 4 位：Scroll LOCK 键 第 3 位：Alt 键 第 2 位：Ctrl 键 第 1 位：左 Shift 键 第 0 位：右 Shift 键

附表 C-5　打印机驱动程序(INT 17H)

功能号	功　能	入口参数	出口参数
00H	打印一个字符	AL=要打印的字符 DX=使用的打印机号码 (0～2)	AH=打印机状态 第 7 位=1　打印机不忙 第 6 位=1　应答 第 5 位=1　无纸 第 4 位=1　选中 第 3 位=1　出错 第 2、1 位　未用 第 0 位=1　打印超时
01H	初始化打印机	DX=同上	同上
02H	取打印机状态	同上	同上

附表 C-6　时钟驱动程序(INT 1AH)

功能号	功　能	入口参数	出口参数
00H	读系统时钟	无	CX:DX=时间计数 AL=0 自上次读过时钟之后未超过 24 小时 AL<>0 自上次读过时钟之后超过 24 小时
01H	设置系统时钟	无	CX:DX=时间计数
02H	读 CMOS 时钟	无	CH=小时(BCD) CL=分(BCD) DH=秒(BCD) CF=1 如果 CMOS 时钟未工作
03H	设置 CMOS 时钟	CH=小时(BCD) CL=分(BCD) DH=秒(BCD) DL=1 如果使用夏时制 　　0 如果未使用夏时制	无
04H	读 CMOS 时钟日期	无	CH=世纪(BCD，19 或 20) CL=年(BCD) DH=月(BCD) DL=日 (BCD) CF=1 如果 CMOS 时钟未工作

续表

功能号	功能	入口参数	出口参数
05H	设置 CMOS 时钟日期	CH=世纪(BCD，19 或 20) CL=年(BCD) DH=月(BCD) DL=日 (BCD)	无
06H	设置报警时间	CH=小时(BCD) CL=分(BCD) DH=秒(BCD) 闹钟中断服务程序为 INT 4AH	CF=1 如果 CMOS 时钟未工作或"闹钟"已经设置
07H	复位报警	无	无

附录 D INT 21H 系统功能调用说明

附表 D-1 关于设备 I/O 的功能调用

功能号	功能	入口参数	出口参数
01H	键盘输入字符	无	AL=输入字符
02H	显示器输出字符	DL=欲输出字符	无
03H	串行接口输入字符	无	AL=输入字符
04H	串行接口输出字符	DL=欲输出字符	无
05H	打印机输出字符	DL=欲输出字符	无
06H	键盘输入与显示器输出字符	DL=0FFH (输入) 　　=字符　(输出)	AL=输入字符
07H	键盘输入字符(无回显)	无	AL=输入字符
08H	键盘输入字符(无回显)	无	AL=输入字符
09H	显示字符串	DS:DX=字符串首址(字符串以$结束)	无
0AH	输入字符串	DS:DX=缓冲区首址，第 0 字节为缓冲区长度	缓冲区第 1 字节为实际输入字符个数，字符从第 2 字节开始存放
0BH	检查键盘输入状态	无	AL=0 无输入 　　=0FFH 有输入
0CH	请输入缓冲区并执行指定的标准输入功能	AL=功能号(01，06，07，08，0A)	无
0DH	刷新 DOS 磁盘缓冲区	无	无
0EH	选择当前盘	AL=盘号	AL=系统中盘的数目

续表

功能号	功 能	入口参数	出口参数
1BH	取当前盘 FAT 表信息	无	DS:BX=盘类型字节地址 DX=FAT 表项数 AL=每簇扇区数 CX=每扇区字节数
1CH	取指定盘 FAT 表信息	AL=盘号 DL=0	同上
2EH	置写校验状态	AL=状态 　　00H　关闭写校验 　　01H　打开写校验	无
54H	置写校验状态	无	AL=状态 　　00H　关闭写校验 　　01H　打开写校验
36H	取盘剩余空间数	DL=盘号	AX=每簇扇区数 BX=可用簇数 CX=每扇区字节数 DX=总簇数
19H	取当前默认驱动器号	无	AL=驱动器号(0=A，1=B，…)

附表 D-2　关于文件和目录操作的功能调用

功能号	功 能	入口参数	出口参数
16H	建立文件(FCB)	DS:DX=FCB 首址	AL=00H 成功 　　FFH 目录区满
0FH	打开文件(FCB)	DS:DX=FCB 首址	AL=00H 成功 　　FFH 未找到
10H	关闭文件(FCB)	DS:DX=FCB 首址	AL=00H 成功 　　FFH 已换盘
13H	删除文件(FCB)	DS:DX=FCB 首址	AL=00H 成功 　　FFH 未找到
11H	查找文件名或查找第一个目录项(FCB)	DS:DX=FCB 首址	AL=00H 成功 　　FFH 操作失败
12H	查找下一个目录项(FCB)	DS:DX=FCB 首址	AL=00H 成功 　　FFH 操作失败
17H	修改文件名(FCB)	DS:DX=FCB 首址 (DS:DX+17)=新文件名首址	AL=00H 成功 　　FFH 操作失败
23H	读取文件的大小(FCB)	DS:DX=FCB 首址	AL=00H 成功(结果在 FCB 中) 　　FFH 操作失败

续表

功能号	功 能	入口参数	出口参数

29H	分析文件名字符串 FCB	ES:DI=FCB 首地址
		DS:SI=字符串(文件名)
		AL=分析控制标志
			ES:DI=格式化后的 FCB 首地址
			AL=00H 标准文件
			  01H 多义文件
			  FFH 非法盘符

14H	顺序读一个记录(FCB)	DS:DX=FCB 首址	AL=00H 成功 01H 文件结束 03H 缓冲区不满
15H	顺序写一个记录(FCB)	DS:DX=FCB 首址	AL=00H 成功 FFH 盘满
21H	随机读一个记录(FCB)	DS:DX=FCB 首址	AL=00H 成功 01H 文件结束 03H 缓冲区不满
22H	随机写一个记录(FCB)	DS:DX=FCB 首址	AL=00H 成功 FFH 盘满
24H	置随机记录号(FCB)	DS:DX=FCB 首址	无
27H	随机读若干记录(FCB)	DS:DX=FCB 首址 CX=记录数	AL=00H 成功 01H 文件结束 03H 缓冲区不满
28H	随机写若干记录(FCB)	DS:DX=FCB 首址 CX=记录数	AL=00H 成功 FFH 盘满

29H	建立 FCB	DS:SI=字符串首址
		ES:DI=FCB 首址
		AL=0EH 非法字符检查
			AL=00H 标准文件
			  01H 多义文件
			  FFH 非法盘符

3CH	创建文件(句柄)	DS:DX=文件名串首址
		CX=文件属性字
		  00 普通 02 隐含
		  01 只读 03 系统
			AX=文件号,文件存在时将其长度截为 0

5AH	建立临时文件	DS:DX=文件名串首址(以结束)
		CX=文件属性字
		  00 普通 02 隐含
		  01 只读 03 系统
			AX=文件号

5BH	建立新文件	同功能 3CH	AX=文件号,文件存在时不予建立,返回出错信息
3DH	打开文件(句柄)	DS:DX=字符串首址 AL=方式码 0 读 1 写 2 读/写	AX=文件号

续表

功能号	功 能	入口参数	出口参数
3EH	关闭文件(句柄)	BX=文件号	CF=0 操作成功 CF=1 失败 AX=错误代码
3FH	读文件或设备(句柄)	BX=文件号 CX=读入的字节数 DS:DX=缓冲区首址	AX=实际读出的字节数
40H	写文件(句柄)	BX=文件号 CX=写盘的字节数 DS:DX=缓冲区首址	AX=实际写入的字节数
41H	删除文件	DS:DX=字符串首址	CF=0 操作成功 AX=00H CF=1 失败 AX=错误代码
42H	移动文件读写指针	BX=文件号 CX：DX=位移量 AL=移动方式 　0 文件头+位移量 　1 当前指针位置+位移量 　2 文件尾+位移量	CF=0 操作成功 DX:AX=新的文件指针 CF=1 失败 　AX=错误代码
43H	置/取文件属性	DS:DX=字符串首址 AL=功能码 　0 取文件属性 　1 置文件属性(在 CX 中)	CF=0 操作成功 CX=文件属性 CF=1 失败 AX=错误代码
45H	复制文件号	BX=文件号 1(原文件号)	CF=0 成功 AX=文件号 2 CF=1 失败 AX=错误代码 (AX=4 打开文件太多 　AX=6 文件号无效)
46H	强制复制文件号	BX=文件号 1(原文件号) CX=文件号 2(复制的文件号)	CF=0 操作成功 CX=文件号 1 CF=1 失败 AX=错误代码
4BH	装入一个程序	DS:DX=字符串首址 ES:BX=参数区首址	CF=0 操作成功 CF=1 失败 AX=错误代码
4EH	查找第一个文件	DS:DX=文件名串首址 CX=文件属性	CF=0 操作成功 DTA 中有记载信息 CF=1 失败 AX=错误代码

续表

功能号	功　能	入口参数	出口参数
4FH	查找下一个文件	DTA 保留 4EH 的原始信息	CF=0 操作成功 DTA 中有记载信息 CF=1 失败 AX=错误代码
56H	文件更名	DS:DX=字符串首址 ES:DI=新名字符串首址	CF=0 操作成功 CF=1 失败 AX=错误代码
57H	置/取文件日期和时间	DS:DX=字符串首址 AL=0 取日期和时间 　　1 置日期和时间 (DX:CX)=日期：时间	若 CF=0 成功 (DX:CX)文件日期和时间 若 CF=1 失败 AX 为错误码
67H	设置文件句柄数	BX=句柄的数量	CF=0 操作成功 CF=1 失败 AX=错误代码
6CH	扩充的文件打开/建立	DS:DI=ASCII 字符串地址 AL=访问权限 BX=打开方式 CX=文件属性	成功：　AX=文件代号 　　　　CX=采取的动作 失败：　AX=错误代码
39H	创建目录	DS:DX=字符串地址	CF=0 成功 CF=1 失败 AX=03H 或 05H
3AH	删除目录	DS:DX=字符串地址	CF=0 成功 CF=1 失败 AX=03H 或 05H
3BH	设置当前目录	DS:DX=字符串地址	CF=0 成功 CF=1 失败 AX=错误代码(03H)
47H	读取当前目录	DL=盘号 DS:SI=存放当前目录字符串的首址	CF=0 成功 CF=1 失败 AX=错误代码(0FH)

附表 D-3　关于 I/O 控制的功能调用

功能号	子功能号	功　能	入口参数	出口参数
44H	00H	取设备状态	BX=文件号	CF=0 成功 DX=设备状态 CF=1 出错 AX=错误代码
44H	01H	置设备状态	BX=文件号 DX=设备状态	CF=0 成功 CF=1 出错 AX=错误代码
44H	02H	从字符设备控制通道读数据	BX=文件号 CX=要读的字节数 DS:DX=缓冲区首址	CF=0 成功 AX=实际读出的字节数 CF=1 出错 AX=错误代码

续表

功能号	子功能号	功　能	入口参数	出口参数
44H	03H	向字符设备控制通道写数据	BX=文件号 CX=要写的字节数 DS:DX=缓冲区首址	CF=0 成功 AX=实际写入的字节数 CF=1 出错 AX=错误代码
44H	04H	从块设备控制通道读数据	BL=驱动器号（00H=当前驱动器 01H=A，等） CX=要读的字节数 DS:DX=缓冲区首址	CF=0 成功 AX=实际读出的字节数 CF=1 出错 AX=错误代码
44H	05H	向块设备控制通道写数据	BL=驱动器号（00H=当前驱动器 01H=A，等） CX=要写的字节数 DS:DX=缓冲区首址	CF=0 成功 AX=实际写入的字节数 CF=1 出错 AX=错误代码
44H	06H	取设备的输入状态	BX=文件号	CF=0 成功 AL=设备输入状态 CF=1 出错 AX=错误代码
44H	07H	取设备的输出状态	BX=文件号	CF=0 成功 AL=设备输出状态 CF=1 出错 AX=错误代码
44H	08H	确定设备是否有可移动介质	BL=驱动器号（00H=当前驱动器 01H=A，等）	CF=0 成功 AX=0000H 有可移动介质 AX=0001H 无可移动介质 CF=1 出错 AX=错误代码
44H	09H	确定块设备是本地的还是远程的	BL=驱动器号（00H=当前驱动器 01H=A，等）	CF=0 成功 AX=设备属性字 CF=1 出错 AX=错误代码
44H	0AH	确定文件是否属于远程设备文件	BX=文件号	CF=0 成功 AX=设备属性字 CF=1 出错 AX=错误代码
44H	0CH	对字符设备驱动程序的各种请求	BX=文件号 CH=种类代码 　00H 未知设备 　01H COMn 　03H CON 　05H LPTn CL=功能 　45H 设置重复次数 　4AH 选择代码页面 　4CH 开始代码页准备 　4DH 结束代码页准备 　5FH 设置显示信息 　65H 得到重试计数 　6AH 询问选择的代码页面 　6BH 询问准备表 　7FH 得到显示信息 DS:DX=参数首址	CF=0 成功 CF=1 出错 AX=错误代码

续表

功能号	子功能号	功　能	入口参数	出口参数
44H	0DH	对块设备驱动程序的各种请求	BL=驱动器号　(00H=当前驱动器　01H=A, 等) CH=种类代码 　08H 磁盘设备参数 CL=功能 　40H 设置设备参数 　41H 写逻辑设备磁盘 　42H 格式化和校验逻辑设备磁道 　46H 设置卷系列号 　47H 设置访问标志 　60H 得到设备参数 　61H 读逻辑设备磁道 　62H 校验逻辑设备磁道 　66H 得到卷系列号 　67H 得到访问标志 DS:DX=参数首址	CF=0 成功 CF=1 出错 AX=错误代码
44H	0EH	确定用于引用驱动器的最后一个字母	BL=驱动器号　(00H=当前驱动器　01H=A, 等)	CF=0 成功 AL=0 块设备仅分配一个逻辑驱动器 AL=1, …, 26 引用驱动器的最后一个字母 CF=1 出错 AX=错误代码
44H	0FH	设置 驱动器映射	BL=驱动器号　(00H=当前驱动器　01H=A, 等)	CF=0 成功 驱动器现在对应于下一个逻辑驱动器 CF=1 出错 AX=错误代码
44H	10H	确定一个字符设备是否支持特定的通类 IOCTL 调用	BX=文件号 CH=种类码(见于功能 0CH) CL=功能码	CF=0 成功 AX=0000H 支持指定 IOCTL 功能 CF=1 出错 AL=01H 不支持指定 IOCTL 功能
44H	11H	确定一个块设备是否支持特定的通类 IOCTL 调用	BX=文件号 CH=种类码(见于功能 0CH) CL=功能码	CF=0 成功 AX=0000H 支持指定 IOCTL 功能 CF=1 出错 AL=01H 不支持指定 IOCTL 功能

附表 D-4 其他功能调用

功能号	功　　能	入口参数	出口参数
00H	程序结束退出	CS=程序段前缀的段基址	无
4CH	程序结束退出	AL=返回码	无
31H	程序结束驻留退出	AL=返回码 DX=驻留区长度	无
4DH	取子进程的返回码	无	AL=返回码
33H	置/取 Ctrl-Break j 检查状态	AL=00H 取状态 　　01H 置 DL 中的状态	DL=状态
25H	置中断向量	AL=中断类型码 DS:DX=入口地址	无
35H	取中断向量	AL=中断类型码	ES:BX=入口地址
26H	置程序段前缀	DX=新段址	无
62H	取程序段前缀	无	DX=当前程序段前缀段址
48H	分配内存空间	BX=申请内存的数量(以字节为单位)	CF=0 成功　AX=分配内存的段址 CF=1 失败　BX=最大可用内存空间
49H	释放内存空间	ES=内存块的段址	无
4AH	修改已分配的内存	ES=原内存块的段址空间 BX=新申请内存的数量	无
58H	读/置内存分配策略	AL=00H 读取内存分配策略 AL=01H 设置内存分配策略 BX=内存分配策略代码: 　　00H 第一满足 　　01H 最好满足 　　02H 最后满足	CF=0 成功 AX=已选用的内存分配策略代码 CF=1 出错 AX=错误号(01H)
2AH	读日期	无	CX:DX=日期
2BH	置日期	CX:DX=日期	AL=00H 成功 　　FFH 失败
2CH	取时间	无	CX:DX=时间
2DH	置时间	CX:DX=时间	AL=00H 成功 　　FFH 失败
30H	读 MS-DOS 版本号	无	AL=版本号　AH=发行号
34H	读取 InDOS 标志的地址	无	ES:BX=InDos 标志的远地址 若该单元值为 1, 表示 DOS 功能在执行, 否则, 则不是
38H	读/置国家信息	DS:DX=信息区首址 AL=0	无
50H	置程序段前缀(PSP)地址	BX=新的 PSP 地址	无

续表

功能号	功 能	入口参数	出口参数
51H	读程序段前缀(PSP)地址	无	BX=PSP 地址
59H	读扩展的错误信息	BX=00H	AX=扩展的错误代码 BH=错误类型 BL=建议采用的措施 CH=错误地点 ES:DI=插入磁盘标签的字符串，若 AX=0022h(非法改变磁盘)
5DH	读/置严重错误标志地址	AL=06H 取严重错误标志地址 0AH 置 ERROR 结构指针	DS:SI=严重错误标志的地址
5EH	读机器名，读/置打印机配置	AL=00H DS:DX=接受字符串缓冲区的地址 AL=02H BX=重定向列表索引 CX=安装字符串的长度 DS:SI=安装字符串的地址 AL=03H BX=重定向列表索引 ES:DI=接受字符串缓冲区的地址	CF=0 成功 CF=1 出错 AX=错误代码(01H) CF=0 成功 CF=1 出错 AX=错误代码 CF=0 成功 CX=接受字符串的长度 CF=1 出错 AX=错误代码
5FH	设备重定向	AL=子功能 AL=02h 读取重定向列表索引 BX=重定向列表索引 DS:SI=接受本地设备名的 16 字节存储区地址 ES:DI=接受网络名的 128 字节存储区地址 AL=03h 重定向设备 BL=设备类型 03H：打印机，04H：驱动器 CX=调用者保存的参数 DS:SI=本地设备名的 16 字节存储区地址 ES:DI=网络名的 128 字节存储区地址，紧跟其后是密码	CF=0 成功， CF=1 出错 AX=错误号(01H、03H、05H、08H、0FH 或 12H)
63H	读前导字节表	AL=子功能 00H 读取系统前导字节表地址 01H 设置/清除临时控制台标志(DL=00H/01H—清除/设置标志) 02H 读取临时控制台标志值	BX=1 失败，AX=错误号(01H)，否则 若 AL=00H，则，DS:SI=系统前导字节表地址； 若 AL=02H，则，DL=临时控制台标志值

续表

功能号	功 能	入口参数	出口参数
65H	读扩展的国家信息	BX＝代码页 (-1＝活跃的 CON 设备) CX＝接受信息的缓冲区大小 DX＝国家标识(-1＝默认) ES:DI＝接受信息的缓冲区地址 　AL＝子功能 01H 读取一般的国家信息 02H 读取指向大写字母表的指针 04H 读取指向文件名大写字母表的指针 06H 读取指向校对表的指针 07H 读取指向 DBCS 向量的指针	CF＝0 成功 需要的数据存入调用的缓冲区 CF=1　AX＝错误号(02H)
66H	读/置代码页	AL＝子功能号 01H 读取代码页 02H 选择代码页 BX＝选择的代码页(当 AL＝02H)	CF＝0 成功 当调用子功能 01H 时，BX＝活跃的代码页，DX＝默认的代码页 CF=1 出错　AX＝错误号(02H 或 65H)

附录 E IBM PC 的键盘输入码和 CRT 显示码

1. 键盘输入码

通过 IBM PC 的键盘，经系统键盘驱动程序的解释，用户可输入 256 种不同的代码，即扩充的 ASCII 码。输入方法如下。

(1) ASCII 码 0～127 的输入。

ASCII 码 0～127 的输入见附表 E-1。

附表 E-1　ASCII 码 0～127 的输入表

低位	高位 键名	0	16	32	48	64	80	96	112
		0	1	2	3	4	5	6	7
0	0	Ctrl+2	Ctrl+P	空格	0	@	P	`	p
1	1	Ctrl+A	Ctrl+Q	!	1	A	Q	a	q
2	2	Ctrl+B	Ctrl+R	"	2	B	R	b	r
3	3	Ctrl+C	Ctrl+S	#	3	C	S	c	s
4	4	Ctrl+D	Ctrl+T	$	4	D	T	d	t
5	5	Ctrl+E	Ctrl+U	%	5	E	U	e	u
6	6	Ctrl+F	Ctrl+V	&	6	F	V	f	v
7	7	Ctrl+G	Ctrl+W	`	7	G	W	g	w

续表

低位 \ 高位	键名	0 0	16 1	32 2	48 3	64 4	80 5	96 6	112 7
8	8	BS	Ctrl+X	(	8	H	X	h	x
9	9	→|	Ctrl+Y	)	9	I	Y	i	y
A	10	Ctrl+J	Ctrl+Z	*	:	J	Z	j	z
B	11	Ctrl+K	ESC	+	;	K	[	k	{
C	12	Ctrl+L	Ctrl+\	,	<	L	\	l		
D	13	←|	Ctrl+]	-	=	M	]	m	}
E	14	Ctrl+N	Ctrl+6	.	>	N	^	n	~
F	15	Ctrl+O	Ctrl+-	/	?	O		o	Ctrl-←

(2) ASCII 码 128～255 的输入。

ASCII 码 128～255 的输入的方法是按 Alt 键的同时，再在右端小键盘上输入相应的十进制代码。例如，要输入字符"β"，它的 ASCII 码是 225，则输入 Alt+225 即可。

(3) 对于不能用标准 ASCII 码表示的特殊键或组合键，IBM PC 使用扩充码表示。IBM PC 的扩充码由两个代码组成，第一个代码为 0，第二个代码根据按键而定。采用的扩充代码如表 E-2 所示。

附表 E-2 ASCII 码 128～255 的输入表

第二码	对应的键	第二码	对应的键
15	|←	82	Ins
59～68	F1～F10	83	Del
71	Home	84～93	Shift+F1～Shift+F10
72	↑	94～103	Ctrl+F1～Ctrl+F10
73	PgUp	104～113	Alt+F1～Alt+F10
75	←	114	Ctrl+PrtSc
77	→	117	Ctrl+End
79	End	118	Ctrl+PgDn
80	↓	119	Ctrl+Home
81	PgDn	132	Ctrl+PgUp

2. CRT 显示码

IBM PC 的单色和彩色显示器均可显示 256 种代码，如附表 E-3 所示。

附表 E-3　CRT 显示码

十进制		0	16	32	48	64	80	96	112	128	144	160	176	192	208	224	240
	十六进制	0	1	2	3	4	5	6	7	8	9	A	B	C	D	E	F
0	0	空	►	空格	0	@	P	'	p	Ç	É	á	░	└	┴	∝	≡
1	1	☺	◄	!	1	A	Q	a	q	ü	æ	í	▒	┴	╤	β	±
2	2	☻	↕	"	2	B	R	b	r	é	Æ	ó	▓	┬	╥	Γ	≥
3	3	♥	‼	#	3	C	S	c	s	â	ô	ú	│	├	╙	π	≤
4	4	♦	¶	$	4	D	T	d	t	ä	ö	ñ	┤	─	╘	Σ	⌠
5	5	♣	§	%	5	E	U	e	u	à	ò	Ñ	╡	┼	╒	σ	
6	6	♠	▬	&	6	F	V	f	v	å	û	ª	╢	╞	╓	η	÷
7	7	•	↨	'	7	G	W	g	w	ç	ù	º	╖	╫	╫	τ	≈
8	8	◘	↑	(	8	H	X	h	x	ê	ÿ	¿	╕	╚	╪	Φ	°
9	9	○	↓	)	9	I	Y	i	y	ë	Ő	⌐	╣	╔	╜	θ	•
10	A	◙	→	*	:	J	Z	j	z	è	Ű	¬	║	╩	╓	Ω	·
11	B	♂	←	+	;	K	[	k	{	ï	¢	½	╗	╦	■	δ	√
12	C	♀	∟	,	<	L	\	l	|	î	£	¼	╝	╠	■	∞	n
13	D	♪	↔	-	=	M	]	m	}	ì	¥	¡	╜	=	■	φ	²
14	E	♫	▲	.	>	N	∧	n	~	Ä	Pts	«	╛	╬	■	ε	■
15	F	☼	▼	/	?	O	_	o	△	Å	ƒ	»	┐	┴	■	∩	BLANK

习题与答案.ppt

参考文献

[1] 高福祥，齐志儒. 汇编语言程序设计[M]. 沈阳：东北大学出版社，2010.
[2] 余朝琨等. IBM-PC 汇编语言程序设计[M]. 北京：机械工业出版社，2008.
[3] 王成耀. 80x86 汇编语言程序设计(第 2 版)[M]. 北京：人民邮电出版社，2008.
[4] 沈美明，温冬婵. IBM-PC 汇编语言程序设计(2 版)[M]. 北京：清华大学出版社，2012.
[5] 周明德. 微型计算机系统原理及应用[M]. 北京：清华大学出版社，2007.
[6] 钱晓捷. 汇编语言程序设计(第四版)[M]. 北京：电子工业出版社，2012.